职业教育食品类专业系列教材

食品检验实验室管理与运行

徐　瑾　主编
叶素丹　主审

SHIPIN JIANYAN SHIYANSHI
GUANLI YU YUNXING

化学工业出版社
·北京·

内容简介

《食品检验实验室管理与运行》围绕食品检验实验室管理和运行的基本工作内容及相关管理要求进行了分析阐述,不仅系统介绍了实验室的"人、机、料、法、环"等关键性技术要素,而且增加了目前备受关注的实验室质量控制技术、实验室安全和废弃物管理、实验室信息化管理等内容。

书中既有对理论性内容的阐述,又有对实践管理经验的总结,内容贴近实验室管理实际,与实验室的实际运行深度融合,在作为食品质量与安全以及相关专业教材的同时,也适于分析检验行业从事一线工作的技术人员和管理人员阅读和参考。

图书在版编目(CIP)数据

食品检验实验室管理与运行 / 徐瑾主编. -- 北京:化学工业出版社, 2025. 4. -- (职业教育食品类专业系列教材). -- ISBN 978-7-122-47392-9

Ⅰ. TS207.3

中国国家版本馆 CIP 数据核字第 20258JR202 号

责任编辑:迟 蕾 李植峰 文字编辑:药欣荣
责任校对:边 涛 装帧设计:王晓宇

出版发行:化学工业出版社(北京市东城区青年湖南街 13 号 邮政编码 100011)
印　　装:河北延风印务有限公司
787mm×1092mm　1/16　印张 13½　字数 313 千字　2025 年 6 月北京第 1 版第 1 次印刷

购书咨询:010-64518888　　　　　　　　　售后服务:010-64518899
网　　址:http://www.cip.com.cn

凡购买本书,如有缺损质量问题,本社销售中心负责调换。

定　　价:46.00 元　　　　　　　　　　　　　　　　　　　版权所有　违者必究

编写人员名单

主　编　徐　瑾
副主编　陈香郡　郝苗苗
编　者　徐　瑾（常州工程职业技术学院）
　　　　　陈香郡（重庆医药高等专科学校）
　　　　　郝苗苗（锡林郭勒职业学院）
　　　　　吴朝阳（河南应用技术职业学院）
　　　　　高　娃（锡林郭勒职业学院）
　　　　　徐　慧（江苏省理化测试中心）
　　　　　夏　峥（淄博职业学院）
主　审　叶素丹（浙江经贸职业技术学院）

前言

食品质量与安全是社会关心的热点问题，食品检验实验室担负着食品安全监管、检测分析等重要工作，为社会及企业提供检测服务。现阶段，我国为了进一步提高食品检验检测行业对食品质量和安全的检测能力，不断提高对食品检验实验室日常管理的重视程度。对于食品检验检测行业的工作人员来说，不仅要掌握食品分析与检验的方法和技术，还要掌握实验室管理方面的知识。

本教材立足食品类专业高职高专教学的实际，按照食品检验实验室日常管理的规范性和科学性需要组织编写。教材内容突出食品检验实验室的人、机、料、法、环等测试资源要素，涉及理化实验室和微生物实验室的关键管理环节和日常管理工作。教材的编写充分考虑目前实验室工作重点由准入管理向资质管理转变的现状，及时吸纳了食品检验实验室管理的最新标准和最新动态，参考了 CNAS-CL01：2018《检测和校准实验室能力认可准则》（包括 CNAS-CL01-A001 检测和校准实验室能力在微生物检测领域的应用说明和 CNAS-CL01-A002 检测和校准实验室能力在化学检测领域的应用说明）、《检验检测机构资质认定评审准则》（2023 版）、《检测和校准实验室能力的通用要求》（GB/T 27025—2019）、《食品检验机构资质认定条件》（食药监科〔2016〕106 号附件）等。将上述管理标准中的重点要素进行归纳整合，贯穿在教材中，教材除绪论外共分了十一个模块，内容包括实验室人员管理、实验室仪器设备管理、实验室关键消耗品管理、实验室环境质量管理、实验室检测方法管理、实验室样品管理、实验室质量控制活动、实验室信息化管理、实验室安全管理、实验室的内部审核和管理评审、实验室资质管理。教材编写从"实用"出发，力求理论体系的完整性、逻辑性，内容精练，文字简洁易懂，可操作性强。

为避免破坏教材主体的整体性、逻辑性，本教材把企业实际案例、管理理念、知识拓展等用"功能插页（电子材料）"的形式罗列出来，功能插页分为"延伸阅读""应用案例"两个模块，教师可以按需插入，在学习的关键点或过程中及时有效地进行补充。功能插页的内容由食品检验实验室的一线技术人员和质量管理人员提供，贴近实验室管理实际。

食品检验实验室管理涉及道德、法律法规、技术三个层面，将职业素养内容有机融合到教材中，对于提高学生今后从业的职业道德修养具有重要意义。教材结合食品检验检测、实验室管理和运行的知识特点，选取合适内容，结合名言、故事、案例等引入职业素养教育，培育"精益求精、一丝不苟的工匠精神，敬仰质量、敬畏数据的质量意识，实事求是、诚实守信的专业素养"。

本教材由常州工程职业技术学院、重庆医药高等专科学校、锡林郭勒职业学院、河南应用技术职业学院、淄博职业学院、江苏省理化测试中心等单位共同编写，徐瑾担任主编，陈香郡、郝苗苗担任副主编。全书编写分工如下：绪论、模块三、模块七由徐瑾编写，模块一、模块二由陈香郡编写，模块四、模块六、模块十由郝苗苗编写，模块五由高娃编写，模块八、模块九由吴朝阳编写，模块十一由夏峥编写。徐慧提供部分案例。全书由浙江经贸职业技术学院叶素丹教授审稿。

本教材主要作为食品、生物技术、分析检验技术等高职院校相关专业的教材，也可作为高等院校、食品检验机构、食品生产企业等部门从事食品、食品添加剂、食品相关产品检验的技术人员和管理人员日常工作参考资料或学习培训材料。

本教材在编写过程中参考和引用了同行专家的文献资料，再次对相关作者和单位致以诚挚的谢意。

鉴于编者水平有限，书中疏漏之处在所难免，恳请广大读者批评指正。

编者

2024 年 12 月

绪论	/001
一、食品检验实验室在保障食品安全中的作用	/002
二、食品检验实验室管理的形成与发展	/003
三、食品检验实验室质量管理	/004

模块一 食品检验实验室的人员管理 /009

项目一 食品检验实验室组织管理和人力资源配置 /010
一、食品检验实验室的组织和管理结构 /010
二、食品检验实验室岗位设置和职能分配 /012
三、食品检验实验室人力资源的配置与管理 /013

项目二 食品检验实验室人员的培训和考核 /014
一、食品检验实验室人员培训要求 /014
二、食品检验实验室人员培训工作的流程和实施 /016

项目三 食品检验实验室人员的上岗和监督 /018
一、食品检验实验室人员任职条件和资格 /018
二、食品检验实验室关于实验室人员的要求 /019
三、食品检验实验室人员监督 /020
四、食品检验实验室人员档案管理 /023

模块二 食品检验实验室的仪器设备管理 /026

项目一 食品检验实验室的仪器设备配置 /027
一、食品企业实验室的仪器配置 /028
二、第三方食品检验机构的仪器配置 /029

三、食品行业重点实验室的仪器配置　　　　　　　　　　　　/029
项目二　食品检验实验室仪器设备的采购与验收　　　　　　　　/031
　　一、仪器设备采购的计划与实施　　　　　　　　　　　　　　/031
　　二、仪器设备的验收与安装调试　　　　　　　　　　　　　　/032
项目三　食品检验实验室仪器设备管理　　　　　　　　　　　　/035
　　一、仪器设备日常使用管理　　　　　　　　　　　　　　　　/035
　　二、仪器设备的标识管理　　　　　　　　　　　　　　　　　/037
　　三、仪器设备的维护与保养　　　　　　　　　　　　　　　　/040
　　四、仪器设备计量溯源管理　　　　　　　　　　　　　　　　/041

模块三　食品检验实验室的关键消耗品管理　　　　　　　/048

项目一　理化检验实验室关键消耗品的管理　　　　　　　　　　/049
　　一、化学试剂的管理　　　　　　　　　　　　　　　　　　　/049
　　二、标准物质的管理　　　　　　　　　　　　　　　　　　　/053
项目二　微生物检验实验室关键消耗品的管理　　　　　　　　　/057
　　一、标准菌株的介绍和管理　　　　　　　　　　　　　　　　/057
　　二、食品微生物检测培养基的管理　　　　　　　　　　　　　/060
　　三、食品检测试剂盒的管理　　　　　　　　　　　　　　　　/063
　　四、消毒剂的使用和管理　　　　　　　　　　　　　　　　　/065

模块四　食品检验实验室的环境质量管理　　　　　　　　/067

项目一　食品检验实验室的设施环境条件　　　　　　　　　　　/068
　　一、理化检验实验室对环境的基本要求　　　　　　　　　　　/068
　　二、微生物检验实验室对环境的基本要求　　　　　　　　　　/072
项目二　食品检验实验室的环境控制　　　　　　　　　　　　　/074
　　一、食品检验实验室的区域划分与控制　　　　　　　　　　　/074
　　二、理化检验实验室环境条件的监控　　　　　　　　　　　　/076
　　三、微生物检验实验室的环境条件监控与维持　　　　　　　　/077

模块五　食品检验实验室的检测方法管理　/081

项目一　检验检测方法的选择　/082
一、食品安全标准体系　/082
二、食品检验检测方法的选择　/085

项目二　食品检验检测方法的验证和确认　/089
一、方法验证与确认的区别　/089
二、方法验证/确认性能参数的选择　/091
三、典型的方法性能参数　/092

模块六　食品检验实验室的样品管理　/105

项目一　食品样品的管理流程　/106
一、食品样品的接收　/106
二、食品样品的标识　/108
三、食品样品的制备　/109
四、食品样品交接流转　/110
五、食品样品的保存及处置　/110

项目二　食品检验样品的质量保证　/112
一、食品样品质量的重要性　/112
二、食品样品的质量评价　/114

模块七　食品检验实验室的质量控制活动　/116

项目一　食品检验检测结果的报告和管理　/117
一、检验检测结果的报告　/117
二、检测报告的管理和控制　/120

项目二　质量控制活动的实施　/123
一、食品检验实验室质量控制的常用方法　/123
二、食品检验实验室质量控制活动的实施流程　/125

项目三　实验室内部质量控制方式　/127
一、标准物质监控　/127

二、实验室内部比对	/128
三、空白试验	/135
四、平行样测试与回收率试验	/136
五、绘制质量控制图	/138

项目四　食品检验实验室外部质量控制措施　　　/144

一、能力验证与实验室间比对	/144
二、测量审核	/145
三、能力验证在质量控制中的应用	/146

模块八　食品检验实验室的信息化管理　　　/148

项目一　食品检验实验室的信息化　　　/149

一、实验室信息化管理	/149
二、实验室信息系统的概念	/149
三、食品检验实验室的信息系统和管理	/150

项目二　实验室信息管理系统（LIMS）　　　/152

一、LIMS 在我国的发展	/152
二、LIMS 的主要技术标准	/153
三、LIMS 的功能简介	/154
四、食品检验实验室中 LIMS 的工作流程模型	/155
五、LIMS 对食品检验实验室的作用	/158
六、LIMS 在食品检验实验室的使用	/159

模块九　食品检验实验室的安全管理　　　/160

项目一　食品检验实验室安全管理的相关知识　　　/161

一、食品检验实验室安全管理的措施及风险评估	/161
二、食品检验实验室存在的安全风险	/163
三、食品检验实验室的安全风险防护	/164

项目二　食品检验实验室废弃物的管理　　　/171

一、食品检验实验室的废弃物	/171
二、化学废弃物的处理	/172
三、放射性废弃物的处理	/175

四、生物废弃物的处理　　/175

模块十　食品检验实验室的内部审核和管理评审　　/176

项目一　食品检验实验室质量管理体系的建立和运行　　/177
　　一、食品检验实验室质量管理体系的建立　　/177
　　二、质量管理体系文件的编制　　/181
　　三、食品检验实验室质量管理体系的运行　　/185

项目二　食品检验实验室的内部审核　　/186
　　一、食品检验实验室内部审核的工作要点　　/186
　　二、食品检验实验室内部审核的组织和策划　　/187
　　三、食品检验实验室内部审核的实施　　/189
　　四、食品检验实验室内部审核的整改与完善　　/190

项目三　食品检验实验室的管理评审　　/191
　　一、食品检验实验室管理评审的工作要点　　/191
　　二、食品检验实验室的风险识别和控制　　/193

模块十一　食品检验实验室的资质管理　　/195

项目一　食品检验实验室的资质认定　　/196
　　一、检验检测机构资质认定的发展历程　　/196
　　二、食品检验实验室资质认定的发展概况　　/198
　　三、检验检测机构资质认定的程序　　/198

项目二　食品检验实验室的实验室认可　　/201
　　一、实验室认可的发展历程　　/201
　　二、实验室认可的程序　　/202
　　三、实验室资质认定与实验室认可的区别　　/204

参考文献　　/205

绪论

 职业素养

质量就是效益,质量就是竞争力

著名质量管理专家朱兰博士说:20世纪是生产率的世纪,21世纪是质量的世纪,质量是和平占领市场最有效的武器。在全球化的竞争性市场上,质量成为了获取成功的最主要因素,在我国,质量问题已成为经济社会实现科学发展的战略问题,企业只有推行全面质量管理,追求精益求精,才能实现中国制造到中国"质"造的转变。食品检验实验室输出的"产品"是数据和结果,实验室为满足社会对检验数据的质量要求,必须要"苦练内功",以质量诚信为荣,以追求高质量发展为目标,以提升质量效益为核心要义,严格把好每一道质量关,守护食品安全底线,全力保障老百姓"舌尖上的安全"。

对于人类发展而言，食品是人体的能量来源，是人体生存的基础与发展的根基所在。"民以食为天"，这句话充分证明了一直以来人民群众对食品的关注和重视。食品质量和食品安全不仅关乎人类的身体健康，还关乎社会稳定与民生福祉，在社会经济不断发展的背景下，食品质量和食品安全问题逐渐成为社会发展的关键问题，成为影响国计民生的重要问题。采取专业技术手段对食品的质量、安全性进行检验检测，能够准确评估食品质量和保障食品安全，实现对食品生产经营者的生产经营行为的规范，保证食品在进入市场或者经营流通环节的可靠性，对于保障国计民生具有重要意义。

一、食品检验实验室在保障食品安全中的作用

1. 食品检验检测的内涵

食品检验检测是指执法主体、食品企业或第三方检测机构以国家制定的标准以及该类食品的行业标准为根据，以先进的技术作为检测手段，在科学、可靠的环境下对食品的生产环节和生产后的食品质量进行监测、鉴定、评价的技术保障体系。它是排查有害食品的重要防线，关系到我国食品安全和人民身体健康。通过相关的食品检验检测环节，卫生部门能够对市场流通的食品情况进行全面的了解，有效保障食品安全。对于食品检验检测的内涵来说，具体的检验检测就是对成批的产品通过抽检的方式进行检验，对食品中的各种成分进行分析，然后再和食品安全标准进行比较，确保食品的安全。

2. 食品检验检测的重要性

开展食品检验检测的工作，在质量评价以及产品贸易和质量控制等各个方面都具有十分重要的作用，同时也是保证食品安全和促进食品生产行业持续发展的重要支撑。

① 对促进食品企业的可持续发展有重要作用。食品检验检测应通过标准程序、精密仪器和科学方法进行检验，客观公正地评估数据结果。对于食品生产企业来说，企业内部应该按照国家规定的食品检验标准科学合理地制定食品检测制度，以保证食品检验工作能够有效展开。同时，食品企业还可以根据自己企业的食品检测报告，及时调整或改善食品生产，从而进一步提高食品安全性，树立良好的信誉保证，增强企业在市场上的竞争力。随着我国经济实力的不断增强和提高，人们对食品安全提出了更高的要求。从消费者的角度来说，他们更愿意购买具有安全检测证明的高质量、高安全性的健康食品。检验实质上是质量控制和安全评估的手段，检验结果是对产品质量的全面反映。要想促进企业的可持续发展，其根本途径就是要加强食品安全检验，通过食品检验检测安全来提高食品的安全性。因此，在企业发展过程中，企业应该进一步推进食品检验技术，完善自身产品的安全性能，从而为获得消费者的认可、带动企业的可持续发展奠定良好的基础。

② 从社会的角度看，食品检验检测的重要性主要体现在维护产业秩序和消费者权益方面。食品检验检测机构的法律责任与公共利益要求是一致的。他们对食品安全的检验，为食品质量监督提供了技术保证，可以使监督部门及时发现食品安全隐患，采取有效措施。在当前的食品流通市场中，一些食品企业和小型的商贩厂家为了减少食品投入成本，改善食品口感，对食品的质量和安全问题往往会选择性地进行忽视，如使用不合格的原材料，超量使用

各种添加剂等。上述问题食品一旦流入市场，会对消费者的健康造成严重威胁。这种情况下，食品检验检测的优势就凸显出来。食品检验检测工作可以使监管部门定期了解所管辖区域内的食品安全整体情况，并依据检验结果发布质量预警和风险提示，减少假冒伪劣商品在消费市场的流通。同时，有效的食品检验检测对食品市场的竞争环境也具有一定程度的影响，通过食品检验检测能够很大程度地保障食品市场环境的安全性和公开性，能够为各大食品企业提供良性的、公开、公正的竞争环境，有利于食品企业进一步优化发展，有助于企业或者商家获得更为丰厚的利益。同时还有利于在食品行业之间形成良性的行业生产秩序和市场秩序，为食品行业的进一步发展奠定了良好的基础。

③ 食品检验检测还具有一定的仲裁作用，可以为保护消费者的权益提供可靠的支持，对贸易公平和公共安全也有一定的影响。第三方检验机构应为生产企业与消费者搭建平台。生产企业应委托检验机构对所生产的食品进行安全检验，产品符合相关标准后，才能销往市场。若消费者购买到疑似有安全问题的食品，可以委托检验机构对食品再次进行检验，从而化解质量纠纷；若消费者食用了有安全问题的食品，监管部门可以委托检验机构对食品进行仲裁检验，采取不同的处理措施，化解消费者和商家的矛盾与纠纷。

3. 食品检验检测行业的发展

食品检验检测行业是我国检验检测行业细分的第五大市场。近年来，由于严峻的食品安全形势，我国的食品检验检测市场不断扩大，整体行业收入连续五年呈现超过15%的增长趋势。从近年来食品检验检测的行业发展来看，我国食品检验检测行业取得了很大的成绩，为保障食品安全做出了突出贡献。尤其是最近20年来，食品检验检测从传统的简单主要成分检测、外观检测发展到依靠先进技术开展全面含量检测、具体指标分析并形成科学的数据支撑，形成了具有先进理念和科学支撑的食品安全监测体系，突破了很多技术瓶颈与空白，为全面评估食品质量、保障食品安全做出了突出贡献。

目前国内从事食品检验检测工作的机构主要有两类：第一类是由政府部门设立或授权的具有行政性质的检验机构和认证认可机构；第二类是依法设立的独立的第三方检验机构和认证认可机构（简称"第三类实验室"）。据统计，2023年食品检验检测相关机构（含食品接触材料）高达3455家，营收达到208.48亿元，数量和营收都排在检验检测专业领域前十位。作为从事食品质量监督和安全监测的责任主体，食品检验实验室的检测质量、准确性和权威性也面临社会各界提出的更高要求。面对当前复杂的食品安全形势，食品检验实验室应该加强制度创新、技术创新和管理创新，通过提升检验检测效率、检验结果客观性以及检验检测的预见性，把好食品生产流通市场的安全关、质量关，维护人民健康和生命安全。

二、食品检验实验室管理的形成与发展

1. 实验室管理的形成

实验室管理是指应用现代管理学的理论方法，研究实验室运行过程中各项活动的基本规律，通过科学管理活动完成实验室基本职能和实现实验室运行最大效益。为保证实验室高效运行，必须建立和遵循实验室管理规范，应用法制管理、行政管理、经济管理和教育管理等

方法，做好实验室管理各项工作，保证出具公正、准确和客观的检测数据以及实验室运行的安全。

随着管理学科的快速发展，广泛应用于工业企业的管理理论和管理方法，很快渗透到实验室管理领域。特别是进入20世纪60~70年代，西方管理学界出现了许多新的管理理论，这些理论思潮代表了管理理论发展的新趋势，如企业文化、学习型企业等管理理论应用于实验室管理，有效地提升了实验室管理水平。1986年在日内瓦成立的"世界实验室"组织，推动了世界各国实验室科技信息和管理理念的广泛交流，实验室认可国际标准的不断完善，则促进了世界各国实验室管理水平的不断提升。

2. 食品检验实验室管理的现状及发展趋势

目前，世界各国实验室管理呈现组织机构健全、质量标准统一和管理运行高效的态势。在世界实验室组织和国际实验室认可组织等国际组织的推动下，世界各国分别成立了符合本国特点的实验室管理组织或部门，建立了统一完善的实验室管理体系，保障了各类实验室规范高效运行。

以《检测和校准实验室能力的通用要求》（GB/T 27025—2019/ISO/IEC 17025）为主导，世界各国均颁布了系列实验室管理技术规范，如20世纪70年代，美国建立第一个用于非临床毒理学安全性评价研究的"良好实验室规范"。目前，我国颁布了《检验检测机构资质认定评审准则》《食品检验机构资质认定管理办法》《食品检验机构资质认定条件》《良好实验室规范原则》等实验室管理法规。科学可行的实验室管理法规为食品检验实验室管理、组织、考核和评估实验室质量及食品检验实验室自身开展质量监督管理提供了法律支撑，实验室管理法规的实施保障了食品检验实验室质量水平。目前，我国国家市场监督管理总局下设的国家认证认可监督管理委员会（简称"国家认监委"）负责食品检验实验室资质管理和质量审核。

随着我国社会经济的快速发展，特别是加入世界贸易组织后与国际社会的广泛交流，我国食品检验实验室管理已经步入规范化和国际化轨道，各类实验室除参与国家强制性实验室资质认定外，还主动参与国际实验室认可，实现了产品"一次检测、全球承认"的目标。

借鉴管理学最新理论方法和国外实验室管理经验，以服务市场为导向，以不断提高质量为目标，加快实验室改革步伐，建立多种体制实验室管理模式，调整实验室机构布局，为社会提供公正、准确和高效的检测服务，是我国食品检验实验室管理在今后一段时间内的发展趋势。

三、食品检验实验室质量管理

1. 食品检验实验室质量管理的研究内容

食品检验实验室质量管理的目的是确保实验室检测/校准结果达到质量所需的程度；履行为顾客提供检测/校准服务质量的承诺；实现实验室的质量方针和质量目标。因此食品检验实验室质量管理就是提高实验室检测数据准确性和可靠性的全部过程的管理活动。

实验室资质、实验室人员素质、实验室条件和实验过程的质量控制等因素均可能影响食品检验实验室的产品质量。因此，为保证实验室工作质量，应根据《检测和校准实验室能力的通用要求》（ISO/IEC 17025），建立实验室质量管理体系，申请获得实验室资质认定或认可，提高实验室人员业务素质和实验室设备运行效率，做好实验过程质量控制等质量管理活动。《检测和校准实验室能力的通用要求》（GB/T 27025—2019）等同采用 ISO/IEC 17025：2017《检测和校准实验室能力的通用要求》（英文版）。

（1）食品检验实验室管理体系建设　食品检验实验室管理体系建设中，第一，建立和完善食品检验实验室必须具备的检验条件，包括配备必要的、符合要求的仪器设备、实验场地及办公设施和合格的检验人员等；第二，建立相适应的组织机构，明确实验室队伍职责，保障食品检验实验室高效运行；第三，通过管理评审、内外部审核、实验室间能力验证、比对等方式，不断完善和健全质量体系，保证食品检验实验室有能力为社会出具准确、可靠的检验报告。实验室管理体系需要将管理体系涉及的政策、制度、计划、程序以及各类作业指导书写成文件，并将体系文件传达到全体人员，使其获得理解和认真执行。

（2）食品检验实验室资质管理　食品检验实验室资质管理包括实验室资质认定和实验室认可，前者是我国食品检验实验室必须获得的强制性许可，后者是食品检验实验室为参与国际交流的自愿活动。依据 ISO/IEC 17025 标准和我国的《中华人民共和国计量法》《中华人民共和国食品安全法》和《中华人民共和国标准化法》，申请获得实验室资质认定是食品检验实验室检验出证活动的准入门槛，是增强相关方对检验结果信心的基本要求，是提升食品检验实验室检验质量水平和保证食品检验实验室可持续发展的必要前提。我国食品检验实验室在获得资质认定基础上，可自愿申请实验室资质认可，以获得实验室检测结果的国际互认资格。

（3）食品检验实验室人员和设备管理　食品检验实验室工作质量决定于人员素质、技术水平和设备条件等综合实力。其中，实验室人员是最具活力、能动性并富有创造力的因素，是食品检验实验室质量管理中其他因素不能替代的关键因素，因此，必须注重食品检验实验室人才队伍建设，保证食品检验实验室队伍结构合理、素质优良和技术一流。仪器设备是食品检验实验室必需的"硬件"，是各级各类实验室开展工作的重要物质条件，是保障食品检验实验室工作质量的基础因素，因此必须做好实验设备的购置计划、采购、验收、维护等实验室设备管理工作，以保证实验设备运行高效和出具数据准确可靠。

（4）食品检验实验室质量控制　食品检验实验室质量控制是实验项目全过程质量管理的系列活动，是食品检验实验室质量管理的日常工作。在选择标准实验方法、调试仪器设备状态和建立良好工作环境基础上，应用数理统计学方法监控食品检验实验室工作质量状态，保证食品检验实验室检测结果的准确可靠。

2. 食品检验实验室的全面质量管理

"全面质量管理（total quality management，TQM）"由美国著名学者费根堡姆在 20 世纪 60 年代初提出，是指一个组织以质量为中心，全员参与为基础的管理方法，目的在于通过让顾客满意和本组织所有成员以及社会受益而获得长远成功的管理途径。TQM 是一种全员、全过程、全方位的质量管理。

TQM 不仅仅是指产品的质量管理，还包括与产品质量相关的各种因素，即产品生命周期全部相关过程的质量管理，包括产品产生、形成、实现和最终为消费者服务。比如，服务质量、工作流程质量、后勤保障质量、供应采购质量、咨询信息质量、售后质量等。TQM既有对物的管理，也有对人的管理。

早期质量管理认为产品是检验出来的，质量着重在检验，事后控制。TQM认为质量管理应包括全部过程环节，更加强调预防为主、事前控制，即更强调对产品设计和制造阶段的质量进行管理和控制。

（1）全面质量管理的核心思想 现代TQM强调三个基本思想。

①为顾客服务的思想 "组织依存于顾客。因此，组织应当理解顾客当前和未来的需求，满足顾客要求并争取超越顾客期望。"

对食品检验实验室来说，质量管理的基础仍是"顾客的需求"。"实验室顾客的需求"是实验室质量管理的上帝，是"质量工作的起点和归宿"。

不同类型实验室为顾客服务的重点有很大差异。对于第三方实验室来说，其生存与发展都直接依赖于顾客，有了顾客才有市场，才有效益；对于官方实验室来说，"顾客需求"主要体现为"社会需求"，因为官方实验室不仅仅是对某一顾客负责，更重要的是要对大多数的顾客负责，对国家和社会负责。

此外，TQM要求树立为每位顾客服务的思想，并将顾客的概念扩充到食品检验实验室内部。对实验室全体人员来说，实验室的整体目标是让所有实验室顾客满意，而对每个人员来说，在实验室内部，每个人员还必须让实验室相关的内部人员满意，如每一检测环节人员应让下一检测环节人员满意，而不应将问题留给下一检测环节。因此，在食品检验实验室管理实践中就必须以全员参与为基础，进行全过程的质量控制。

② 预防为主的思想 TQM要求将"事后检验"变为"事前预防"，让检测实验室在实际的运营中、具体的工作上提前做好计划，能按时完成工作任务，把管理工作的重点，从"事后把关"转移到"事前预防"上来。实行"预防为主"的方针，把不合格工作可能产生的概率在它的形成过程中就消灭掉，做到从源头处控制质量，防患于未然。这样则可以避免因事前的准备不足而造成各类质量问题的发生，从而造成重大的损失。

具体来说，对于食品检验实验室来说，必须做好检测前的合同评审，在检测实验之前做好充分准备；对于新的检测项目，必须做好方法确认和验证工作；对于特殊复杂的项目和要求，还必须讨论制定相应的检测方案，在实施检测过程中也必须进行预先质量控制。目前，食品检验实验室普遍推行ISO/IEC 17025的质量管理体系，其中包含不少"事前预防"的要求，但对于预防为主更为直接有效的则是实验室所制定的标准操作程序（SOP）的切实执行。

③ 系统、全面、科学的思想 质量问题并不仅是某个点、某个人的问题，而必须系统、全面、科学地分析其产生的根源，并且寻求系统科学性的解决方式。通常来说，推行全面质量管理，必须考虑满足"三全"的基本要求，即全过程管理、全员管理、全面控制质量因素（或全方位质量管理）。

（2）食品检验实验室的全过程管理 TQM是一种全过程方法质量管理，强调质量的产生、形成和实现，都是通过过程链来完成的。因此，过程的质量，最终决定了产品和服务的质量。过程管理覆盖了组织的所有活动，涉及组织的所有部门，并聚焦于关键/主要过程。

过程管理从"预防为主"的角度出发,对工作的全过程都应进行严格的质量控制,把影响质量的问题控制在最低允许限度,力争取得最好的效果。同时更加强调过程设计的科学性和有效性,注重对过程中发生问题的及时反馈和果断处理,注重对设计的及时调整。

食品检验实验室的主要流程与产品制造企业有较大差异,但全过程管理的思想和方法是一致的。类似地,检验过程可分为申请受理、合同评审、抽样、制样、下单或工作任务安排、样品登记、检测标准或方法融会贯通、样品前处理、样品检测、复核、结果报告、报告的签发。每个过程又由多个子过程组成。图0-1为典型的食品检验实验室工作流程图。但这只是一个核心过程,其中还未包括检测前顾客咨询、检测前供应采购、仪器标物期间核查、检测后结果反馈、顾客服务等,这些过程的全部影响因素都必须考虑,纳入全过程的质量控制范畴。

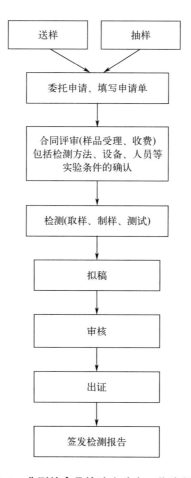

图0-1 典型的食品检验实验室工作流程图

（3）**食品检验实验室的全员管理** TQM是一种全员参与的质量管理,全员包括企业的全部人员,不管是直接与产品或服务有关的,还是间接相关的,每个人都是质量上的领导者,每个人都主动地完成自己的职责及相关衔接。食品检验实验室全员质量管理的实施,首先最高管理层质量意识要到位;其次要抓好全员的质量教育和培训,加强全员质量意识的同时，提高所有人员质量相关的技术能力和质量管理能力；最后要科学部署各部门、各层次、各类人员的岗位质量责任，既要明确各自所承担任务和各自职权，又要相互合作、精诚团结，以形成一个高效有序、协调畅通、严密周到的质量管理工作的系统。

（4）**食品检验实验室的全方位质量管理**　TQM是一种全方位的质量管理，全方位的质量管理或者称作"全面控制质量因素"，不仅应由质量管理部门和质量检验部门来承担，而且必须由项目的其他各部门参加，如技术、计划、物资供应、原材料采购、财务、预算合同、仪器设备、后勤服务等部门。各部门均对项目的质量做保证，实现项目的全方位质量管理。对于食品检验实验室来说，影响质量的因素从大的方面可以划分为两大类：仪器、试剂材料和检测方法等技术方面的因素；操作者、检验员、基层管理人员、质量保证人员和组织其他人员等人方面的因素。全面控制质量因素意味着把影响质量的这些因素全部予以控制，避免质量缺陷产生，以确保质量。

模块一
食品检验实验室的人员管理

 职业素养

执着专注、精益求精、一丝不苟、追求卓越

　　劳动者的素质对一个国家、一个民族的发展至关重要。我国自古就有尊崇和弘扬工匠精神的优良传统。时代发展，需要大国工匠；迈向新征程，需要大力弘扬工匠精神。工匠精神的内涵有三个关键词：一是敬业，就是对所从事的职业有一种敬畏之心，视职业为自己的生命；二是精业，就是精通自己所从事的职业，技艺精湛；三是奉献，就是对所从事的职业有一种担当精神、牺牲精神，耐得住寂寞，不急功近利。一旦食品检验过程出现失误，给出错误的检验数据和结论，将会对食品安全造成重要影响，威胁到广大人民群众的身体健康和生命安全，也可能给合法生产经营企业造成不良影响，妨碍市场经济秩序正常运行。作为一名食品检验人员，应在工作细节上精雕细琢来精进自己，成就自己，为保障广大人民群众的身体健康和生命安全做出贡献。

项目一　食品检验实验室组织管理和人力资源配置

> GB/T 27025—2019/ISO/IEC 17025:2017《检测和校准实验室能力的通用要求》
> "5 结构要求""6.2 人员"
> **要点：**
> 　　实验室应确定组织和管理结构、其在母体组织中的位置，以及管理、技术运作和支持服务间的关系。
> 　　实验室应规定对实验室活动结果有影响的所有管理、操作或验证人员的职责、权利和相互关系。
> 　　所有可能影响实验室活动的人员，应行为公正、有能力、并按照实验室管理体系要求工作。

在影响食品检验实验室检测工作质量的诸多因素中，人是最重要的因素，也是实验室的第一资源。因此，必须从系统的角度加以策划和设计，应从当前和与其要开展的抽样、检测以及管理体系的要求来识别和确认人力资源的要求，特别是在进行组织结构和岗位设计时，必须保证足够数量（包括不同专业、不同特长）的人和相应资格的人。

一、食品检验实验室的组织和管理结构

组织结构是指一个组织为行使其职能，按某种方式建立的职责权限及其相互关系；其本质是实验室人员的分工协作及其关系，目的是实现质量方针和质量目标，内涵是实验室人员在职、责、权方面的结构体系，体现了实验室所有对质量有影响人员的责任和权限关系；组织结构的正式表述通常在质量手册或项目的质量计划中提供，其范围可包括有关与外部组织的接口。

CNAS-CL01：2018《检测和校准实验室能力认可准则》5.1 要求"实验室应为法律实体，或法律实体中被明确界定的一部分，该实体对实验室活动承担法律责任。"

《检验检测机构资质认定评审准则》（2023 版）规定"检验检测机构应当是依法成立并能够承担相应法律责任的法人或者其他组织。""检验检测机构或者其所在的组织应当有明确的法律地位，对其出具的检验检测数据、结果负责，并承担法律责任。不具备独立法人资格的检验检测机构应当经所在法人单位授权。"

其他相关评审准则中，也有相关规定。

为做好质量职责的落实工作，食品检验实验室应根据自身的实际情况，筹划设计组织机构的设置。各个实验室的性质、工作内容不同，组织结构的类型也不尽相同，主要有直线职能型结构、直线型结构、职能型结构、事业部结构、矩形结构、多维立体结构等。机构确定有一个共同的原则，就是机构的设置必须有利于食品检验实验室检验工作的顺利开展，有利于质量职能的发挥和管理。

食品检验实验室的组织结构图包括实验室内部组织结构图和实验室外部组织结构图。

(1) 实验室外部组织结构图的构建 实验室外部组织结构图应当明示实验室的各种外部关系，包括与其他部门的关系、在母体单位中的地位等，通常用方框表示各种管理职务或相应的部门，箭头表示权力的指向，通过箭头线将各方框链接，表明各种管理职务或部门在组织机构的地位以及它们之间的关系，下级（箭头指向）必须服从上级（箭头发出）指示，下级向上级报告工作（图1-1）。外部组织结构图重在描述和外部组织的接口。

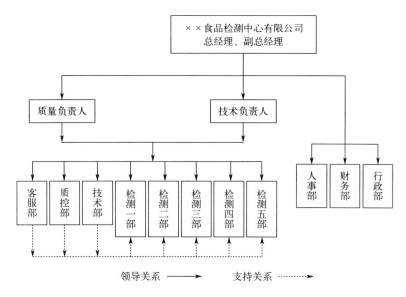

图 1-1　某食品检测中心的组织结构图

(2) 实验室内部组织结构图的绘制 实验室内部组织结构图应真实反映机构的内部设置，包括最高管理层的组成和分工、各管理部门和专业科室的设置、非常设机构的设立以及它们各自在实验室中的地位、作用和相互关系。实验室内部组织结构图通常采用直线型（图1-2）、职能型（图1-3）和事业部组织结构。

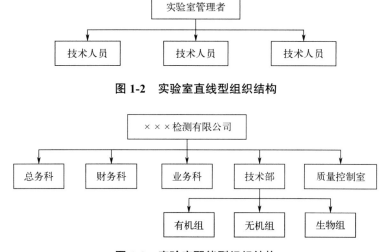

图 1-2　实验室直线型组织结构

图 1-3　实验室职能型组织结构

模块一　食品检验实验室的人员管理

（3）复合型组织结构图　内部组织结构和外部组织结构也可在一张图中表示出来，即复合型组织结构图（图1-4）。在组织结构图绘制过程中，应把组织结构的质量管理部门、技术工作部门和支持服务部门之间的相互关系尽量表示出来，必要时可用文字补充说明。

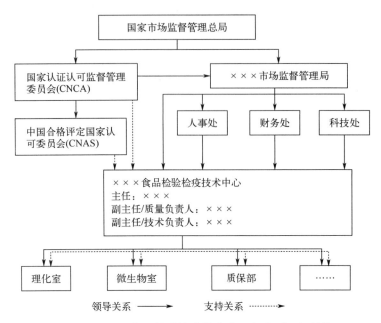

图1-4　×××食品检验检疫技术中心复合型组织结构

二、食品检验实验室岗位设置和职能分配

人是食品检验实验室质量因素中第一重要的因素，把握好人的因素，有时能使某些设备条件较差的实验室技术能力表现出较高的水平。

食品检验实验室是一个有机整体系统，在影响检验数据可靠性及检验结论正确性的诸多因素中，实验室人员是其中最具活力和能动性以及富有创造力的因素，是实验室开展所有工作中其他因素不能替代的关键性因素。有的时候食品检验实验室的能力取决于人的能力，特别是关键岗位人员的能力。

与食品检验实验室资格资质相关的《检验检测机构资质认定评审准则》（2023版）、《检测和校准实验室能力的通用要求》（GB/T 27025—2019）、《食品检验机构资质认定条件》（食药监科〔2016〕106号 附件）和CNAS系列认可准则等均对"人"进行了描述和规定，可见实验室人员对实验室的重要性。

食品检验实验室关键人员大致分为以下三大类：关键管理人员、关键技术人员和关键支持人员，然而分类不是绝对的，即对于人员数量少的小型实验室，部分关键人员身兼数职。

第一类关键管理人员，包括最高管理者、技术负责人（或被称为技术管理者、技术主管、技术总监、技术经理和技术管理层等）、技术负责人代理人、质量负责人（或被称为质量管理者、质量主管、质量总监和质量经理等）、质量负责人代理人和生物安全责任人等。

第二类关键技术人员，包括抽样人员、检测员、检测报告签发人员、仪器设备操作人员、检测方法确认/证实人员、统计分析员、结果校核或评价人员、结果报告意见和解释人员以及授权签字人。

第三类关键支持人员，包括设备采购人员、消耗性材料采购人员、仪器设备管理/送检人员、内部校准人员、内审员、外聘的内审员、监督员、测量不确定评定人员、仪器设备管理员、试剂管理员、标准物质/参考物质管理员、样品管理员、安全负责人和文件管理员。

三、食品检验实验室人力资源的配置与管理

人力资源也称劳动力资源、劳动资源、人类资源，具有物质性、可用性和有限性，是资源提供中首先考虑的。人力资源较其他资源是一种更为重要、关键的技术和战略资源，人力资源的管理方法，即组织资源，直接体现了食品检验实验室最高管理者的管理思想和理念，决定了团队创造力的发挥极限。

1. 食品检验实验室需要配置的人力资源

食品检验实验室检验系统人力资源的组成主要是从事检验工作的技术人员和研究人员、检验系统的管理人员以及其他辅助人员等。食品检验实验室管理层应确保所有操作专门设备、从事检测、评价结果和授权签字等人员的能力。所谓员工的能力是经证实的应用知识和技能本领。食品检验实验室管理层应根据管理体系各工作岗位、质量活动及规定的职责要求，选择能够胜任的人员从事该项工作，即应按要求根据相应教育、培训、经验和/或可证明的技能进行资格确认。

在食品检验实验室检验系统的人力资源构建中，根据系统目标和任务，把握好人力资源的组成和结构，遵循效率原则，科学合理地设置人员编制和结构，力求精简管理层次，并注意人力资源的组成和结构随实验室承担的任务变化而变化，以保证整体工作效率。

2. 食品检验实验室人力资源管理

人力资源管理是指对人力资源的取得、开发、保持和利用等方面所进行的计划、组织、指挥、控制和协调的活动，即通过不断地获取人力资源，把得到的人力资源整合到实验室系统中，保持、激励、培养他们对组织的忠诚度、积极性并提高绩效。由于人力资源管理者面对的直接管理对象是最重要、最复杂和最活跃的人，显然不同于设备管理、技术管理等其他相关的管理工作者，因此，作为实验室系统的负责人，需要具备人力资源管理的素质和能力，知道人力资源管理的常规内容，学会人力资源管理的基本方法。实验室系统人力资源管理的重点是要求各类人员的结构合理、岗位职责明确，确保食品检验实验室内部组织结构图与岗位职责设定一致。岗位职责的文字描述要求简单明确地指出管理岗位（职务）的工作内容，职责和权力，与组织中其他部门和职务的关系，以及担任者所必须具备的基本素质、技术知识、工作经验、处理问题能力等任职条件。并建立完整有效的激励机制和流动机制，增强各类人员的竞争意识和竞争能力，充分调动其工作积极性、主动性和创造性，使实验室系统人力资源素质得到不断的提高。

延伸阅读 1-1（某食品检测中心部分岗位人员工作职责）

项目二　食品检验实验室人员的培训和考核

> GB/T 27025—2019/ISO/IEC 17025:2017《检测和校准实验室能力的通用要求》
> "6.2 人员"
> **要点：**
> 实验室应确保人员具备开展其负责的实验室活动的能力，以及评估偏离影响程度的能力。实验室应有人员选择、培训、监督、授权、能力监控的程序，并保存相关记录。

人力资源培训是指"由组织提供有计划、有组织的教育与学习，旨在改进工作人员的知识、技能、工作态度和行为，从而使其发挥最大潜力，以提高工作质量，最终实现良好组织效能的活动"。员工培训是食品检验实验室人力资源管理重要的内容之一，加强人员培训是满足食品检验实验室管理体系有效运行的一项重要工作，是提升人员素质的关键因素。同时，考核是全面了解实验室人员德才水平、业务能力、工作业绩而经常或定期进行的一项管理工作。建立科学的考核制度，是食品检验实验室人力资源管理的一项重要内容。

一、食品检验实验室人员培训要求

人力资源培训是食品检验实验室人力资源开发的基础性工作，是食品检验实验室实施质量管理的一个重要方面，是提升实验室员工水平，使其胜任检验工作的重要手段。食品检验实验室人员通过培训获得的知识和技能与经验结合，将会使其具备或提高能力，为员工发展需求创造了必要的前提条件，同时也会使食品检验实验室获得更大效益。各种方式、各种类型的培训是提高食品检验实验室人员整体素质和水平、充分发挥员工效能的有效重要措施。

《食品检验机构资质认定条件》（食药监科〔2016〕106号 附件）规定："技术人员应当熟悉《食品安全法》及其相关法律法规以及有关食品标准和检验方法的原理，掌握检验操作技能、标准操作规程、质量控制要求、实验室安全与防护知识、计量和数据处理知识等，并应当经过食品相关法律法规、质量管理和有关专业技术的培训和考核。"

1. 食品检验实验室人员培训内容

食品检验实验室的人员培训内容大致可分为以下八个方面：

（1）**法律法规及安全保密教育**　了解《食品安全法》《计量法》《标准化法》和《产品质量法》，以及其他相关的法律法规、条例和规范等，加强职业道德、行为规范和安全保密等方面的学习。

（2）**管理体系文件学习**　管理体系文件是实施质量管理的依据，食品检验实验室必须通过学习宣贯质量管理体系文件的内容，使所有与食品检验活动有关人员熟悉并在工作中按管理体系文件要求执行。

（3）**食品检验技术基础知识培训** 主要掌握与食品检验业务相关的基础知识、数据处理、误差理论和数理统计知识等。

（4）**食品检验管理基础知识培训** 主要掌握食品检验管理相关的测量标准建立与维护、管理体系的有效运行以及实验室资质认证认可等相关知识。

（5）**专业理论和技能培训** 学习和掌握与所从事工作相关的专业知识、基础理论及有关技术标准、方法、规范和仪器设备原理等技术知识。根据不同的工作岗位进行操作技能培训，包括但不限于作业文书操作、专业安全规范和职业基本素质规范等内容。

（6）**质量意识培训** 食品检验实验室人员的质量意识是管理体系得以建立和有效运行的基础，只有充分认识到质量的重要性，才能坚持"质量第一"，持续改进工作，满足客户和其他相关方的要求和期望，实现实验室的质量目标。

（7）**新技术培训** 着重掌握最新的食品检验测试技术理论、先进管理理念和管理方法、新标准和新技能等，开展新项目岗位知识和技能培训，提高满足客户要求和期望的能力。

（8）**健康与安全培训** 着重掌握安全知识及技能、实验室安全设施设备、应急措施与现场救助等的培训。

2. 食品检验实验室人员培训的类型及途径

食品检验实验室人员培训的类型，分类依据不同，培训类型不同。

（1）**依据培训与岗位的关系** 培训类型可分为：岗前培训、在岗培训和离岗培训。

① 岗前培训：分为新录用人员上岗前和本单位人员从事新岗位时培训两种。新录用人员上岗前培训内容涉及实验室和科室基本情况介绍、岗位规范以及从业要求等；本单位人员到新岗位时也要进行培训，内容涉及新岗位工作内容。培训后经考试合格，主管人员应书面授予后方可进行本岗位工作。

② 在岗培训：又称不脱产培训，即边工作、边学习。

③ 离岗培训：又称脱产培训，包括外派进修学习、参加脱产学习培训班、保留公职参加学历教育等。此外，还包括转岗培训和待岗培训等。

（2）**依据培训目的** 可分为：法律法规和管理体系培训、上岗基础知识培训和知识更新培训。

① 法律法规和管理体系培训：食品方面的法律法规和食品检验实验室内部管理体系培训的目的是使食品检验实验室人员熟悉检验业务相关的法律法规及实验室内部相关规定，确保食品检验实验室检验工作的合法性和一致性。

② 上岗培训：目的是使上岗人员具有独立工作的基础知识、基本技能和基本素质。

③ 知识更新培训：目的是使在岗人员的知识和技能持续提升和更新知识，有助于提高工作人员在技术不断更新的情况下完成创新性工作的能力。

（3）**依据培训组织方不同** 培训又可分为内部培训、外部培训和内外联合培训等。

① 内部培训：由实验室组织的在实验室内部进行的培训，如实验室内部质量管理体系培训、实验室内各科室学术讲座和科内各种新技术训练等。内部培训是食品检验实验室培训最主要的途径，其优点是投入少、简单易行、方便管理；培训面可大可小，视对象和条件可灵活掌握等。

② 外部培训：一般指单位派出本实验室人员到外单位学习，由实验室支付培训费或者实验室与学习者共同支付费用，或者相关单位、组织赞助经费等。外部培训可分为国外培训、国内培训和国内外联合培训等。还有一些外部培训是工作人员根据个人或单位要求，利用业余时间由个人安排的培训教育，目前，这种形式是当代培训的一种重要途径。

③ 内外联合培训：是以上两种形式相结合的培训。

二、食品检验实验室人员培训工作的流程和实施

食品检验实验室应根据自身现状和发展目标，系统地制定各部门、各岗位人才培养长远规划。人员培训工作应根据不同部门、不同层次和不同岗位制定多样的培训主题，培训内容体现不同的深度，形成涵盖所有人员的可持续、经常性培训机制。食品检验实验室应由专门的机构或个人负责人员培训工作的组织实施和培训效果评估与考核，并将相关资料记录归档，确保人员培训效果。

1. 食品检验实验室人员培训流程

食品检验实验室人员培训流程如图 1-5 所示。

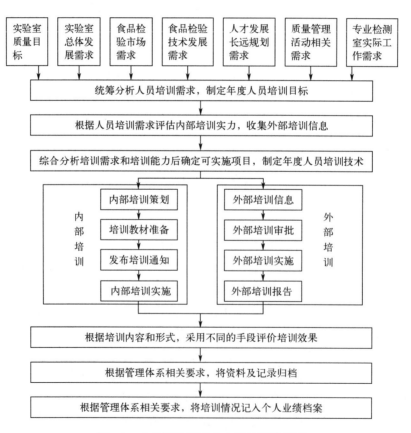

图 1-5　食品检验实验室人员培训流程图

2. 食品检验实验室人员培训工作的组织实施

培训的组织实施主要包括需求分析、制订培训计划、培训实施和培训评价等。

（1）需求分析 围绕开展什么样的培训有利于组织和员工的发展，结合本单位人才特点，进行需求分析，以满足人才需要的可能性，从解决现存问题、适应环境变化的挑战和未来发展需要三个方面确定人员培训的需求。如食品检验实验室为了满足质量管理体系的规定和要求，适应实验室现有的和预期的任务，各职能部门确定不同类型人员的技能目标，同时，注意与时俱进。

应用案例 1-1（食品检验实验室人员技能目标）

（2）制订培训计划 食品检验实验室应根据自身专业特点，遵循"缺什么、补什么"，即重点突出的原则，有针对性地培训专业技术人员；同时，员工培训不仅仅是为了目前需要，还要考虑将来的发展，因此，人员培训计划在注重针对性的前提下，必须体现系统性和前瞻性。要根据食品检验实验室现状及目标，系统地制订各部门、岗位的培训计划。在制订培训计划时，要避免培训时间与检测任务的冲突，即制订计划时应遵循"可操作性"原则，一个规划或计划必须具有可操作性，如食品检验实验室要尽量将培训时间安排在食品检测任务相对较少的季节。制订培训计划还需考虑"系统性、渐进性和整体性"原则，根据人员现状，分层次、分阶段、有步骤地进行培训，服从实验室整体战略目标，提高食品检验实验室整体水平。

食品检验实验室培训计划所列出的项目主要有：培训目标、培训内容、实施时间、培训方式、费用预算和组织实施部门等。

应用案例 1-2（某食品检验实验室人员培训年度计划）

（3）培训实施 在培训工作实施过程中要注重实效，采取多渠道、多层次和多种形式进行培训，确保所有人员都有机会得到适时有效的培训。食品检验实验室培训按实施方式分为内部培训和外部培训，实验室要充分利用内部培训资源，积极开展培训工作。要充分发挥实验室内部培训优势，即保证培训内容与工作的关联性，保证培训成果的实效性。外部培训质量很大程度上取决于授课教师的教学能力，因此，食品检验实验室在委托外部机构开展培训时，应注意培训机构的办学资质、授课教师的业务水平，尽量参加上级技术机构、专业培训机构和资深专家组织的培训。同时，注意培训效果最大化。参加技术交流、专项技术培训和新标准、法规宣贯的培训人员，回单位后应及时将在外培训接受的新信息、新知识、新规定整理归纳，由食品检验实验室组织内部培训，对相关人员进行宣贯，最大程度地传达给相关专业的每一个人，最大限度发挥外部培训效果。

无论是外部培训还是内部培训，食品检验实验室要由专人负责，培训组织联络、培训人员安排、培训实施审批、培训效能考核、费用结算和奖惩实施等要全过程参与，确保人员培训的实施效果。针对外出培训人员，实验室要给出明确的规定，确保培训效果。

（4）**培训评价** 评价是运用科学的理论、技术、方法和程序对培训项目的建立、设计、实施、组织管理以及培训实际效果等进行的系统考察，收集过程相关资料和信息，评价该项目是否达到预期目标并做出总结，为进一步决策提供参考。培训工作结束后，食品检验实验室必须对每次培训的效果进行评价。所有与培训相关的见证性记录要全部整理后存档。

人员培训效果评价方式多种多样，如笔试、面试、实际操作考核等，一方面考察员工培训效果，另一方面要对培训结果做出一定评价。培训效果和有效性评价是纳入食品检验实验室年度管理评审工作中的一项重要内容，它可以客观、公正地评价培训效果，查找问题，进行纠正。

应用案例 1-3（食品理化检测岗位标准溶液配制考核记录表）

项目三　食品检验实验室人员的上岗和监督

一、食品检验实验室人员任职条件和资格

1. 食品检验实验室人员任职条件

食品检验实验室人员任职条件基于国家法律法规、实验室质量方针和质量目标、产品检测标准或规范规定，甚至客户的要求。因实验室人员的专业知识、经验、资格、培训计划等因素直接或间接影响检测质量，为有效进行实验室质量管理，任何食品检验实验室均对实验室人员提出任职条件要求。

大致而言，食品检验实验室人员的任职条件可分为六方面的内容。

（1）**从业资格** 国家相关部门印发的实验室资质认定认可和食品检验机构要求等规定的从事食品检验活动人员资格。

（2）**培训经历** 食品检验实验室人员不仅应掌握专业基础知识，还应不断接受专业知识和相关法律法规的培训。

（3）**专业知识** 熟悉并掌握本专业知识是对食品检验实验室专业技术人员的通用要求。例如，从事微生物检测的关键人员应至少具有微生物或相关专业专科以上学历，微生物检测人员应熟悉生物安全操作知识和消毒知识；从事感官检验实验室的管理人员应具有产品科学（如食品科学）、心理学或其他相关学科（如化学、工程学以及生物学）的专业背景，具有相关知识背景及技能；从事理化检测的人员应至少具有化学或相关专业专科以上的学历。

（4）**经验和工作能力** 尽管经验和工作能力是一项"软"指标，但却是食品检验实验室在授权时需要考虑的一个十分重要的因素，因为只有具备一定的经验和工作能力，才能保证检测/校准工作的质量。实验室评审依据中也有相关规定要求。

（5）**生理要求** 这一要求主要针对某些特殊领域的实验室。如微生物检测实验室中，有颜色视觉障碍的人员不能执行某些涉及辨色的检测。

（6）**其他要求** 如职业道德、沟通能力和合作精神等。

2. 食品检验实验室人员任职资格要求

岗位任职条件明确后，实验室应据此选择适当的人员承担各岗位职能。对人员能力应按要求根据相应的教育、培训、经验和（或）可证明的技能进行资格确认。资格是指职称、能力等级等方面的要求。资格确认完成后，食品检验实验室应与其人员建立劳动、聘用或录用关系，明确技术人员和管理人员的岗位职责、任职要求和工作关系，使其满足岗位要求并具有所需的权力和资源，履行建立、实施、保持和持续改进管理体系的职责。

3. 食品检验实验室人员的上岗管理

（1）**关键人员任命**❶ 食品检验实验室管理层要根据国家法律法规、实验室质量方针和质量目标、实验室认证认可体系规定、产品检测标准或规范规定，人事主管部门按照工作需要，在资格确认后行文任命相关人员。对于组织结构简单的食品检验实验室，应由实验室最高管理者对相关人员进行任命。

（2）**人员持证上岗** 上岗证是指从事某种行业或岗位所具有的资格证明。政府监管部门、行业规定某些特定领域人员的职业资格要求，经职业资格考试合格的人员，由国家或行业授予相应的职业资格证书，如食品检验实验室的高压灭菌器操作员、食品感官检验员。客户也可能提出对检测人员特定资格的要求，指定由持有某种职业资格证书的人员进行检测。

二、食品检验实验室关于实验室人员的要求

满足任职条件并进行资格评估和确认后，食品检验实验室管理层要根据国家法律法规、实验室质量方针和质量目标、实验室认证认可体系规定、产品检测标准或规范规定，对食品检验实验室提出人员要求。

《食品检验机构资质认定条件》（食药监科〔2016〕106号 附件）明确，食品检验实验室人员应满足以下条件：

① 食品检验由检验机构指定的检验人独立进行。检验人应当依照有关法律、法规的规

---

❶ 一般情况下，任命的是职务或职位，授权是给予行使某项权力，持证是对特殊能力的认可。

定，并按照食品标准和食品检验工作规范对食品进行检验，尊重科学，恪守职业道德，保证出具的检验数据和结论客观、公正，不得出具虚假检验数据和报告。

② 检验机构应当具备与所开展的检验活动相适应的管理人员。管理人员应当具有检验机构管理知识，并熟悉食品相关的法律法规和标准。

③ 检验机构应当具备充足的技术人员，其数量、专业技术背景、工作经历、检验能力等应当与所开展的检验活动相匹配，并符合以下要求：

a. 技术人员应当熟悉《食品安全法》及其相关法律法规以及有关食品标准和检验方法的原理，掌握检验操作技能、标准操作规程、质量控制要求、实验室安全与防护知识、计量和数据处理知识等，并应当经过食品相关法律法规、质量管理和有关专业技术的培训和考核。

b. 技术负责人、授权签字人应当熟悉业务，具有食品、生物、化学等相关专业的中级及以上技术职称或者同等能力。

食品、生物、化学等相关专业博士研究生毕业，从事食品检验工作1年及以上；食品、生物、化学等相关专业硕士研究生毕业，从事食品检验工作3年及以上；食品、生物、化学等相关专业大学本科毕业，从事食品检验工作5年及以上；食品、生物、化学等相关专业大学专科毕业，从事食品检验工作8年及以上，可视为具有同等能力。

c. 检验人员应当具有食品、生物、化学等相关专业专科及以上学历并具有1年及以上食品检测工作经历，或者具有5年及以上食品检测工作经历。

d. 从事国家规定的特定检验活动的人员应当取得相关法律法规所规定的资格。

e. 检验人员应当为正式聘用人员，并且只能在本检验机构中从业。检验机构不得聘用相关法律法规规定禁止从事食品检验工作的人员。具有中级及以上技术职称或同等能力的人员数量应当不少于从事食品检验活动的人员总数的30%。

三、食品检验实验室人员监督

对食品检验实验室而言，数据和结果是实验室的产品，报告结果是实验室的最终产品，结果报告的准确性和可靠性，直接关系客户的切身利益和实验室的形象和信誉。食品检验实验室质量监督是衡量实验室管理体系是否有效运行的重要标志之一，是确保实验室产品质量满足要求的重要手段，是管理者对检测工作实施监督的一个重要渠道。

实验室资质认定认可涉及人员监督的规定，如检验检测机构应由熟悉检验检测目的、程序、方法和结果评价的人员，对检验检测人员包括实习员工进行监督。CNAS系列认可准则或应用说明中也有涉及人员监督的规定。

1. 实验室质量监督的定义及其解释

实验室质量监督不是一种个人行为，它是在一个单位最高管理者授权下开展的、代表最高管理者实施质量监督的过程，是检测全过程有效运行的保证。实验室应充分认识到质量监督工作的重要性，发挥质量监督员的作用，提高质量监督工作的有效性，不断提高实验室质量管理水平和整体素质，满足客户和认可规范要求。

质量监督的定义：为了确保满足规定的质量要求，对产品、过程或体系的状态进行连续的监视和验证,并对记录进行分析。

"规定要求"是指:法律法规规定、标准要求、顾客要求、合同要求、法定管理机构要求、认可机构要求、实验室管理要求等。

实验室不仅要关心规定要求,同时要关心客户习惯上隐含的要求和期望。目前,产品质量已从满足规定要求,发展到让顾客满意,再到超越顾客要求和期望的新阶段。

实验室质量监督的目的是确保实验室产品满足规定要求。实验室监督的侧重点是人员的技术能力,包括:

① 新方法设计开发能力;
② 设备操作能力;
③ 检测和/或校准方法(包括校准方法和非标准方法)使用能力;
④ 识别环境条件和设施的需求能力;
⑤ 样品识别、标识及样品制备能力;
⑥ 试剂或消耗性材料的制备能力;
⑦ 抽样能力;
⑧ 不确定度评定能力;
⑨ 数据处理能力;
⑩ 安全性要求识别及执行能力;
⑪ 应变能力等。

2. 食品检验实验室人员监督的文件编制和实施

因为实验室人员对确保实验室产品的正确和可靠十分重要,所以需要对食品检验实验室人员实施监督。对人员的监督是内部质量保证的重要组成部分,是实验室内部循环、自我完善的有效措施,它是确保实验室产品满足要求的重要手段。食品检验实验室人员监督需要一系列工作程序、监督计划、实施细则及监督记录作为依据和支持。质量监督活动一般包括:日常监督、重点监督和附加监督。

(1)食品检验实验室人员监督程序性文件编制 编制相关程序性文件,应明确质量监督的职责分工、质量监督工作流程和要求,质量监督中不符合工作的处理及改进机会。

应用案例1-4(某食品检测中心人员监督程序)

(2)食品检验实验室人员监督的实施

① 制定质量监督计划 实验室质量监督是有计划的活动,按计划实施监督可避免质量监督人员开展工作时依据不充分、随意性大的问题。要使质量监督工作程序化、规范化,就需要对工作进行不断总结和细化,质量监督计划最好以年度计划的方式下达至质量监督员,

确定监督内容、监督方式和监督要求等，各质量监督员可根据自身监督的领域特点对实验室年度质量监督工作计划细化，确保可操作性。一般情况下要重点关注人员资格及资格保持、熟悉作业指导书及执行情况、检验规程/校准规范的符合性、设备操作情况、环境设施符合性、样品标识情况、样品制备及试剂和消耗性材料的配制情况、抽样计划及执行情况、原始记录及数据核查情况、数据处理及判定、不确定度评审情况、结果报告出具情况等内容。

② 编制监督记录表　质量监督和其他工作一样，需要留有记录，记录的形式多种多样，可以设计成表格形式，参见表1-1，包括时间、监督对象、监督内容、监督方式和监督结果等。食品检验实验室在每次监督活动后，都应有记录并进行评价，监督记录应该详细且真实地反映监督活动。在监督过程中发现不符合的，应按照管理体系文件的要求及时处理和反馈，采取纠正措施，制定预防措施，并进行汇总分析。

表 1-1　人员质量监督记录表

监督项目			
监督依据			
受监督人员		监督人员	

监督内容：
□1.人员资格及资格保持；
□2.熟悉作业指导书及执行情况；
□3.检验规程/校准规范的符合性；
□4.设备操作情况；
□5.环境、设施的符合性；
□6.样品标识情况；
□7.样品制备及试剂和消耗性材料的配制情况；
□8.抽样计划及执行情况；
□9.原始记录及数据的核查情况；
□10.数据处理及判定；
□11.测量不确定度评估情况；
□12.结果报告的出具情况等。
注：实施监督内容前打√，可多项选择，可添加。

监督结论：
　　初始能力——针对在培员工；
　　持续能力——针对已经上岗的员工。

| □现场纠正 | □后续采取纠正措施，完成时间： | |
| | 监督人员签名： | 日期： |

③ 实施监督　食品检验实验室应按计划，通过质量控制，即盲样考核、操作演示、现场提问、留样复测、人员比对、质量控制图、岗位轮换、能力验证结果、实验室比对结果、现场监督实际操作过程和核查记录等方式对人员实施监督。

质量监督范围包括质量形成的过程，尤其是检测过程中的重点、难点、疑点和易出错环节，从各个环节和层面上对检测质量进行控制。

④ 评价　质量监督员必须做好监督记录并进行评价。质量监督员在进行日常监督中，有权制止违反真实性、有效性、正确性的任何活动。对于发现违反操作规程的行为，如原始

记录失真、检测报告有误等情况，有权立即采取措施，当场纠正违反操作行为；监督中发现的偏离或问题，应及时记录，在每季度的质量管理会议上汇报，并进行分析讨论，找出发生不合格的原因，提出纠正预防措施，实施后要进行跟踪验证。在年度管理评审时，要将质量监督的内容形成报告输入评审内容中。这样既纠正了当前的不合格，又防止了潜在不合格的再次发生，形成以预防为主的质量管理环节。

食品检验实验室定期通过统计和分析，对监督的有效性进行评价，以改进监督的不足之处，只有监督人员能够验证检测结果是可靠的或亲自确认检测结果报告是可靠的，才能声明对检测的监督是有效的。

四、食品检验实验室人员档案管理

人员档案管理在实验室认可评审和权威机构对实验室能力承认中发挥着重要作用，是全面反映人力资源整体情况、充分挖掘人力资源的基础。档案管理工作是食品检验实验室管理中一项基础、持久的专项工作，是食品检验实验室管理工作的重要组成部分，能真实反映食品检验实验室建设和发展情况，是加强食品检验实验室管理与建设的重要依据。

1. 食品检验实验室人员档案管理的内容

食品检验实验室应保持全体人员相关教育和专业资质、培训、经历和能力评估的记录。记录可存放在实验室，也可保存在其他特定地点，但在需要时可以获取，人员档案应全面、客观、真实，其主要内容大致可以分为以下五个方面：

（1）**基础材料**　主要包括专业人员履历表、学历和学业证书（含毕业、结业、修业、肄业）及后续学历证书；各种专业技能考试、考核合格证、资格证；参加各种科技研讨会、专业技术会议、出国考察、进修学习、短期培训、继续教育及能反映专业人员个人资历和技能水平的各种材料。

（2）**任职资格材料**　主要包括专业人员历次任职资格评审表、任职资格证书、任职聘书及检定员证、操作员证、上岗证、上机证、内审员证、监督员证、审核员证、评审员证等相关的任职证书。

（3）**科研技术成果材料**　主要包括反映专业技术人员业绩的专业工作总结、技术报告；发表的学术论文、论著；主持或参与各项科研课题的鉴定证书、获奖证明、证书；发明创造专利证书及外语等级证书、计算机等级证书等。

（4）**考核材料**　主要是每年度对专业人员进行考核的考核登记表。内容包括：本人述职、培训进修学习情况、著作论文及重要技术报告情况、完成主要专业技术工作情况、创造发明及成果情况、工作失误和失职情况等。

（5）**其他材料**　指专业人员参加各种专业学会、学术团体的聘书、聘任证及各类荣誉证书等。

2. 食品检验实验室人员档案管理的规定

食品检验实验室人员技术档案是实验室档案的一部分，是专业技术人员在长期的业务实践和科研活动之间形成的反映工作经历、业务技能、工作业绩、学术水平、科研成果的真实记录，是全面反映人力资源整体情况、充分发掘人力资源的基础，是实验室技术性档案资料的重要组成部分，也是实验室人力资源整体情况的综合体现，微观上它记载了专业人员业务发展的过程和德能勤绩，宏观上反映着单位的整体业务水平和发展潜力。

食品检验实验室有效建立人员技术档案，是对认可准则等规定的遵守，其在实验室评审和权威机构对实验室能力认可中是不可或缺的证明材料，同时对提高质量工作管理效率、对内部管理体系的持续有效运行发挥着重要作用。

为全面有效地进行食品检验实验室人员档案管理，食品检验实验室的人员档案管理规定应包括以下方面：

（1）**实施"一人一档"**　建立每人一套技术档案，包括专业技术人员和管理人员，并在封面上标明姓名、所在科室和职称。

（2）**全面收集整理人员档案**　实验室应依据管理体系条款的相关要求，按照一定分类标准全面详实地收集相关信息并进行登记整理，最好在纸质记录的基础上结合计算机进行信息化管理，以电子文本形式存档，便于查阅。

（3）**档案记录与实际情况保持一致**　在实验室人员变动时，包括外出培训的情况，应及时更新相关人员档案记录。此外，档案管理人员应每隔一段时间全面检查、清理一次档案，做到档案记录与实际情况保持一致。

（4）**保密制度**　实验室应建立档案保密制度并严格遵守，未经授权，不得对外提供档案材料，借阅档案要履行批准手续并记录。

（5）**档案保存**　人员档案应存放在通风干燥的场所，注意防尘、防火、防水、防潮、防晒和防盗，防止档案被虫蛀、鼠咬和霉烂等。如有破损或变质的档案，管理人员要及时修补和提出复制。

3. 食品检验实验室人员档案管理的实践

食品检验实验室有效建立人员技术档案、充分开发利用人员技术档案信息资源、提高质量工作管理效率，对内部管理体系的持续有效运行将发挥重要作用。然而，人员技术档案涉及的人员信息比较多，许多实验室经常遗漏部分信息，或者管理不到位，出现信息更新不及时和管理烦琐的现象。

在食品检验实验室人员档案最初建立和日常维护中，做到以下几点，将对实验室人员技术档案管理的完整性和科学性有很大帮助。

（1）**完善的制度**　实验室人员技术档案管理应有归口部门，配有专（兼）职人员负责，并规定其职责，建立和健全人员技术档案管理制度和相关的作业程序，做到职责明确，实施有章可循。应制定《档案管理程序文件》，规定档案管理人员主要职责和任务。

（2）**内容的充分性**　依据相关评审准则，登记实验室人员信息。除了满足评审准则规定以外，还应包括人员身份基本信息和奖惩、升迁和考核等信息。因为人员涉及资料比较多，除了以文件形式、证书形式存在外，有些并没有以书面形式存在，还需要收集和完善，因此应设计和编制一本《人员登记册》，包含实验室人员需求的所有信息，以此为纲领性资料，其他证书、文件资料为附件，不仅便于登记管理和核查，而且便于统一管理、不遗漏人员信息资料，还对保持信息的充分性起到重要作用。

（3）有效实施

① 建立档案：要做好实验室人员的档案管理工作，必须明确主导思想，建立健全工作制度，使全体人员充分认识到人员档案的作用和意义，为建立人员档案创造良好的氛围。同时，档案管理人员应熟悉人员档案的运行规律，抓住时机，广泛收集，为档案的齐全完整打好基础。

② 收集档案：首先，可利用日常工作进行档案收集，如新职工进单位时，技术职称评定等时机进行收集；其次，要形成有关制度，将档案资料收集贯穿到日常工作中，在收集的同时，切实做好严格的登记、保管并提供利用保证，为人员档案的建立打好基础；最后，要做好人员档案收集工作，需要多个部门支持与配合，如质量管理部门对专业人员的考核、业务培训成绩，人事部门对专业人员的工作作风考评结果等资料，都要及时记入个人技术档案。因此，要做好人员档案的收集工作，需要各科室通力合作、共同完成。

③ 更新档案：由于实验室人员的技术水平会随着检测技术的更新而提高，这中间涉及大量培训，加之实验室人员可能进行自我继续教育，以及实验室存在人员更迭的情况，因此实验室人员技术档案是不断变化的，在管理上也应采取"动态管理"的方式，不断更新。

（4）管理的适宜性　　文件管理员应定期对人员档案进行核查，检查目录中涉及的文件和记录是否都存在于档案中。为防止材料的遗漏，文件管理员也可定期通知食品检验实验室人员对一段时期内产生的相关材料进行提交和归档。

活动探究

模块二
食品检验实验室的仪器设备管理

 职业素养

工欲善其事,必先利其器

"工欲善其事,必先利其器",语出《论语·卫灵公》,意思是工匠想做好他的工作,一定要先让工具锋利。比喻要想把事情努力做到最好,就得先做好各项准备工作。各类分析仪器设备是食品检验人员的工具之一,分析仪器设备是否适用于工作,是否处于良好的工作状态,都将影响最终结果的准确出具。"磨刀不误砍柴工"的成语故事中,木匠天生神力,加上一把锐利的斧头,一天可以砍下 20 多棵树,但是慢慢地,他的工作时间越来越长,所砍的树却越来越少,根本原因是斧头钝了。在食品检验的工作中,做好仪器设备的管理,确保性能的稳定和可靠,正如花点时间来磨利斧头一样,是非常必要的,是提高效率的重要保障。那些急于往前赶,而不重视"利其器"的人,最终会落在后面。努力打磨"利器",才能稳扎稳打地把事情做好,达到事半功倍的效果。

项目一　食品检验实验室的仪器设备配置

> GB/T 27025—2019/ISO/IEC 17025:2017《检测和校准实验室能力的通用要求》
> "6.4 设备"
> **要点：**
> 实验室应配备开展检测/校准活动所需的全部设备，配置的设备应满足方法要求和工作需求。
> 实验室应保存对检测/校准活动有影响的设备记录。

目前，开展食品检验检测的实验室越来越多，这些实验室由于性质不同，检验检测项目不同，因而在食品检验实验室筹建和发展过程中，对仪器设备的购置和选型有着不同的要求。

按食品检验实验室申请领域分类，食品检测项目大体可分为食品微生物检验、食品感官检验和食品理化检测。食品理化检测又包括营养物质、营养元素、有害元素、添加剂、农药残留、兽药残留、非法添加物、毒素、激素，以及水分、灰分、杂质和旋光度等其他与品质有关的物理化学指标。按使用仪器分类，食品理化检测又可细分为重量法分析（如水分、灰分等）、电化学分析（pH值、氟等）、色谱分析（如甜蜜素等添加剂、甲醇等）、光谱分析（如铅等金属元素、亚硫酸盐）、质谱分析（如瘦肉精、三聚氰胺等）以及一些与品质分析有关的专用仪器。

根据食品检验实验室的实际工作，实验室常用仪器设备可分为定性定量测量仪器设备和辅助处理仪器设备两大类。定性定量测量仪器设备的显示数据往往需要代入计算，得出检测结果。此类仪器设备大多有计量规程。

（1）常用定性定量测量仪器设备

① 称重仪器：电子天平、分析天平、台秤等。

② 电化学分析仪器：酸度计、自动电位滴定仪等。

③ 色谱分析仪：气相色谱仪、高效液相色谱仪、离子色谱仪、氨基酸测定仪等。

④ 光谱分析仪：紫外-可见分光光度计、荧光分光光度计、原子吸收分光光度计、原子荧光分光光度计、等离子体发射光谱仪等。

⑤ 联用仪：气相色谱-质谱联用仪、液相色谱-质谱联用仪、电感耦合等离子体质谱仪等。

⑥ 品质分析专用仪器：小麦粉粉质曲线仪、糖度计、啤酒泡持性测定仪等。

（2）辅助处理仪器设备　辅助处理仪器设备的显示数据一般不代入计算，不会直接影响检测结果，但误差过大对实验条件或实验安全有影响。此类仪器设备主要包括：

① 样品处理设备：粉碎机、均质器、匀浆机等。

② 提取设备：固相萃取仪、索氏抽提仪、超声振荡仪等。

③ 分离设备：离心机等。

④ 浓缩设备：氮吹仪、旋转蒸发仪、平行蒸发器等。

⑤ 消化设备：马弗炉、微波消解仪等。

由于食品检验实验室的性质和检测项目不同，对仪器设备的配置和功能有不同要求，其仪器配置要考虑实验室的规模和性质。食品检验实验室仪器设备配置应"基于需求，考虑前瞻性要求，结合资金状况"，检验检测实验室应根据自身业务需要配置分析仪器，同时考虑拓展检测领域需要，根据仪器的性能及功能、仪器价格和资金状况等条件因素合理配置仪器设备，不可为追求大型及高、精、尖的检测设备而盲目扩充实验室仪器设备。

下文中，按照食品企业实验室、第三方食品检验机构、行业重点实验室分别介绍仪器配置要求。

一、食品企业实验室的仪器配置

食品企业实验室仪器设备的配置可繁可简，可根据生产产品的品种、检测项目多少和生产规模大小，配置仪器设备。对于这样的实验室，配置的仪器设备能满足企业产品品质检测即可。

食品企业检验可分为两大项：一是检测产品的品质项目；二是检测产品的安全项目，这一类项目的检测难度大、投资高。

1. 品质项目

品质项目包括水分、灰分、pH 值、蛋白质、脂肪、纤维素、盐分、含糖量和酸度等。检测这些项目，如果经费有限，可以采用化学法分析，只需配备最简单的烘箱、水浴锅、电炉、搅拌器、粉碎机和 pH 计等仪器设备即可；如果经费充足或检验批次较多，不同的检测项目都有对应的专用仪器可供选购，也有一些通用的仪器设备可供选购，如紫外-可见分光光度计、近红外分析仪、自动滴定仪等；检测营养元素，如钙、锌和铁等，可购置原子吸收分光光度计进行检测。

2. 食品安全项目

食品安全项目包括：微生物、添加剂、有害元素、农药残留、兽药残留和生物毒素等。

（1）**微生物** 微生物实验室依据生物实验室规范标准要求进行布局。对于一般食品企业微生物检测实验必要的仪器设备有超净工作台或无菌室、培养箱、高压灭菌器、显微镜和恒温水浴锅等，其他仪器设备则根据具体检测项目配置。

（2）**添加剂和有害元素** 有些项目可以用化学法，如亚硝酸盐、硝酸盐和二氧化硫残留等；如果满足食品安全国家标准要求，应该配置气相色谱仪（FID 检测器）、液相色谱仪（紫外检测器），则一般的防腐剂（如苯甲酸、山梨酸等）、甜味剂（甜蜜素、糖精钠等）、色素（柠檬黄、胭脂红等）都可以检测；石墨炉原子吸收分光光度仪可以检测铅、镉和铬等有害元素；原子荧光光谱仪可用来检测砷和汞等。

（3）**农药残留** 气相色谱仪是检测农药残留不能缺少的仪器设备；检测有机氯农药需配置电子俘获检测器（ECD）；检测有机磷农药需配置火焰光度检测器（FPD）或氮磷检测器（NPD）。食品中需检测的农残项目越来越多，为了把好生产原料和产品质量关，可以配置气相色谱-质谱仪；一般只需配备电子轰击 EI 源，如果有必要，可再配一个副化学 NCI 源。四极杆质谱仪和离子阱质谱仪各有优缺点，可根据具体工作进行配置。

（4）兽药残留 兽药残留检测，若检测项目不多且批次多，可以配置酶联免疫仪（ELISA），该仪器一次投入不大，操作简便，检测灵敏度高。但采用 ELISA 也有一些缺点，一是试剂盒为长期的消耗品，若检测批次少，成本会较高；二是特异性不好，可能会有假阳性；三是如果在相对长的一段时间内检测项目较多，成本甚至比仪器分析还高。出口食品企业为适应当前欧盟、美国和日本等检测限量要求，可配置液相色谱-质谱仪，可配置三重四极杆质谱仪，灵敏度高、重现性好。仪器配置不一定追求高配置，但灵敏度、稳定性和抗污染等性能要好。

二、第三方食品检验机构的仪器配置

与企业实验室相比，第三方食品检验机构检测项目多，仪器设备的配置从门类和数量上都要比企业实验室更完善。仪器设备的配置不仅要满足当前检测的需要，还应适当超前，以满足客户需求和检测方法的变化。

1. 品质项目

通常要考虑使用的标准或根据客户要求，配置相应的检测仪器和设备。由于不同食品和不同客户对同一项目可能提出不同的检测标准或方法，若方法规定采用化学分析，只需配置最简单的仪器设备即可。如果经费充足或检验批次较多，对应的检测方法有仪器法，可配置相应的专用仪器设备，如糖度计、黏度计、凯氏定氮仪、脂肪测定仪、纤维素测定仪、氨基酸分析仪等专用仪器设备。

2. 食品安全项目

对于一个大型的第三方食品检验实验室，液相色谱-质谱仪、气相色谱-质谱仪是不可少的，这是现在对禁用农/兽药残留出具阳性报告时标准要求的条件。如果有规模、检测项目多，每类仪器还应配置多台/套。这时要考虑仪器性能的互补，如可以考虑一台液相色谱-质谱配电子轰击源，另一台配化学电离源。元素多、样品杂，可以配置等离子体发射光谱-质谱仪、气相色谱-质谱仪等。如果要做形态分析，等离子体发射光谱-质谱仪应能与液相色谱或气相色谱联用。

三、食品行业重点实验室的仪器配置

一个较完善的食品行业重点实验室（省市一级以上的），除了分析测试设备的门类和数量优于一般第三方实验室外，为提高分析效率，在前处理设备配置方面更完善一些，如自动固相萃取仪、微波消解（包括微波萃取）、凝胶色谱净化仪、高速冷冻离心机、溶剂加速萃取仪、高速均质机、氮吹仪等。为了适应食品安全检测发展，许多食品检验实验室开始开发新的分析方法。因此，食品行业重点实验室将会配置更高端的分析仪器设备，如高分辨质谱仪，使最终的检测结果更准确，灵敏度更高。不同实验室仪器配置分析见表2-1。

表 2-1 不同食品检验实验室的仪器配置

项目			简单配置	高配置
食品企业实验室				
品质项目	水分、含盐量、含糖量、蛋白质含量、脂肪含量、纤维素含量、维生素含量、酸度等		化学法分析，只需配置最简单的烘箱、水浴装置、电炉、搅拌器、粉碎机、pH 计等仪器设备	通用仪器设备如紫外-可见分光光度计、近红外分析仪、自动滴定仪等
食品安全项目			根据对应检测项目配置专用仪器设备	
	营养元素，如钙、锌、铁等		火焰原子吸收光谱仪	
	微生物	必建微生物实验室	按照生物实验室规范标准要求进行布局。必要的仪器设备有超净工作台（无菌室）、培养箱、高压灭菌器、显微镜、恒温水浴装置等，其他仪器设备则根据具体检测项目配置	
	添加剂和有害元素	亚硝酸盐、二氧化硫、重金属、总砷等	化学法	
		食品安全国家标准：防腐剂（苯甲酸、山梨酸等）、甜味剂（甜蜜素、糖精钠等）、色素（柠檬黄、胭脂红等）	气相色谱-氢火焰检测器、液相色谱-紫外/可见光检测器	
		铅、铬、镉、铜、镍等有害元素	原子吸收仪-石墨炉检测器	
		砷、汞等	原子荧光光谱仪	
	农药残留	气相色谱，毛细管柱分流/不分流进样口，安装毛细管色谱柱		
		有机氯农药	电子俘获检测器（ECD）	气相色谱-质谱仪（四极杆、离子阱均可）、EI 够用，可选配 NCI
		有机磷农药	火焰光度检测器（FPD）或氮磷检测器（NPD）	
	兽药残留	项目不多，且批次多	酶联免疫仪，注：项目特别多时比用仪器分析成本高	
		有一定规模的食品企业	三重四极杆液相色谱-质谱仪	
第三方食品检验机构				
品质项目	根据使用的标准或客户要求，配置相应的检测仪器设备，均可参考食品企业实验室的品质项目，可用化学法或仪器法，另外如下：			
	根据对应的检测项目配置专用仪器设备		凯氏定氮仪、脂肪测定仪、糖度计、黏度计、纤维素测定仪	
			氨基酸分析仪等专用仪器设备	
食品安全项目	均可参考食品企业实验室食品安全项目，另外如下：			
	农/兽药残留：现代商业实验室必不可少的，对禁用农/兽药残留出具阳性报告时指令和标准要求的条件		液相色谱-质谱仪、气相色谱-质谱仪	有规模、检测项目多，各类仪器还应配置多台/套，使仪器互补
	元素多、样品杂		ICP-MS、GC-MS/MS	
	形态分析		ICP-MS 与 LC 或 GC 联用	
食品行业重点实验室				
	可在已经配置比较完全的基础上，增加前处理仪器设备，效率更高、自动化程度更高，提高结果的重现性		微波消解仪（包括微波萃取）、自动固相萃取仪、凝胶色谱净化仪、溶剂加速萃取仪、高速冷冻离心机、高速均质机、氮吹仪等	
	需要国际比对		高分辨质谱仪	

项目二　食品检验实验室仪器设备的采购与验收

仪器设备是现代化实验室开展工作的必备物质条件和重要技术手段，对保证工作质量和技术水平起着关键作用。为了保证和提高食品检验实验室检测工作的技术水平，有必要确立仪器设备按需或定期更新换代的机制。

一、仪器设备采购的计划与实施

随着国家对食品检测技术研发和食品检测机构的投入，各种大型包括高、精、尖检测设备不断装备各级食品检验实验室。在这种形势下，需要科学合理配置食品检测仪器设备。食品检验实验室应结合工作内容、科研人员的技术水平、使用环境的要求及资金的保障能力等情况，在充分做好预测的基础上，向仪器设备管理部门提交"仪器设备购置申请表"。

1. 仪器设备的需求分析

仪器设备的需求分析是食品检验实验室建设的重要环节，特别是大型仪器，为确保仪器设备的科学配置，应采用严谨的论证程序，组织专家进行计划和选型论证，并对确认的仪器设备出具可行性论证报告，以有效降低财务损失风险。仪器设备主管部门在组织专家充分讨论和论证的基础上，结合财务部门提供的年度和近期购置仪器设备的经费保障情况，制定仪器设备购置计划。

食品检验实验室仪器设备的需求分析应考虑以下六方面的要求：

（1）**前瞻性要求**　用最新检测手段和检测仪器设备进行检测技术储备的研究，以拓展检测领域，建立检测标准，应对突发事件及贸易壁垒。

（2）**一致性要求**　相同专业中实验室配备的主要和必备仪器设备应基本一致，以达到实验室之间检测数据的通用性和重复性。

（3）**动态性要求**　可以根据新需求进行调整。

（4）**性价比要求**　仪器设备满足性能要求前提下，性价比应达到最佳（如仪器设备的技术先进性、使用周期、售后服务，零件、附件等耗材的易采购性，仪器设备整体价格的优惠程度等）。

（5）**指标要求**　包括仪器设备先进性要求、通用性要求、稳定性要求、数量性要求、环保性要求和安全性要求等。

（6）**使用和更新要求**　包括仪器设备用途要求、使用率要求、更新要求、环境要求、安全要求和人员要求等。

2. 购置仪器设备的可行性论证

仪器设备的申购计划经食品检验科室主任签署意见后，由实验室技术管理层审核批准。

若属大型精密仪器设备，还需组织同行进行专门的可行性论证。购置仪器设备的可行性论证材料一般包括：

① 仪器设备在检测需求方面的意义和必需性，对工作量进行分析说明。如果是需要更新的仪器设备，则必须将原仪器设备的效益情况讲明，指出更新设备的必要性。

② 仪器设备所具备的先进性、合理性和实用性等优势拟写出来，包括需购置仪器设备使用的检测范围，选择的品牌、规格、档次和性能，价格及技术指标是否合理等。

③ 仪器设备附件、零配件和配套软件的经费情况，以及购买后每年进行维护的费用额度。

④ 仪器设备的操作人员需求，安装场地、使用环境以及共享情况，并预测购置后带来的经济效益，分析效益的风险状况等。

3. 仪器设备申购计划的实施

经批准的仪器设备申购计划，由食品检验实验室设备管理部门负责实施。仪器设备计划实施中的注意事项有以下几项。

① 在合同签订时，对所订仪器设备品名、规格、型号、技术指标、质量要求、订购数量、价格、交货日期、交货地点、到站、运输方式、运费承担、验收条件和标准、付款方式和时间，以及违约等各项内容都要有明确的要求。经过双方协商，以条款形式固定下来，再经双方确认及法人代表签字，加盖合同专用章方可生效。

② 生效的合同，应指定专人管理并记录执行情况。

③ 合同签订后，应及时汇出预付款，以便供方生产发货。

④ 到货后，应按合同条款规定及时验收。如有残损、短缺、质量不符等问题，应做详细记录，同时暂拒付余款，及时与供方联系处理。

⑤ 合同的执行情况，应予及时清理、检查、统计、上报。

⑥ 编制计划时，由于运输、产品质量、经费增减等情况的变化，可能需要对计划进行必要的调整。计划的调整与变更在未签合同之前，需经审核批准。对已签供货合同的，应由双方协商处理。在实施过程中，应经常检查，发现问题，及时纠正。

目前国内食品检验实验室主要分为两类，一类是国家各级部门设定的检测机构，分别隶属于农业、卫生、市场监管和海关等部门，由各有关部门分头建设，每年投入大量的人力物力财力进行基础设施建设和能力提升建设。另一类是由社会力量承办的检测机构，即我们常说的第三方检测机构，是由处于买卖双方之外的第三方（如专职监督检验机构），以公正、权威的非当事人身份，根据有关法律、标准或合同所进行的产品检验活动。前者购买仪器设备的资金大多是国家财政拨款资金或需要由国家财政偿还的公共借贷款，因此，其采购方式为政府采购。为了规范政府采购行为，提高政府采购资金的使用效益，各级机构都要按照《中华人民共和国政府采购法》规定进行采购。后者的仪器设备购置根据仪器的性能及功能、仪器价格和资金状况等条件因素，结合实际情况选定。

二、仪器设备的验收与安装调试

仪器设备验收是购置过程的结束，购置需签订订货合同。合同内容要注意以下问题：设备的完整性、技术资料的完整性、交货时间、验收标准、维修响应时间、技术支持、技术培训和二次安装调试等。这也是仪器设备安装、调试和验收的前提条件。

仪器设备验收是一项技术性强且时间紧迫的工作,必须制定并遵循一套完善的验收程序。

1. 准备工作

(1)组织准备 成立验收小组是组织准备的首要环节。验收小组主要由使用单位的技术人员、设备管理人员、档案管理人员和商检人员共同组成,当验收小组成员明确掌握各自职责要求后,方可进行验收。

(2)技术准备 进一步收集该仪器的性能原理、技术参数、操作规程、系统组成和关键组件等方面的资料。同时,到已配备并使用该型号仪器设备的单位学习,掌握各项技术指标、测试验收要领、操作方法和注意事项等。

(3)条件准备 根据仪器设备对工作环境的要求,落实实验室的硬件配套设施。当实验室的配套硬件设施全部按照要求配备到位,标样、试剂等准备齐全后,仪器设备才能进行组织验收,避免因准备不充分而影响验收。

2. 仪器设备的验收过程

(1)到货与接收

① 仪器设备验收前准备:仪器设备到货后,食品检验实验室应安排或培训专职技术人员熟悉厂商提供的技术资料;对精密贵重仪器和大型设备,应派专人按照所购仪器设备对环境条件的要求,做好试机条件准备工作;在搬运至实验室指定位置的过程中,相关人员要做好管理和监督工作,防止搬运过程中发生意外事故。

② 内外包装检查:包装是否完好,有无破损、变形、碰撞损伤、雨水浸湿等损坏情况,包装箱上标志、名称和型号等是否与采购的品牌相同。

③ 开箱检查:查看设备标识,如制造厂家、产品名称、产品型号或标记、主要技术参数、商品出厂日期或标号和商标标注等,检查包装箱内应随带资料是否齐全,如产品合格证、产品使用说明书、装箱单、保修卡和其他有关技术资料。检查仪器设备和附件外表有无破损,必须做好现场记录,发现问题时,应拍照保留证据。

(2)验收和初检

① 数量验收:以供货合同和装箱单为依据,检查主机、附件规格、型号、配置及数量,并逐件清查核对(凡有安装合同的仪器,要在供货方安装人员在场时才能开箱验收)。检查随机资料是否齐全,如仪器说明书、操作规程、检验手册、产品检验合格证书等。做好数量验收记录,写明到货日期、验收地点、时间、参加人员、箱号、品名、应到和实到数量。

② 质量验收:要严格按照合同条款、仪器使用说明书、操作手册的规定和程序进行安装、调试和试机。对照仪器说明书,进行各种技术参数测试,检查仪器的技术指标和性能是否达到要求。同时,注意做好验收记录。若仪器出现质量问题,应将详细情况书面通知供货单位,视情况决定是否退货、更换或要求厂商派员维修。如果仪器设备验收不合格,要立即按照法定程序申请索赔,索赔范围主要包括规格、质量和数量等与合同不符的项目。

(3)仪器设备安装调试 按合同规定,供方应派合格的技术人员进行安装调试。同时,食品检验实验室参与安装调试的人员应由使用部门有经验的具有高级职称的工程技术人员与实验室技术人员及操作人员组成。参加调试人员应先熟悉设备的安装和使用说明书，了解仪器设备性能，掌握安装调试的基本要求。安装调试完成后，仪器设备应连续开机，以验证设备的可靠性。

① 应按照合同规定和仪器使用说明书要求进行安装。总的要求是仪器设备必须放置或安装在坚实稳固的操作台或基座上，并保持水平状态，确保仪器设备使用的安全和使用效果。仪器设备安装应考虑所有的平面布局，既要方便使用、保养和维修，还要彼此不受干扰。到货仪器设备安装由实验室相关人员协助供货商完成。

② 仪器设备安装完成后，应及时进行调试。调试前必须熟读设备使用说明书，并对照仪器设备功能键在厂方技术人员指导下进行操作（尤其是大型仪器），以免因操作不当损坏仪器，甚至危及人身安全。接通电源前，首先检查电源电压是否符合仪器设备使用要求，再按照说明书规定的操作步骤逐步操作试运行，如发现异常应立即停机，待查明原因后方可再试运行。项目责任人及设备操作人员按合同、仪器设备说明书要求，对仪器设备各项功能及指标进行试验及检查，确认其性能指标是否与说明书相符，是否达到合同要求并记录。对调试中发现的问题，及时与供货方联系。

③ 大型或精密仪器设备的验收和安装调试全过程，生产厂家或供货商必须派技术人员按技术指标和计量性能进行调试安装，同时对实验室技术人员进行现场操作、维护保养和注意事项等培训，用户单位只检查验收。即设备到位后，及时通知厂家或供货商派人员安装调试，并进行人员培训。用户单位在调试完毕后组织专家验收，以决定接收或拒收。

④设备验收完成后，所有参加验收工作的人员必须在验收报告单上签名确认，验收人要认真填写"仪器设备验收记录表"（如表2-2），把相关照片附于表单对应位置。现场验收并不能代表仪器设备的运行正常，还需要试运行一段时间，确保仪器运行完全正常才能通过验收。

表2-2　仪器设备验收记录表——仪器设备到货验收记录

编号：**********

仪器名称		单　价	
型　号		数　量	
国　别		金　额	
生产厂		使用部门	
到货日期		放置地点	
出厂日期		合同号	

仪器设备验收情况（技术指标的验收记录附在本表后面）：

附属设备验收情况：

验收人：	分管领导：

备　注：

⑤ 验收工作完成后，应及时提交验收报告，同时将各种验收记录与验收报告一并归档。对验收合格的仪器设备应建立专门的账目和档案，由实验室与设备管理部门进行归档保存，仪器设备移交使用部门并进入日常运行管理。

（4）注意事项　验收时需特别注意：仪器设备必须计量合格（有计量要求的仪器设备），必须进行样品试检测，必须运行一段时间后无问题才算验收合格。此外，仪器设备到货后，一台仪器设备包括其各种配件，可能会有多个包装箱，接收验收时，每个包装箱都要按照检查流程认真验收并拍照保留证据。

项目三　食品检验实验室仪器设备管理

> GB/T 27025—2019/ISO/IEC 17025:2017《检测和校准实验室能力的通用要求》
> "6.4 设备""6.5 计量溯源性"
> 要点：
> 实验室应有处理、运输、储存、使用和按计划维护设备的程序。
> 设备投入使用或重新投入使用前，实验室应验证其是否符合规定的要求。
> 适用时，对测量结果有影响的每一台设备均应进行标识。
> 实验室应对所有需校准的测量设备，以文件的形式反映其计量溯源链。

仪器设备管理的任务就是利用有效的管理措施，贯彻以预防为主、维护保养和合理使用并重的方针，充分发挥仪器设备投资效能，实现仪器设备管理的科学化，促进检测/校准工作的开展。食品检验实验室仪器设备管理是以实验室检测目标为依据，通过一系列的规章制度、技术手段和组织措施等，对仪器设备的使用全过程进行科学管理。

一、仪器设备日常使用管理

食品检验实验室仪器设备的日常使用管理主要包括编写操作指导规程、仪器设备警告标志和落实使用记录制度。

1. 编写操作指导规程

仪器设备除了本身质量之外，使用方法正确与否也直接关系到使用效果，甚至关系到使用者的安全。仪器设备操作指导规程一般应在仪器安装调试、投入使用两个月内制定并颁发，其主要内容有仪器名称、性能用途、操作步骤、检查方法（包括开机、关机、运行检查和期间核查）、维护保养等。对国家没有颁发检定程序的仪器设备，食品检验实验室应及时建立自校规程。

2. 仪器设备警告标志

在仪器设备的使用过程中，可能造成工作人员或无关人员的危害，必须有明确的危险警告标志。如放射线、电离辐射、高磁场等区域,食品检验实验室应在有危险的通道与入口处设置明显的警示标志,警告哪类人员不能靠近或禁止入内,提醒进入操作区的注意事项以及可能造成的危害。

3. 落实使用记录制度

在仪器设备使用过程中,应坚持仪器使用记录制度(如表 2-3、表 2-4),既可全面掌握仪器的使用情况、性能状态及变动历史,又便于对仪器实行动态评估。食品检验实验室的仪器使用记录的主要内容有:开机日期、关机日期、工作时数、运行状态(包括停电、停水及工作异常等情况)、运行检查、期间核查、维修保养和工作内容等。

表 2-3　仪器设备使用记录表

_____设备使用记录　　　编号:**********

使用日期	工作环境		工作时间			运行状况	检测项目	份　数	记录人
	温度	湿度	开机	预热	关机				

表 2-4　仪器设备维护记录表

_____设备维护记录　　　编号:**********

维护日期	维护内容	维护人

4. 仪器设备日常使用管理的有效措施

仪器设备和食品检验实验室工作密不可分,是实验室工作的基本手段和重要物质基础,是实验室建设的重点,管理好仪器设备是推动实验室建设并促进实验室高水平发展的重要保证。因此,采取有效措施,加强仪器设备日常管理,充分发挥和提高仪器设备在实验室中的使用效益,成为迫切需要解决的现实问题。

(1)建立健全仪器设备管理制度　仪器设备是否得到充分有效的利用,与食品检验实验室制定的管理措施关系密切。规范科学管理是提高仪器设备使用效益的基本保证,而制度建设则是管理工作的依据和保障。针对仪器设备管理工作中的问题与不足,建立健全规章制度，可有效控制仪器设备管理的各个环节。如制定仪器设备管理制度、仪器设备维护管理措施、仪器设备对外开放制度、每台大型仪器设备的操作规程与维护规程等，使仪器设备各项管理工作制度化、标准化、规范化。

（2）大型仪器设备专人管理负责制　精密大型仪器设备进入食品检验实验室以后，应实行专人负责制度，实行专管共用或专管专用，明确管理责任。大型仪器使用管理是一项技术性较强的工作，对负责管理大型仪器设备的技术人员，在上岗前必须经过专业技术培训与考核，保证操作人员正确操作使用，提高仪器设备的专业化操作水平。在严格管理的基础上，要求不断促进大型科研仪器的开发和应用，鼓励管理人员积极开发探究仪器的新功能，通过仪器厂商培训、科研项目合作共同探索等途径实现新功能探究，或定期邀请仪器设备设计工程师举办仪器原理与应用讲座，挖掘大型精密仪器功能，使一台仪器可以在更广泛的研发领域发挥作用。

（3）加强仪器设备管理人员队伍建设　加强仪器设备管理人员队伍建设，是提高仪器设备使用效益的保证。缺乏高质量的管理队伍作为支撑，仪器设备的价值得不到充分发挥。为全面提高仪器设备管理队伍技术和业务水平，食品检验实验室应建立一套行之有效的管理人员岗位培训制度，有计划地组织管理人员参加有关仪器设备技术人员学术交流会以及仪器设备维护、使用等方面的业务培训。保持和用好已有科研人员资源，鼓励高学历、高级职称人才向实验技术队伍流动。同时加强人才引进和培养，充分发挥人才资源潜力，建立一支数量适当、结构合理、具有高度责任感和开拓创新精神的管理队伍，不断提高管理人员业务水平，以取得投资效益最大化。

（4）构建大型仪器共享平台　仪器设备资源共享是提高仪器设备利用率的重要途径之一。仪器设备资源共享，尤其是大型仪器设备共享平台是必不可少的公共支撑体系之一，形成水平高、布局与结构合理、规范有序的资源共享平台，可解决科技资源短缺问题，杜绝资源浪费及设备利用不高的弊端。推动资源开放共享，可使区域科技创新能力得到最大提升，形成重点设备使用的良性循环机制。

应用案例 2-1（某食品检测中心设备管理程序）

二、仪器设备的标识管理

在食品检验实验室质量管理活动中，标识是传递信息的重要手段，做好标识管理，实验室人员可以更好地操作，减少差错，便于溯源，保证食品检验实验室质量活动的顺利进行。

1. 仪器设备标识化管理依据

《检测和校准实验室能力认可准则》（CNAS-CL01：2018）要求："所有需要校准或具有

规定有效期的设备应使用标签、编码或以其他方式标识，使设备使用人方便地识别校准状态或有效期。如果设备有过载或处置不当、给出可疑结果、已显示有缺陷或超出规定要求时，应停止使用。这些仪器设备应予以隔离以防误用，或加贴标签/标记以清晰表明该设备已停用，直至经过验证表明能正常工作"。

《检验检测机构资质认定评审准则》（2023版）中要求："检验检测机构应对检验检测数据、结果的准确性或者有效性有影响的设备（包括用于测量环境条件等辅助测量设备）实施检定、校准或核查，保证数据、结果满足计量溯源性要求。"因此，设备在投入使用前，应采用核查、检定或校准等方式，以确认其是否满足检验检测的要求。所有需要检定、校准或有有效期的设备应使用标签、编码或以其他方式标识，以便使用人员易于识别检定、校准的状态或有效期。

2. 仪器设备标识分类

（1）**唯一性标识** 食品检验实验室所有需要检定、校准或有有效期的设备（包括辅助设备和软件）都应有唯一性标识。设备管理部门负责对设备进行唯一性标识，标识上注明设备固定资产编号（唯一性编号）、资产名称和型号、使用部门、入账日期、资产原值和保管人等信息。

（2）**功能状态标识** 功能状态标识一般包括检定/校准状态、使用状态、检查日期、限制范围和警示事项等。

3. 仪器设备标识管理有效措施

仪器设备标识的信息应包括仪器设备统一编号、资产标识、计量标识、使用状态（三色标签）等。标识应粘贴在不影响仪器设备操作及正常使用的明显之处。其使用状态标识（三色标签）由仪器设备管理人员负责填写并粘贴。

（1）**设备统一编号** 设备统一编号应唯一且终身制。格式一般为购置年份加部门代码加流水号。部门代码从前到后分别代表所属单位或部门，从大到小，如图2-1所示。

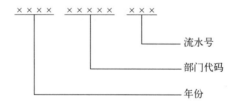

图2-1 典型设备统一编号

也可以根据单位实际情况，设置编号规则，如仪器设备唯一性编号可以按以下规则进行：

① 有固定资产编号的设备直接用该编号。固定资产的编号由9位数字构成，前四位为设备分类代码，后五位为流水号。无固定资产编号但经过检定（或校准）的小型计量器具，以检定证书（或校准报告）的编号为准。

② 既无固定资产编号又不需要检定（或校准）的小型设备，编号由9位数字构成，其分类代码规定为××××，后五位为流水号。

（2）**资产标识** 每台仪器设备均应有一个资产标识，粘贴在设备的显著位置，标识内容至少包括设备名称、统一编号、使用部门和保管人等，如图2-2所示。有条件的食品检验实验室还可以将资产标识加上条形码，进行信息化管理。

```
_____（部门名称）资产
设备名称：_____
统一编号：_____
出厂标号：_____
使用部门：_____
保 管 人：_____
```

图 2-2 典型的资产标识

（3）**检定/校准标识** 标识管理是检定/校准特性的确认和直观证明，经过检定/校准的仪器设备应有检定/校准标识。加贴标识能够确认检测设备状态是否满足于其使用的计量/校准要求，防止错用。

检定/校准合格的仪器设备，一般采用绿色标识标签，内容至少包括设备名称、统一编号、溯源单位、有效期和签发人等。

多功能检测仪器设备，某一量程准确度不合格，但检测所使用的量程经检定/校准合格，在合格量程内使用，可在仪器上加贴降级使用标识。应用醒目颜色予以标识，一般为黄色，除一般标识信息外，还应注明降级后使用范围。

停用的仪器设备应加贴醒目的停用标识，一般为红色，包括仪器名称、统一编号、停用原因、有效期和签发人等内容。

其中，涉及校准因子的仪器设备，还应在标签旁的显著位置加贴校准因子数值，以方便操作者获得。

典型的计量标识见图2-3。

```
_____（部门名称）计量合格（绿色）
设备名称：_____
统一编号：_____
有 效 期：_____
签 发 人：_____
```

```
_____（部门名称）计量合格（红色）
设备名称：_____
统一编号：_____
有 效 期：_____
停用原因：_____
签 发 人：_____
```

图 2-3 典型计量标识

（4）仪器设备使用状态标识　加贴仪器设备使用状态标识是为了便于检测仪器设备现场管理，方便操作人员直观发现仪器设备使用状态。

仪器设备使用状态标识内容与计量标识相似，至少应包括设备名称、统一编号、核查日期、核查人等。使用状态分为在用、降级使用和停用三种，对应标签一般采用绿色、黄色和红色。降级使用的仪器设备，应在标签上注明使用范围。

仪器设备发生以下状况需要贴使用状态标识：仪器设备损坏、经检定/校准不合格、性能无法确定、超过检定/校准周期、不符合检测/校准技术规范规定的使用要求等。长期不用的仪器设备也可加贴停用状态标识。停用仪器设备最好集中存放。

（5）仪器设备标牌　必要时，食品检验实验室可针对大型仪器设备或对实验结果有直接重要影响的关键仪器设备设置专用标牌，注明操作规程、仪器设备主要信息和注意事项等，放在仪器设备附近醒目位置。

（6）仪器设备警示标识　为防止事故发生，对于在使用过程中可能发生危险或操作具有危险性的仪器设备，应在仪器设备上加贴直观清晰的标识（如注意防火、防爆、剧毒、危险等警示性的标识）。警示标识能在关键时刻起到指示、警告和识别作用，可保护不熟悉环境者的安全。

三、仪器设备的维护与保养

仪器设备的维护与保养是一件经常性的工作，做好维护保养工作，可以减少或避免仪器设备的偶然性故障，延缓仪器设备的必然性故障，并确保其性能稳定和可靠，以确保检测结果准确。在仪器设备的使用过程中，都免不了各种原因而产生故障，其中很多故障都是因为日常维护保养工作不到位而造成，这不仅会给仪器设备的使用者造成不便，影响工作，甚至会导致仪器提前报废，造成资源浪费，因此，为保证仪器设备正常工作，其日常维护和保养起着极其重要和不容忽视的作用。

1. 仪器设备维护工作的主要任务

① 食品检验实验室建立切实可行的《仪器设备维护保养制度》。
② 食品检验实验室定期组织仪器设备的检修工作，认真填写《仪器设备维护记录》。
③ 食品检验实验室拟定维修备品备件的购置计划并组织采购。

2. 仪器设备的一般性维护

一般性维护是指几乎所有仪器设备都需要注意的共性问题，主要有以下几个方面：

（1）仪器工作环境　食品检验实验室的环境对精密检测仪器的性能、可靠性、测量结果和寿命都有很大影响，因此对它有以下几方面的要求。

① 防尘：仪器设备中的各种光学元件及一些开关、触点等，应经常保持清洁。但由于光学元件的精密性很高，因此对清洁方法和清洁液等都有特殊要求，在做清洁之前，需仔细阅读仪器维护说明，以免擦伤、损坏其光学表面。

② 防潮：仪器设备环境湿度应适宜，因为仪器设备的光学元件、光电元件和电子元件

等受潮后易霉变损坏，因此需要定期检查，及时更换干燥剂；长期不用时，应定期开机通电驱赶潮气，达到防潮的目的。

③ 防热：检测仪器设备一般都对存放和工作环境有要求，要求温度适当、波动较小，因此环境一般都配置温度调节器（如空调），通常温度以保持在20~25℃最为合适；另外还要远离热源并避免阳光直接照射。

④ 防震：震动不仅会影响仪器设备的性能和检测结果，还会造成某些精密元件损坏，因此，要求将一切仪器设备安放在远离震源的稳固工作台或减震台上。

⑤ 防蚀：在仪器设备存放和使用过程中，应避免接触有酸碱等腐蚀性气体和液体的环境，以免元件受侵蚀而损坏。

（2）电源电压　由于市电电压波动比较大，电网电压常常超出要求范围，为确保供电电压稳定，有些仪器设备必须配备交流稳压电源。使用要求较高的仪器设备最好单独配备稳压电源。

3. 仪器设备的特殊性维护

仪器设备维护还有许多其他内容，特殊性主要是针对仪器设备所具有的特点而言的。每种仪器设备有其各自的结构、性能和使用特点，如用有机玻璃制成的元件，应避免触及有机溶剂；在使用气相色谱仪时需避开易燃气体，且其氢气源应远离火源等。通常这些内容在仪器使用说明书中都有详细交代，使用及维护工作人员应仔细阅读使用说明书中的相关内容，以进行正确的维护保养。

四、仪器设备计量溯源管理

食品检验实验室每天承担着大量的检测任务，输出大量的数据和结果，如何保证数据和结果的准确，量值统一和可溯源是食品检验实验室面临的主要问题。实验室仪器设备是进行检测的最基本工具，也是能够将被测量的量值直观复现的唯一工具，所以，要保证所有测量结果的可溯源性，必须保证仪器设备的溯源性。食品检验实验室仪器设备量值溯源的目的是在规定条件下，确定仪器设备所指示的量值与对应的计量标准所复现的量值之间的关系。计量溯源可建立食品检验实验室的检测结果与国家基准和标准的联系，有合适的计量溯源途径为其检测数据的可靠性和可比性提供支撑，否则食品检验实验室就会产生无效的检测结果，造成检测资源的极大浪费，甚至由此导致错误的决策而引起无法估量的后果。

1. 实验室计量及溯源性基本知识

计量是为实现单位统一和量值准确可靠而进行的科技、法治和管理活动。准确性、一致性、溯源性和法治性是计量工作的基本特点。

准确性是指测量结果与被测量真值的一致程度。所谓量值准确，实际是在一定的不确定度、误差极限或允许误差范围内的准确。由于实际上不存在完全准确无误的测量，因此在给出量值的同时，必须给出适应于应用目的或实际需要的不确定度或误差范围，否则，所进行测量的精确与否就无从判断，量值也就不具备充分的实用价值。

计量的一致性，不仅限于国内，而且也适用于国际标准。一致性是指在统一计量单位的基础上，无论何时、何地、采用何种方法、使用何种计量器具，以及由何人测量，只要符合有关要求，其测量结果就应在给定的区间内一致，否则，计量将失去其现实意义。

溯源性是指测量结果或测量标准的值能够通过一条具有规定不确定度的连续比较链，与测量基准联系起来。这种特性使所有的同种量值都可以按这条比较链通过校准向测量的源头追溯，也就是溯源到同一个测量基准（国家基准或国际基准），从而使准确性和一致性得到技术保证，否则，量值出于多源，必然会在技术上和管理上造成混乱。所谓量值溯源是指自下而上通过不间断校准而构成溯源体系；而量值传递，则是自上而下通过逐级检定而构成检定体系。

法治性来自计量的社会性，因为量值的准确可靠，不仅依赖于科学技术手段，还要有相应的法律、法规和行政管理。特别是对国计民生有明显影响，涉及公众利益和可持续发展或需要特殊信任的领域，如贸易结算、安全防护、环境监测和医疗卫生，必须由政府主导，建立法制保障，否则，量值的准确性、一致性及溯源性就不可能实现，计量的作用也难以发挥。

由此可见，计量属于测量而又严于一般测量，测量是为确定量值而进行的全部操作，计量是与测量结果置信度有关、与不确定度相联系的规范化测量。实际上，科技、经济和社会越发展，对单位统一和量值溯源的要求越高，计量的作用也越重要。

2. 计量溯源方式

计量溯源是通过计量校准/检定进行的。

（1）校准

① 校准的目的

a. 确定示值误差，有时（根据需要）要确定其是否处于预期的允许范围之内；

b. 得出示值偏差的报告值，并调整测量仪器或对其示值加以修正；

c. 给标尺标记赋值或确定其他特性，或给参考物质的特性赋值；

d. 实现溯源性。

② 校准的含义　校准是在规定的条件下，为确定测量仪器设备或测量系统所指示的量值或实物量具或参考物质所代表的量值，与对应的由标准所复现的量值之间的一组操作。简单地说，校准就是把待校准仪器设备或测量系统与一致参考标准进行比较的过程，并报告比较的结果。

校准第一步是确定由测量标准提供的量值与相应示值之间的关系，确定示值误差；第二步是用这些信息确定由示值获得测量结果的关系，测量标准提供的量值与相应示值都具有测量不确定度。校准可以用文字说明、校准函数、校准图、校准曲线或校准表格的形式表示。某些情况下，可以包含示值具有测量不确定度的修正值或修正因子。

（2）检定　检定是指查明或确认计量器具是否符合法定要求的程序，包括检查、加标记和（或）出具检定证书。检定不仅包含了校准内容，而且还包括了其他技术特性的测定，并得出合格与否的结论。检定通常是进行量值传递、保证量值准确一致的重要措施。检定具有法治性，其对象是法治管理范围内的计量器具。

《实施强制管理的计量器具目录》，列出了需经强制检定后才能使用的计量器具。目录之内的计量器具，只要不是作为计量基准、社会公用计量标准、部门和企业事业单位的最高计量标准以及用于贸易结算、安全防护、医疗卫生和环境监测等四方面的工作，以及目录之外的计量器具，都属于非强制检定的计量器具。

实施强制检定程序时，由使用单位将所有在用的需强制检定的计量器具登记造册，建立管理基本档案，报当地市场监管部门备案，同时向其指定的检定机构申请检定。检定的依据是按法定程序审批公布的计量检定规程。

（3）检定和校准的比较 见表2-5。

表2-5 检定和校准的比较

项目	检定	校准
要求	国家法律强制要求	实验室技术要求
目的	确定是否符合法定要求，全面评价计量仪器的计量特征	对被测对象赋值，确定仪器设备的示值误差
性质	具有法治性	不具有强制性
依据	国家检定系统表、检定规程	计量校准规范，也可是检定规程或校准方法
适用范围	强制检定计量器具或实验室要求检定的非强制检定计量器具	非强制检定仪器设备
证书效力	如合格，出具检定证书，写明合格级别；如不合格，则只给检定结果通知书	均出具校准证书，并给出示值误差值或校准不确定度（或级别）
证书效力	具有法律效力	由国家授权机构进行校准，具有法律效力，实验室"自校准"，仅作为证明

3. 计量校准/检定结果确认

食品检验实验室仪器设备计量检定或校准后，应对计量溯源结果进行确认，确认满足要求方可使用。计量部门一般会出具三种形式的报告：检定证书、校准证书和测试报告。其中，检定证书会对该仪器设备的符合性评价，给出合格与否的检定结论，确认时可以直接运用检定结论；校准证书会给出测量数据和相应的扩展不确定度，实验室必须对校准结果进行确认；测试报告只提供测量数据而不提供测量不确定度，也不提供合格与否的结论。

（1）计量检定结果的技术确认 仪器设备检定是严格按照计量检定规程对仪器设备进行的评定，由于计量检定规程对评定方法、计量标准和环境条件等已做出规定，并满足国家计量检定系统量值传递的要求，当被评定仪器设备处于正常状态，对示值误差的测量不确定度将处于一个合理的范围内，所以当规程要求的各个检定点的示值误差不超过某一级别的最大允许误差要求时，仪器设备的示值误差判定为符合该准确度级别的要求，不需要考虑对示值误差评定的测量不确定度影响。通常只考虑计量器具的准确度（测量不确定度、准确度等级、最大允许误差）与被测量值的技术要求之间的关系，不需要依据检定结果再对该器具进行符合使用要求的确认。

若需要仪器设备检定具体数据，则需查看"检定证书"内页中"检定结果"栏内的数据。有总结论的，可与说明书或原技术指标相比较；若没有总结论，则要计算误差值（通过计算绝对误差、相对误差、引用误差）以确定其是否满足原技术指标要求或检测工作要求。实验室需要不确定数据时，可以申请向计量检定机构索要不确定数据。

（2）计量校准结果的技术确认　食品检验实验室对需要进行校准的仪器设备或器具进行计量校准时，校准机构会根据实验室要求出具"校准证书"或"校准报告"。对于校准的仪器设备或器具，只会给出该仪器的示值误差和测量不确定度，而不会给出合格与否或达到级别的结论。因此，食品检验实验室要依据校准结果，并查询该仪器设备或器具的技术条件或标准，判断该结果是否能够达到技术要求或标准要求，或依据校准结果（示值误差和测量不确定度），确认与拟用仪器设备测量量值的技术要求是否满足量值溯源关系，如果能够满足上述技术条件或溯源关系，则可以使用，否则不能使用。如果不确认仪器设备校准证书中给出的校准结果（示值误差和测量不确定度）与被测量值之间是否能够满足量值溯源关系，或确认校准结果是否满足该仪器设备或器具的技术条件或标准，盲目地直接使用，则不能保证被测量量值的准确可靠。

在收到计量机构出具的证书后，应第一时间组织实验室相关人员对照年度计量计划表，检查证书数量、设备名称、设备型号、出厂编号、参数等是否与年度计量计划内容一致。若一致，设备管理员或使用人员应进行下一步的计量确认，其目的是评价（确认）计量报告数据是否满足仪器设备的技术要求或实验室预期使用的计量要求。

计量机构出具的证书经审查无误后，设备管理员或使用人员需对证书一一进行确认，对检测结果有重要影响的设备（含前处理设备）需填写"仪器设备计量确认表"（见表2-6）。证书中的主要参数，如修正因子、偏差范围等，设备管理员或使用人员应及时更新，并以合适的形式公布或张贴，以确保每位使用者都能方便地获得和使用新的修正因子。对经计量检定不合格、测量准确度或测量范围不符合要求的测量设备，经报技术负责人同意后，采取相应调整措施，如报修、停用或降级使用等。如果不合格结果可能对检测结果的准确性产生影响，应启动不符合控制程序，进行结果追溯、评估、纠正和整改等措施。证书确认后，设备管理员根据确认结果，为设备加贴计量标识。检定/校准证书、其他形式计量溯源活动的相关记录应由专人归档保存。

表2-6　仪器设备计量确认表

编号：**********

仪器设备名称			仪器设备编号	
仪器设备用途			使用部门	
检定/校准/测试单位			检定校准周期（年）	
证书/报告性质		□检定证书　□校准证书　□测试报告	证书/报告编号	
证书/报告确认内容	1.有授权文件的标识		□是　□否	
	2.检定/校准证书/测试报告在检定/校准实验室的认可范围之内		□是　□否	
	3.证书/报告具有量值溯源信息（如上一级标准器具的标识和检定/校准证书号）		□是　□否	
	4.有检定/校准/测试的技术依据		□是　□否	
	5.提供了具体的校准数据		□是　□否	
	6.提供了测量不确定度的数据		□是　□否	

续表

	需检定/校准的关键量值	关键量值的检定/校准/测试结果	校准因子/系数的利用和实施情况	是否满足要求
数据确认				□是 □否
				□是 □否
				□是 □否

根据证书/报告内容可确定：
□检定/校准结果满足要求
□根据证书/报告结果、数据判定该仪器设备能使用
□根据证书/报告结果、数据判定该仪器设备需降级使用
□根据检测/校准/测试产生的修正因子需对设备进行修正，修正情况如下：
　　　　　　　　　　　　　　　　　　设备管理员：　　　　年　月　日
部门负责人意见：
　　　　　　　　　　　　　　　　　　部门负责人：　　　　年　月　日

延伸阅读 2-1

（仪器设备计量确认评价方法）

延伸阅读 2-2

（仪器设备性能评定的常用指标及评定方法）

4. 期间核查

期间核查是指在仪器设备两次检定/校准周期之间，按照规定的程序或方法，对仪器设备的状况所进行的检查。期间核查不是一般的功能检查，也不是对设备进行简化的检定或校准，其目的是在两次正式校准/检定的间隔期间，对设备的状态是否持续正常和维持进行验证，防止使用不符合技术规范要求的仪器设备。

期间核查的工作，一般在仪器设备两次周期检定/校准之间至少进行一次。如果仪器设备在使用过程中受冲击或发生其他可疑现象时，应随时安排期间核查。

为确保检验检测实验室仪器设备检测结果的准确性、可溯源性，相关认证认可准则及质量控制标准，对仪器设备的期间核查都做了具体的规定和要求。

（1）期间核查操作流程　实验室对仪器设备进行期间核查时，一般操作流程如下：

① 制定仪器设备期间核查程序；
② 判断仪器设备是否需要进行期间核查并制定计划；
③ 制定具体仪器设备的期间核查作业指导书；
④ 依据期间核查计划和作业指导书实施核查并保留记录；
⑤ 出具仪器设备核查报告；
⑥ 利用仪器设备核查报告；
⑦ 对仪器设备的期间核查全过程进行效果评价。

（2）需进行期间核查的仪器设备　实验室一般应对处于下列情况的仪器设备或标准进行

期间核查：
　　① 使用频率高或对测量结果影响较大的仪器设备；
　　② 使用或储存环境恶劣或使用环境发生重大变化的仪器设备；
　　③ 使用过程中容易受损、数据易变或对数据存疑的仪器设备；
　　④ 脱离实验室直接控制后返回的，如外借返还的仪器设备；
　　⑤ 使用寿命临近到期或临近失效期的仪器设备；
　　⑥ 首次投入运行，不能把握其性能的仪器设备；
　　⑦ 性能不够稳定，示值漂移较大的仪器设备；
　　⑧ 经常需拆卸、搬运、携带到现场的仪器设备；
　　⑨ 经过分析校准证书/检定证书，示值的校准/检定状态变动较大的仪器设备。
　　食品检验实验室需要期间核查的仪器设备主要有：
　　① 可直接出具食品检测结果的仪器设备，如气相色谱仪、液相色谱仪、离子色谱仪、色谱质谱联用仪、电感耦合等离子体原子发射光谱仪、电感耦合等离子体质谱仪、电位滴定仪、密度仪、pH 计、紫外吸收分光光度计、原子吸收分光光度计、变性高效液相色谱仪、微生物检测/鉴定系统、全自动微生物接种计数系统、微型自动免疫分析仪、全自动病原菌检测系统、酶标仪、梯度和荧光 PCR。
　　② 对食品检测结果溯源有直接影响的仪器设备，如分析天平、烘箱、定量加液/加样/浓缩装置等。分析天平是检测实验室称取物质质量的常用仪器，使用频率最高，容易受到被称量物质的污染，使用不当会造成传感装置损坏，影响天平的灵敏度和准确度。

（3）核查标准和测量参数的选择

①核查标准选择

　a. 核查标准应具有良好的稳定性；

　b. 核查标准应具有需核查的参数和量值，能被核查仪器测量，但核查标准主要是用来观察测量结果的变化，因此不一定要求其提供的量值准确；

　c. 必要时核查标准应可以提供指示，以便再次使用时可以重复前次核查实验室的条件。

② 测量参数选择　　仪器设备和参考标准的期间核查应选择国家计量检定规程中的主要检定项目，原则上对仪器设备的关键测量参数进行期间核查。选择仪器设备的基本测量范围及其常用的测量点（示值）进行期间核查，一般选择以下合适项目：

　a. 零点检查；

　b. 灵敏度；

　c. 准确度；

　d. 分辨率；

　e. 测量重复性；

　f. 标准曲线线性；

　g. 仪器设备内置自校检查；

　h. 仪器设备说明书列明的技术指标等；

　i. 标准物质或参考物质测试比对。

（4）期间核查的方法

① 标准物质核查法：这是一种通用并且有效的方法。当实验室有检定/校准被检查仪器设备的标准物质时，可采用此方法。具体操作是用标准物质去核查仪器设备的参数，考查仪器设备测量的某参数或量是否在受控范围内。

标准物质包括各种标准样品、标准仪器设备。如 pH 计、离子计和电导率仪等采用定值溶液进行核查。使用标准物质核查时，应注意所用标准物质的量值能够溯源并且有效。

② 使用仪器设备附带设备：有些仪器设备自带校准设备，有的还带有自动校准系统，如电子天平自带的标准工作砝码能够自动校准，可以用于核查。有的大型分析仪器自带核查系统和自动核查程序。

③ 仪器设备比较法：实验室中有多台相同或类似的设备，可以同另一台相同或更高精度的设备进行比对。

④ 保留样品核查：只要保留的样品性能（测试的量值）稳定，可以用来作为期间核查的核查标准。

另外，使用不同检测方法进行比对：如溶解氧仪采用碘量法进行比对，以及参加实验室间比对等，都可以作为仪器设备期间核查的方法。

应用案例 2-2（电子天平期间核查示例）

延伸阅读 2-3（期间核查方法示例）

活动探究

模块三
食品检验实验室的关键消耗品管理

 职业素养

节约创造价值，节省就是盈利

"俭，德之共也；侈，恶之大也。"勤俭节约是中华民族的传统美德，历来被当作是修身之要、持家之宝、兴业之基、治国之道。中国共产党人继承发扬了中华民族这一美德，形成了艰苦朴素的作风和勤俭建国的传统。进入新时代，"厉行节约、反对浪费"的良好习惯在全社会蔚然成风。节约资源，建设节约型社会事关中国长远发展的大计，是一项庞大的系统工程，必须采取多种有力手段和措施，动员全国上下，举全社会之力，才能取得实质效果。为贯彻中央"厉行节约，反对浪费"精神，大力提倡节能节约，多措并举打造节约型实验室势在必行。

除模块二提到的仪器设备外，标准物质、试剂等也属于应建立相关程序进行规范管理的设备，是食品检验实验室检测工作中必不可少的重要保障和物质基础，其采购、验收、存储、使用过程中的质量控制，都将直接影响到检验检测结果的准确性和可靠性。

从《实验室质量控制规范 食品理化检测》（GB/T 27404—2008）和《实验室质量控制规范 食品微生物检测》（GB/T 27405—2008）可以看出，理化检验实验室和微生物检验实验室所使用的试剂、标准物质有较大的区别，管理要求与方式也存在区别，因此在该模块分类进行讨论。

项目一　理化检验实验室关键消耗品的管理

> GB/T 27025—2019/ISO/IEC 17025:2017《检测和校准实验室能力的通用要求》
> "6.4 设备"
> 要点：
> 实验室应配备开展检测/校准活动所需的全部设备，设备包括但不限于：测量仪器、软件、测量标准、标准物质、参考数据、试剂、消耗品或辅助装置。
> 实验室应有处理、运输、储存、使用和按计划维护设备的程序，以确保其功能正常并防止污染或性能退化。

一、化学试剂的管理

化学试剂是理化检验实验室里品种最多、消耗购置最频繁、危险性也最大的物质。化学试剂的管理无疑是食品检验实验室科学管理的重要组成部分，是关系到检验结果正确与否、实验室人员安全以及环境负荷的一项重要工作，涉及化学试剂的采购、评价、贮存、使用、废弃的全过程（图 3-1）。

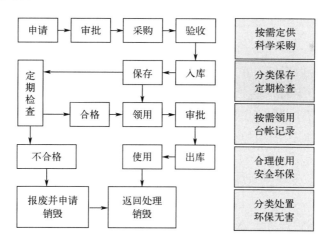

图 3-1　食品检验实验室化学试剂的管理流程

1. 一般化学试剂的管理

食品检验实验室应建立健全的化学试剂管理制度，包括申购、审批、采购、验收入库、保管保养、领用、定期盘点、退库及过期试剂的报废处理等方面，防止化学试剂外流。另外，化学试剂种类繁多、性质各异，要求管理人员必须具备从事化学试剂管理的必要知识，包括常用试剂的性状、用途、一般安全要求、报废试剂的处理及消防知识。

（1）化学试剂的采购　化学试剂管理的首要工作是购置。制定购置计划时，一方面要考虑采购量、储存量的控制，做到以下几点：

① 常用的普通化学试剂通常按季度消耗量采购，其中使用量较少的试剂可按年度用量采购，用量特别少的试剂（如指示剂）则以最小包装单位的数量进行采购。

② 容易变质的化学试剂尽量少采购、少储存。

③ 采购试剂的级别必须符合实验要求。不允许将低级别的试剂"升级"使用，为了减少采购品种和数量，可以将高级别的化学试剂少量地用于较低档次的实验。

④ 尽可能避免使用高毒性、高危险性的化学试剂，除非标准中有具体的规定，必须使用时也应尽量少采购、少储存。

另一方面要特别注意化学试剂供应商的资质（供应商提供企业法人营业执照、税务登记证和中华人民共和国组织机构代码证，并根据经营范围提供中华人民共和国危险化学品经营许可证、非药品类易制毒化学品经营备案证明等加盖单位公章的复印件）及服务质量。采购时应到有正规进货渠道的正规试剂店购买按照国家标准和化工部行业标准生产的试剂。食品检验实验室可以建立《合格化学试剂供应商名录》并进行定期评价。

（2）化学试剂的验收入库　食品检验实验室使用的化学试剂不仅种类繁多，甚至同一种试剂其规格、纯度、名称也不同，在试剂出入库管理工作中存在大量需要记录和统计的数据。因此，化学试剂的验收和出入库工作是一项认真、细致、重要的工作。

① 化学试剂验收的依据：采购计划、采购单、送货单等。

② 验收程序：审核单据，单货核对，质量点验。验收过程中应坚持"以单为主，以单核货，逐项对照，件件过目"的基本原则，避免差错。

③ 验收要求：凡入库的化学试剂必须单、货相符，品种、规格、数量一致，包装完好，标签完整，字迹清楚，无泄漏、水湿现象；液态试剂应无沉淀物并呈现标签所规定的性状的均匀状态；固体试剂应无吸湿、潮解现象；不符合要求的化学试剂不得入库，不能退换或移作他用的试剂，应做报废及销账处理。

试剂标签上应注有名称（包括俗名）、类别、产品标准、含量、规格、生产厂家、出厂批号（或生产日期）；有的试剂还应标明保质期。

④ 定位保管：根据试剂的种类和性质，分门别类地放置于指定位置存放保管，基准试剂和标准试样应专柜存放，其余试剂按规定分类存放。

⑤ 办理入库手续：经过验收的化学试剂应及时办理入库手续，登记入账，以便迅速投入使用。

（3）化学试剂的保管保养　入库后的化学试剂要妥善保存，按照定位保管的原则，每类化学试剂应固定位置存放，并在试剂柜上贴好标签，方便试剂的领取和管理。化学试剂的日常保管保养工作应做到以下三点：

① 经常检查储存中的化学试剂的存放状况。化学试剂的质量是直接影响实验质量的因素之一，管理人员应有一定的试剂质量判断知识，一旦发现试剂超过储存期或变质应及时报告，并按规定妥善处理（降级使用或报废）和销账。

② 避免环境和其他因素的干扰。所有化学试剂一经取出，不得放回原储存容器；属于必须回收的试剂或指定需要退库的试剂，必须另设专用容器回收或储存；具有吸潮性或易氧化、易变质的化学试剂必须密封保存，避免吸湿潮解、氧化或变质。

③ 定期盘点、核对。对库存试剂定期盘点，发现差错应及时检查原因，并报主管领导

或部门处理。

延伸阅读3-1（一般化学试剂的存放要求）

2. 危险性化学试剂的管理

（1）危险化学品的分类 根据《化学品分类和危险性公示 通则》（GB 13690—2009）可以将化学品危险性分为理化危险、健康危险及环境危险三大类。

理化危险分为十六类，即爆炸物、易燃气体、易燃气溶胶、氧化性气体、压力下气体、易燃液体、易燃固体、自反应物质或混合物、自燃液体、自燃固体、自热物质和混合物、遇水放出易燃气体的物质或混合物、氧化性液体、氧化性固体、有机过氧化物及金属腐蚀剂。

健康危险包括急性毒性、皮肤腐蚀/刺激、严重眼损伤/眼刺激、呼吸或皮肤过敏、生殖细胞致突变型、致癌性、生殖毒性、特异性靶器官系统毒性、吸入危险。

环境危险主要是指对水环境的危害。

延伸阅读3-2（常见有毒试剂的危害程度分级）

（2）危险化学品的采购 危险化学试剂的采购需提供采购申请表，销售单位生产或经营危险化学试剂的资质证明，购买企业的社会统一信用代码，以及法人及经办人的身份证明复印件等去公安局相关管理部门进行备案，采购流程图如图3-2所示。

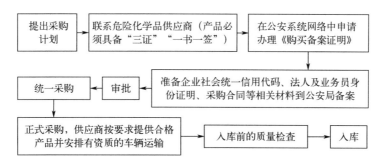

图3-2 危险化学品采购流程

（3）危险化学试剂的存放 保存危险品的试剂室应有明确的警示牌，且严禁无关人员进入，以确保实验室的安全。保存化学危险品的建筑物不得有地下室或其他地下建筑，其耐火等级、层数、占地面积、安全疏散和防火间距，应符合国家有关规定。贮存地点及建筑结构的设置，除了应符合国家有关规定，还应考虑对周围环境和居民的影响。贮存易燃、易爆化学危险品的建筑，必须安装避雷设备。贮存危险化学品的建筑必须安装通风设备，并注意设备的防护措施。贮存化学危险品的通风建筑的通排风系统应设有导除静电的接地装置。通风管应采用非燃烧材料制作。

① 易燃、易爆化学试剂必须存放于专用的危险性试剂仓库里，并存放在不燃烧材料制作的柜、架上，温度不宜超过28℃，按规定实行"五双"制度（双人双锁保管、双人收发、双人运输、双账、双人使用）。理化检验实验室只有少量瓶装危险化学品的话可设危险品专柜，按性质分格贮存，同一格内不得与氧化剂混合贮存，并根据贮存种类配备相应的灭火设备和自动报警装置。低沸点极易燃烧试剂宜低温下（5℃以下）贮存，禁用有电火花产生的普通家用电冰箱贮存。

② 化学试剂中遇水易燃试剂一定要存放在干燥，暴雨或潮汛期间保证不进水、不漏水的仓位。不得与有盐酸、硝酸等散发酸雾的物品存放在一起，亦不得与其他危险品混存、混放。

③ 压缩气体和液化气体必须与爆炸物品、氧化剂、易燃物品、自燃物品、腐蚀性物品隔离贮存。易燃气体不得与助燃气体、剧毒气体同贮，氧气不得与油脂混合贮存，盛装液化气体的容器属于压力容器的，必须有压力表、安全阀、紧急切断装置，并定期检查，不得超装。

④ 氧化性试剂则不得与其他性质抵触的试剂共同贮存。包装要完好、密封，严禁与酸类混放，应置于阴凉通风处，防止日光暴晒。

⑤ 腐蚀性试剂的贮存容器必须按不同的腐蚀性合理选用，酸类应远离氰化物、发泡剂、遇水燃烧品、氧化剂等，不宜与碱类混放。

⑥ 剧毒性试剂应远离明火、热源、氧化剂、酸类及食用品等，置于通风良好处贮存，一般不得与其他种类共同贮存，且应按规定贯彻"五双"制度。

（4）剧毒化学品的保管、发放、使用和处理　为了剧毒品的贮存、保管和使用，防止其意外流失，造成不良后果和危害，应对其进行严格的管理，主要包括以下几个方面：

剧毒品仓库和保存箱必须由两人同时管理。双锁，两人同时到场开锁。凡是领用单位必须是双人领取，双人送还，否则剧毒品仓库保管员有权不予发放。

严格执行化学试剂在库检查制度，对库存试剂必须进行定期检查，发现有变质或有异常现象要进行原因分析，提出改进试剂贮存的条件和保护的措施，并及时通知有关部门处理。

对剧毒品发放本着先入先出的原则，发放时有准确登记（试剂的计量、发放时间和经手人）。领用剧毒品试剂时必须提前申请上报，做到用多少领多少，并一次配制成使用试剂。

剧毒品保管人员必须熟悉剧毒品的有关物理化学性质，以便做好仓库温度控制与通风调节。使用剧毒试剂时一定要严格遵守分析操作规程。使用剧毒试剂的人员必须穿好工作服，戴好防护眼镜、手套等劳动保护用具。

对使用后产生的废液不准随便倒入水池内，应倒入指定的废液桶或瓶内。产生的废液要在指定的安全地方用化学方法中和处理。废液必须当天处理不得存放。同时要建立废液处理记录，记录内容包括：废液量、处理方法、处理时间、地点、处理人。

应用案例 3-1（试剂耗材全流程管理）

3. 易制毒化学品的管理

《易制毒化学品管理条例》（2018年第三次修订）指出国家对易制毒化学品的生产、经营、购买、运输和进口、出口实行分类管理和许可制度。易制毒化学品分为三类。第一类是可以用于制毒的主要原料，第二类、第三类是可以用于制毒的化学配剂。易制毒化学品的具体分类和品种，在该条例附表中列示。

根据条例"第三章 购买管理"可知，申请购买第一类易制毒化学品，应当提交下列证件：
① 经营企业提交企业营业执照和合法使用需要证明；
② 其他组织提交登记证书（成立批准文件）和合法使用需要证明。

申请购买第一类中的药品类易制毒化学品的，由所在地的省、自治区、直辖市人民政府药品监督管理部门审批；申请购买第一类中的非药品类易制毒化学品的，由所在地的省、自治区、直辖市人民政府公安机关审批。购买第二类、第三类易制毒化学品应当向所在地县级人民政府公安机关备案。

购买使用时单位应当建立易制毒化学品的管理制度，使用台账（出入库登记），如实记录购进化学品的品种、数量、使用情况和库存等，并保存二年备查；使用单位应当组织从业人员对《易制毒化学品管理条例》等法律法规进行学习，要严格执行《易制毒化学品管理条例》《易制毒化学品购销和运输管理办法》等法律规定。易制毒化学品的保管、发放、使用和处理的具体要求可参照剧毒化学品。

二、标准物质的管理

1. 标准物质概述

标准物质（reference material，RM）是一种已经确定了具有一个或多个足够均匀的特性值的物质或材料。作为分析测量行业中的"量具"，为了保证分析测试结果的准确度，使其具有公认的可比性，必须使用标准物质校准测量仪器和装置、测量物质或材料特性值、评价分析方法和考核分析人员的操作技术水平，是测定物质成分、结构或其他有关特性量值的过程中不可缺少的一种计量标准。目前，我国已有标准物质近千种。

有证标准物质（certified reference material，CRM）是附有证书的标准物质，其一种或多种特性值用建立了溯源性的程序确定，使之可溯源到准确复现的表示该特性值的测量单位，每一种出证的特性值都附有给定置信水平的不确定度。

（1）标准物质的分类 标准物质按其被定值的特性可分为化学成分标准物质、物理化学特性标准物质和工程特性标准物质（见表 3-1）。目前，世界上研制标准物质历史最久的美国国家标准技术局（NIST）也按这种方式分类。

表 3-1 按技术特性对标准物质进行分类

类号	分类名称	特点及主要用途
1	化学成分标准物质（也称成分量标准物质）	具有确定的化学成分，以技术上正确的方法对其化学成分进行准确的计量。用于成分分析仪器的校准和分析方法的评价。如冶金、环境分析、化工等化学成分标准物质。
2	物理化学特性标准物质	具有某种良好的物理化学特性，并经准确计量。用于物理化学特性计量仪器的刻度、校准或计量方法的评价。如酸度、电导、燃烧热、聚合物分子量等标准物质。
3	工程特性标准物质	具有某种良好的技术特性，并经准确计量。用于工程技术参数和特性计量器具的校准、计量方法的评价及材料或产品技术参数的比较计量。如粒度、橡胶耐磨性、表面粗糙度等标准物质。

ISO 颁布的认证标准物质目录按标准物质应用的领域部门进行分类，共分为 17 个类别。我国标准物质管理办法中规定，按标准物质的属性和应用领域将标准物质分成十三大类，包括钢铁、有色金属、建筑材料、核材料与放射性、高分子材料、化工产品、地质、环境、临床化学与药物、食品、能源、工程技术、物理学与物理化学。

（2）标准物质的分级 根据标准物质特性量值的定值准确度，通常将标准物质分成两级或三级。我国将标准物质分为一级标准物质和二级标准物质，它们都符合"有证标准物质"的定义，级别划分的主要依据是标准物质特性量值的准确度。此外，不同级别的标准物质对稳定性和用途等有不同的要求（见表 3-2）。

表 3-2 标准物质的分级及其区别

分级	一级标准物质	二级标准物质（工作标准物质）
代号	以 GBW 开头，编号前两位数是标准物质大类号，第三位是标准物质小类号，第四、五位数是同一类物质的顺序号	以 GBE（E）开头，编号前两位数是标准物质大类号，后四位是大类标准物质的顺序号，最后一位是用英文小写字母表示的复制批号
含义	用绝对测量法或两种以上不同原理的准确可靠的方法定值，其准确度具有国内最高水平，均匀性良好，稳定性在一年以上，具有符合标准物质技术规范要求的包装形式	用与一级标准物质进行比较测量的方法或一级标准物质的定值方法定值，其准确度和均匀性未达到一级标准物质的水平，稳定性在半年以上，能满足一般测量的需要，包装形式符合标准物质技术规范的要求
生产者	国家计量行政部门审批并授权生产	国务院有关业务主管部门审批并授权生产
特性量值的计量方法和定值途径	由中国计量科学研究院组织技术审定 ① 定义法计量定值 ② 两种以上原理不同的准确可靠的计量定值 ③ 多个实验室间准确可靠的方法协作计量定值	① 两种以上原理不同的准确可靠方法计量定值 ② 多个实验室间准确可靠的方法协作计量定值 ③ 用精密计量法与一级标准物质直接比较计量定值
准确度	根据使用要求和经济原理，尽可能达到较高准确度，至少比使用要求的准确度高 3 倍	高于现场使用要求的 3~10 倍
均匀性	均匀性良好	均匀性能满足一般测量需要
稳定性	越长越好，至少 1 年	要求略低，如果鉴定好马上使用可短至几个月或几周
主要用途	① 计量器具的校准 ② 标准计量方法的研究与评价 ③ 二级标准物质的鉴定 ④ 高准确度计量的现场应用	① 计量器具的校准 ② 现场计量方法的研究与评价 ③ 日常分析、计量的质量控制（现场应用）

（3）标准物质的特性

① 量值准确。量值准确是标准物质的基本特征，通常标准物质证书中会同时给出标准物质的标准值和计量的不确定度。

② 均匀性好。在使用标准物质时常是取其中一部分，而标准物质的标示值是对一批标准物质定值的数据，因此均匀性好是标准物质使用的重要特征。

③ 性能稳定。标准物质的稳定性是指标准物质长时间贮存时，在外界环境条件的影响下，物质特性量值和物理化学性质保持不变的能力。

④ 批量生产。标准物质必须有足够的产量和贮存以满足市场需求，特别是二级标准物质和质控物直接用于大量实际工作时。

（4）标准物质的选用　标准物质的选择应考虑分析方法的基体效应、定量范围、操作方式、样品的基体组成和测定结果的准确性要求等诸多因素，应遵循以下原则：

① 采用与待测试样组成相似的标准物质：所谓相似只是要求类型上相似、基体大致相同，如待测样品为水质试样，那么就选择水质标准品。

② 标准物质的准确水平与期望分析结果的准确度匹配：我国标准物质证书上用"不确定度"、相对标准偏差等方式表示标准物质特性值的可靠性，所选用的标准物质的准确度应高于期望分析结果准确度的3~10倍。

③ 标准物质的浓度水平应与直接用途相适应：由于分析方法的精密度会随测试浓度的降低而放宽，因此应选择与被测试样浓度接近的标准物质。若标准物质用于评价分析方法，应选择浓度接近方法上限和下限两个标准物质；若用标准物质校准仪器，应选用浓度在仪器测量范围内的标准物质。

2. 标准物质的日常管理

食品分析检验中所用的标准物质的计量直接影响到食品安全性监测数据的可靠和准确性。目前看来，食品标准物质包括蛋白质、氨基酸、无机盐和水、维生素、生物活性物质、食品添加剂等成分，在食品种类上涉及粮食制品、肉制品、甜品、其他饮料等各大领域。标准物质的管理方法与一般化学试剂基本相同，但相较于一般化学试剂更为严格。

（1）标准物质的购买　由检测人员提出标准物质采购需求，标准物质管理员编制申购计划，交各实验室负责人审批、主管领导批准后购置。申购计划应包括名称、规格、数量、定值范围、成分、用途等。标准物质管理员负责标准物质采购。为保证标准物质的稳定性，食品检验实验室最好有固定的供应商，一般情况下不随意更换。供应商的选择一般有以下几点注意事项：

① 用于设备校准类的标准物质，一般选择设备的生产商提供的标准物质，如购买的pH计为梅特勒生产的，则标准溶液的选择最好选择该生产商提供的pH缓冲溶液，以避免因标准溶液使用不当而造成设备损伤，有效提高设备的使用寿命。

② 有证标准物质的选择需保证供应商的资质，提供标准物质的供应商应核查其生产资质，可以通过网络查询其资质，也可以在作供应商评价时索要。

③ 对于有溯源要求的标准物质，可以委托供应商到当地的检定机构对购买的标准物质进行检定或校准，以保证所使用的标准物质能够溯源。

（2）标准物质验收入库　标准物质验收时应检查：外观、保质期及证书，标准物质名称、编号、技术特性（均匀性、稳定性、标准值及不确定度等）是否符合使用要求。建立标准物质台账，内容主要包括：序号、标准物质名称及编号、型号规格、标准值及不确定度、数量、研制单位、有效期、验收情况及日期。验收合格者登记入库，对不合格的标准物质，采取退货或索赔措施，严禁不合格标准物质入库。

（3）标准物质贮存　标准物质应有专人保管，设专门存放区域，配有明显标识，并采取适当的防污染措施，以保证其有效性。通常用安瓿瓶装的液体物质可存放在泡沫盒内，固体物质存放在干燥器内密闭保留，钢瓶装的标准气体应该用金属链固定。标准物质的证书中会规定标准物质的保存条件、保存期限。当标准物质证书上指定存放要求（如避光、低温等）时，应按指定的要求保存。实验室应定期对贮存标准物质的冰箱进行监控并记录。用于质控的标准样品，其证书由综合管理员统一保管。对于自配的各类贮备液，应按存放条件要求相对集中存放，专人管理。

（4）标准物质使用

① 标准物质统一由相关部门负责人领取，一经领用后，由部门负责人负责妥善保存及正确使用。

② 在使用标准物质前，要详细了解该标准物质的性质、化学组成、量值特点、稀释方法、最小取样量、介质和标准值的测定条件，保证测定结果的准确、可靠，避免误用。

③ 用于考核的标准样品，被考核人员要在规定期限内，将标准样品的考核结果报告上报质控室，由质控室负责对考核结果进行评价。

（5）标准物质的核查　食品检验实验室应定期对标准物质进行核查，以便采取适当的方法或措施，尽可能减少和降低由于标准参考物质校准状态失效产生的成本和风险。

① 确定期间核查的标准物质。根据食品检验实验室使用标准物质的具体情况和影响因素来确定期间核查的标准物质。标准物质在使用过程中影响稳定性和确定性的因素很多，包括化学、物理、生物等因素的影响。对于溶液标准物质，打开标准物质安瓿瓶将标准物移入储备瓶后，就受储备瓶、储备条件、标准物质本身的浓度、生物因素等的影响（例如，储备瓶不洁净，标准物质会被污染变性；瓶塞不密封，溶剂挥发，标准物质浓度就会改变；有机标准物质贮存时间长，有时会受霉菌污染）。反复使用时操作不严谨，吸管会带入污染物，也会影响标准物质的稳定性和准确性。固体标准物质稳定性能好，使用时间长，但保存条件和操作者的严谨性也会影响标准物质的稳定性和准确性（例如保存环境的湿度大，保存不当和操作者使用后不及时盖好瓶盖，标准物质表面会吸潮、风化而变性；操作者使用的小药勺不清洁，会带进污染物）。

② 标准物质期间核查时间间隔的确定。标准物质期间核查时间间隔的确定，可根据食品检验实验室对标准物质的使用频次和实验室贮存标准物质的条件来决定。有良好的实验环境和贮存条件，又有一整套规范的标准物质管理程序的，期间核查测量间隔可适当延长。食品检验实验室首次使用的溶液标准物质，期间核查时间间隔可以按先密后疏的原则安排。固体标准物质的稳定性好、有效期长，只要按要求保存，期间核查时间间隔可定为半年一次，如固体标准物质中存在一些不稳定成分，可根据情况适当缩短核查间隔时间。

③ 标准物质期间核查的内容。a. 标准物质是否在有效期；b. 标准物质的储存条件和环

境要求是否满足（与说明书要求一致）；c. 核查其外观（颜色、性状等）是否发生变化；d. 是否按照该标准物质证书上所规定的适用范围、使用说明、测量方法与操作步骤使用；e. 标准物质的特征量值重新验证，证实其是否保持校准状态的置信度。对于稳定的标准物质通常只需对其进行 a～d 四项内容的核查，对于相对不稳定的标准物质、使用频率较高的标准物质、临近失效或已过使用有效期仍将使用的标准物质，应根据实际情况或相关标准对其实施 a～e 五项内容的核查。

④ 标准物质期间核查的记录。根据实验室原始记录的规范格式，编制出标准物质期间核查相应的记录表格。其内容应包括：期间核查标准物质的名称、编号、购买时间、有效期、核查方法依据、使用标准溶液相关信息、标准物质的贮存条件、核查数据、统计公式、结果评价。

⑤ 标准物质期间核查的报告。根据标准物质期间核查原始记录的结果评价，给出规范的标准物质期间核查报告。如报告结果为"标准物质期间核查测定结果与标准证书的标准值没有显著差异"，说明食品检验实验室保持了该标准物质量值的稳定性和准确性，该标准物质可以继续使用。如报告结果为"该标准物质稳定性准确性已达到控制的临界水平"，应立即采取预防措施，确保该标准物质的稳定性和准确性。如报告结果为"标准物质的期间核查测定结果与标准证书的标准值有显著差异"，说明该标准物质的稳定性和准确性已超出了控制临界水平，食品检验实验室必须立即停止使用该标准物质，并做好记录。

（6）标准物质的过期处置 确认已变质的和超过有效期的标准物质，要定期进行报废处置，分区存放，及时从正在使用的标准物质目录中注销。其处置应符合食品检验实验室废弃物处置的相关要求。

项目二　微生物检验实验室关键消耗品的管理

菌株、培养基、血清等试剂是食品微生物检验实验室检测工作中必不可少的重要保障和物质基础，其采购、验收、贮存、使用过程中的质量控制，都将直接影响到检验结果的准确性、可靠性。

一、标准菌株的介绍和管理

1. 标准菌株概述

（1）标准菌株的定义 标准菌株是由国内或国际菌种保藏机构保藏的，遗传学特性得到确认和保证并可追溯的菌株。生物学特性敏感的标准菌株可用于培养基、试剂、染色液和抗血清的质控，对抗菌药敏感的标准株可用于药敏试验的质控。按标准菌株在使用过程中的不同阶段又可称为标准储备菌株、储备菌株和工作菌株，可直接应用于生物检测实验，与工作菌株等效的商业派生菌株也是标准菌株产品的一种。

延伸阅读 3-3（实验室菌株的使用示意图）

（2）标准菌株应具备的条件 标准菌株在形态、生理、生化及血清学等方面要具有典型特性并性能稳定，对测试项目反应要敏感，实验结果重复性好，极少发生变异。

（3）标准菌株的来源（即收集途径） 依据CNAS-CL01-A001:2022《检测和校准实验室能力认可准则在微生物检测领域的应用说明》、《实验室质量控制规范 食品微生物检测》（GB/T 27405—2008）等标准要求，标准菌株应来源于专业菌种保藏机构，如美国典型菌种保藏中心（ATCC）、英国国家菌种保藏中心（UKNCC）、中国普通微生物菌种保藏管理中心（CGMCC）、中国工业微生物菌种保藏管理中心（CICC）等，也可由同行认可机构或有资质的商业派生菌株生产厂家等认可途径获得。实验室自行分离的菌株也可作为参考菌株，但必须对照标准菌株经过严格鉴定，其形态、生理、生化特征典型，经多次传代特征恒定，否则不能作标准菌株。

2. 标准菌株的管理

（1）供应商的选择 选择有资质的标准菌株合格供应商，每批标准菌株必须附带供应商的合格证或检测报告或说明书，来证明所采购的标准菌株是合格的。

（2）标准菌株的验收和登记 微生物检验实验室收到标准菌株后，首先应进行符合性感官检查，确认该菌株与预期使用要求相符，及时收集菌株产品供应清单、说明书、菌种证明等相关信息，验收后归档，同时记录菌株号和来源途径信息，确保溯源性清楚。除此之外，还应详细记录标准菌株名称和数量、生产日期、接收日期和产品外观有无破损等情况。如暂时不用，应按照说明书要求储存于合适条件下，在有效期内及时使用。如果微生物检验实验室采用商业派生菌株，则除了以上信息外，还应记录产品的代数。

（3）冻干标准菌株的复活 购回的标准菌株一般为冻干粉剂，严格按照随产品附有的菌种复活方法，在相应的生物安全水平下打开包装，选择合适的培养基和培养条件（根据生产商提供的使用说明或有关技术通则）进行复活。冻干菌株的传代次数不得超过5代。

（4）标准菌株的性能确认试验 依据CNAS-CL01-A001:2022要求，标准储备菌株应在规定的时间接种传代，并做确认试验，包括存活性、纯度、实验室中所需要的关键特征指标，微生物检验实验室必须加以记录并予以保存。具体检查方法可参考相关标准，在此不作赘述。

（5）标准菌株的保存 菌种保存方法有多种，其操作步骤、适用范围、对耗材和设备要求、保存效果等不尽相同，微生物检验实验室应依据保存菌种类型、预期保存时间、现有设备条件、人员技术等选择合适的保存方法（常用保存方法见表3-3）。微生物检验实验室应针对保存菌株的特性确定适宜的保存方法，同一菌株应尽量选用两种或两种以上方法进行保存，只能采用一种保存方法的菌株应备份并存放于两个以上的保存设备中。

表 3-3 几种常用的菌种保存方法比较

比较	方法				
	低温斜面试管法	穿刺保存法	液体试管保存法	真空冷冻干燥法	甘油冷冻保存法
主要措施	低温	低温、避氧	低温、避氧	干燥、低温、无氧、保护剂	低温、保护剂
常用菌种	各大类	细菌、酵母菌	各大类	各大类	不产孢子或芽孢微生物
培养基	按不同细菌的营养要求制备				
保存温度	4℃	4℃	4℃	4~6℃	-80℃
保存期	1~6 个月	1~12 个月	1~12 个月	1~10 年	约 10 年
优点	操作简单，使用方便，不用特殊设备	可保存细菌 2 年之久	存活率高，变异少	存活率高，变异少	保存时间长
缺点	容易变异、污染杂菌的机会较多	适用菌种少	操作程序较麻烦，需要一定的设备条件	操作程序麻烦，需要一定的设备条件	需要一定的设备条件

（6）标准菌株的管理要求

① 微生物检验实验室应制定标准菌种使用、保藏管理制度和标准化操作规程，涵盖菌株申购、保管、领用、使用、传代、存储等诸方面，确保溯源性和稳定性。

② 微生物检验实验室应建立完善的文件记录，做好标准菌株的纸质信息和数字化信息档案并备份，以下信息需明确记录：菌名（包括学名）、编号、来源、鉴定特征、鉴定时间、鉴定者、传代情况、最适合培养基和培养条件、保存方法和保存位置等。

③ 微生物检验实验室应对标准菌株的使用管理情况进行监督。

④ 所有保存菌株的容器表面都应贴有相应的标签，保存标签必须规范、清晰。标签上应注明：菌名、编号、传代次数、接种时间等。传代成功后，上一代菌株须处理掉，处理过程应记录归档。

⑤ 保存菌株应制备成储备菌株和工作菌株。菌株应在规定的时间传代，每次传代中至少要对菌种进行形态学观察。每转种 3 代至少做一次鉴定。如发现污染或变异应及时处理。

⑥ 标准菌株的期间核查频率为每半年一次；工作菌株期间核查的方法同菌株的性能确认方法；同时建立标准菌株期间核查记录。

⑦ 标准菌株的入库和出库应记录入档，推荐实行双人负责制管理，由专人负责保管和发放。负责保存的人员应经过专业培训，具有从事菌株保存、复核鉴定和管理维护的能力。

⑧ 菌株保存设施应确保正常运行，设专人负责管理，定期检修维护，菌株保存设施应有备用电源，防止断电事故发生。

（7）菌株的废弃 标准菌株如已老化、退化，或变异、污染等，经确认试验不符合的或该菌种不再使用的应及时销毁。废弃的标准菌株由部门负责人批准，由经过培训的人员使用适当的个人防护装备和设备，按要求进行消毒灭菌后方可作为废弃物处理。生物废弃物的处置应符合国家、地区和地方的相关要求。

二、食品微生物检测培养基的管理

培养基是供微生物、植物和动物组织生长和维持用的人工配制的养料，一般都含有碳水化合物、含氮物质、无机盐（含微量元素）以及维生素和水等。有的培养基还含有抗生素和色素，用于单种微生物的培养和鉴定。

1. 培养基的分类

食品安全国家标准对培养基的定义为：液体、半固体或固体形式的，含天然或合成成分，用于保证微生物繁殖（含或不含某类微生物的抑菌剂）、鉴定或保持其活力的物质。培养基可以按物理状态、种类、用途等予以分类。

（1）按物理状态分类 培养基可按其物理状态分为固体培养基、液体培养基和半固体培养基、脱水培养基四类。

① 固体培养基是在培养基中加入凝固剂，如琼脂、明胶或硅胶等。固体培养基常用于微生物分离、鉴定、计数和菌种保存等方面。

② 液体培养基中不加任何凝固剂。这种培养基的成分均匀，微生物能充分接触和利用培养基中的养料，适于作生理等研究，由于发酵率高，操作方便，也常用于发酵工业。

③ 半固体培养基是在液体培养基中加入少量凝固剂而呈半固体状态。可用于观察细菌的运动、鉴定菌种和测定噬菌体的效价等方面。

④ 脱水培养基又称脱水合成培养基或预制干燥培养基，指含有除水以外的一切成分的商品培养基，使用时只要加入适量水分并加以灭菌即可，是一类成分精确、使用方便的现代化培养基。

（2）按微生物的种类分类 培养基按微生物的种类可分为细菌培养基、放线菌培养基、酵母菌培养基和真菌培养基等四类。

（3）按用途分类 培养基按其用途可分为基础培养基、加富培养基、选择性培养基和鉴别培养基。《食品安全国家标准 食品微生物学检验 培养基和试剂的质量要求》（GB 4789.28—2024）列举了食品微生物检测中用到的培养基，表3-4整理归纳并列举实例。

表3-4 培养基按用途分类一览表

培养基分类	定义	实例
增菌培养基	为微生物繁殖提供特定的生长环境，通常为液体培养基	BPW
选择性增菌培养基	允许特定微生物繁殖，部分或全部抑制其他微生物生长的培养基	TTB
非选择性增菌培养基	能使多种微生物生长的培养基	营养肉汤
分离培养基	支持微生物生长的固体或半固体培养基	
选择性分离培养基	支持特定微生物生长而抑制其他微生物生长的分离培养基	XLD琼脂
非选择性分离培养基	对微生物没有选择性抑制的固体培养基	营养琼脂
鉴别培养基（特异性培养基）	能够进行一项或多项微生物生理和（或）生化特性鉴定的培养基	伊红美蓝琼脂
鉴定培养基	能够产生一个或多个特定的鉴定反应而通常不需要进一步确证试验的培养基	乳糖发酵管

续表

培养基分类	定义	实例
计数培养基	能够对微生物进行定量计数的选择性或非选择性培养基	MYP琼脂、平板计数琼脂
运输培养基	在取样后至实验室处理前,保护和维持微生物活性,且不允许微生物明显增殖或减少的培养基	缓冲甘油-氯化钠溶液
保藏培养基	在一定期限内保护和维持微生物活力,防止长期保存对其不利的影响,或使其在长期保存后容易复苏的培养基	营养琼脂斜面
悬浮培养基	将测试样品的微生物分散到液相中,在整个接触过程中不产生增殖或抑制作用的培养基	磷酸盐缓冲液(PBS)
复苏培养基	能够使受损或应激的微生物修复,使微生物恢复正常生长能力,但不一定促进微生物繁殖的培养基	胰蛋白胨大豆肉汤

2. 培养基的管理

(1) 培养基的采购 培养基按制备方法可分为商品化即用型培养基、商品化脱水合成培养基,以及生产商及实验室自制培养基。食品检验实验室根据具体情况,可选择直接购买商品化培养基,也可以购买试剂依据配方自行配制培养基。培养基保管员或岗位检验人员要根据培养基使用情况及剩余量及时向微生物检验实验室负责人提出申购,经质量管理部经理审批后方可购买。应当从可靠的供应商处采购,生产厂家应尽量稳定,必要时应当对供应商进行评估,一次购入量不宜过多。

(2) 培养基的验收 国内外规范性文件关于微生物实验室培养基的质量控制表述略有些不同,但是大部分体现着两个层面的规范性规定。第一个层面验收是否购买到"符合需求"的培养基,我们可以将其界定为"技术性验收";第二个层面是要求用户(即实验室)通过测试来"验核"每批培养基的适用性,我们可以将其界定为"适用性评估"。不管如何界定,微生物检验实验室至少应该参考相关规范性文件(如《食品安全国家标准 食品微生物学检验 培养基和试剂的质量要求》)制定培养基控制程序或作业指导书,其应至少涵盖以上两个层面(见图3-3),且应充分体现微生物检验实验室的资源。

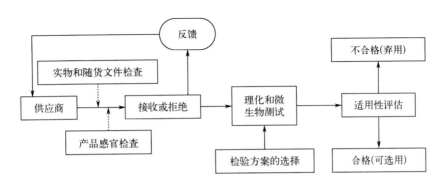

图3-3 培养基验收流程图

对于"不合格"者,应拒收。拒收标准大致包括:没有产品合格证明或不全,包装不完整或破损，产品超过有效期或接近有效期；文件提供不规范或不全，品质不佳（变色、结块、潮解、杂质、沉淀、pH异常，或未通过质控）等。培养基购进后，由保管员负责接收，并及时填写相应的接收记录。

应用案例3-2（培养基和试剂技术性验收原始记录表）

（3）培养基的保管 应严格按照供应商提供的贮存条件、有效期和使用方法进行培养基的保存和使用。一般培养基在受热、吸潮后，易被细菌污染或分解变质，因此培养基必须防潮、避光、阴凉处保存。对一些需严格灭菌的培养基（如组织培养基），较长时间的贮存，必须放在3～6℃的冰箱内。液体培养基不宜长期保管。

① 商品化即用型培养基应严格按照供应商提供的贮存条件、有效期和使用方法进行保存和使用。

② 对于脱水合成培养基，应保存有效的培养基目录清单，清单应包括以下内容：容器密闭性检查；记录首次开封日期；内容物的感官检查。开封后的脱水合成培养基，其质量取决于贮存条件。通过观察粉末的流动性、均匀性、结块情况和色泽变化等判断脱水培养基质量的变化。若发现培养基受潮或物理性状发生明显改变则不应再使用。

③ 微生物检验实验室自制的培养基应在保证其成分不会改变的条件下保存，即避光、干燥保存，必要时在3～6℃冰箱中保存。通常建议平板法保存不超过2～4周，瓶装及试管装培养基不超过3～6月。建议需添加不稳定添加剂的培养基应即配即用，除非某些标准指出或实验结果表明保质期更长；含有活性化学物质或不稳定性成分的固体培养基也应即配即用，不可二次熔化。培养基的贮存应建立经验证的有效期。观察培养基是否有颜色变化、蒸发/脱水或微生物生长的情况，当培养基发生这类变化时，应禁止使用。

（4）培养基的配制 正确制备培养基是微生物检验实验室的一个基本步骤，在处理脱水培养基和其他含有有害物质（如胆盐或其他选择剂）的成分时，应遵守良好实验室规范和生产厂商的注意事项。当使用独立成分配制培养基时，按配方准确配制，记录所有配制步骤，另外记录所有使用成分的特性值（如代号和批号等），培养基制备过程中常见的问题及原因分析可参考《食品安全国家标准 食品微生物学检验 培养基和试剂的质量要求》（GB 4789.28—2024）附录B。

一般营养类培养基的配方中含有的肉浸液、蛋白胨类、糖类、氯化钠和琼脂等对人体基本无害。有些选择性培养基组成成分，含有抑制非目标菌生长成分，如胆盐、染料、抗生素、重金属等，此类培养基组分对人体有害，同时对环境也有污染。另外，粉末状干燥培养基对人体危害主要是粉尘吸入。实验室应识别出这些危害因子，采取相应的控制措施，提醒和警示操作人员。

（5）培养基的使用 微生物检验实验室通过对使用中培养基进行规范管理来保证所使用

和配制的培养基性质稳定、浓度准确，对保证微生物检测工作质量有着十分重要的意义。

首先，要求检验人员严格执行检验标准和微生物培养基配制与操作规程，选择符合检验要求的培养基，以保证所配制培养基的质量。

其次，灭菌以后的培养基应该迅速冷却至所需温度，避免长时间保存在灭菌锅内，造成过度灭菌，影响培养基的营养成分或选择性效果。所配制的培养基的量，应该是在最长保存期限内正好使用完。含染料的培养基应避光保存；倒好的琼脂平板如果配制的当天未使用完，应予冷藏保存，如果保存时间超过 2d，应将其放入密封的塑料袋中保存；配好的肉汤类培养基如果保存时间超过 2 周，应将其放在带有螺旋盖的试管或其它密闭的试管或容器中防止蒸发。

根据"先入先出"原则，按到期日期早晚顺序使用，保证培养基保持新鲜及更新，过期的培养基要弃置，有结块、褪色、污染或呈现其他恶化特征的培养基、药品及试剂因其可能已发生化学变化必须弃置。

三、食品检测试剂盒的管理

1. 食品检测试剂盒的概述

商品化食品检测试剂盒是指对一种分析方法的主要或关键组成进行了商品化包装可供销售的检测体系，用以确定一种或多种食品基体中目标分析物的存在或含量。其分为定性检测用商品化试剂盒与定量检测用商品化试剂盒。采用定性检测用商品化试剂盒进行实验出具的检测报告仅出具阴性与阳性的判断，不报送具体检测数值。采用定量检测用商品化试剂盒进行实验出具的检测报告报送在检测限以上的检测数值。

试剂盒按检测方法的分类，可以分为以下五类：

（1）酶联免疫法 其基本原理是酶分子与抗体分子共价结合，滴加底物后，底物可在酶作用下出现颜色反应。根据此方法研制的试剂盒称为酶联免疫试剂盒，既可以定性检测又可以定量检测，检测最快只需几个小时。此方法多用来检测兽药。

（2）化学发光法 其基本原理与酶联免疫法基本相同，不同之处在于酶标记物具有产生荧光的特性。根据此方法研制的试剂盒称为化学发光试剂盒，与荧光光度计或与之配套的化学发光仪联用可以定量检测。总体来说化学发光法研制的试剂盒比酶联免疫法试剂盒更灵敏和精确。

（3）酶抑制法 其基本原理是利用酶催化一系列生物化学反应，最终产生可用现有检测方法测定的物质。此方法又可以细分为连续测定法和终点测定法等。酶抑制法快速检测试剂盒检测时多与紫外分光光度计联用，可以定量检测。最快只需几十分钟。此方法多用来检测农药和食品中的营养物质。

（4）普通化学方法 主要根据检测物质的性质来进行检测，其具体检测方法分为显色法、滴定法、色谱法、络合法等，这些方法均可用于快速检测试剂盒。根据化学方法研制的试剂盒大多进行定性半定量测试，多用于初筛，检测迅速，最快只需几分钟。此方法多用来检测食品添加剂和违禁添加物。

（5）分子生物法　其基本原理是RNA、DNA的提取和重组。根据此方法研制的快速检测试剂盒主要来检测食品中生物细胞或微生物，是一种定性分析试剂盒，多用来检测转基因食品或食品中的微生物种类和含量。

2. 检测试剂盒选购和性能评估

检测试剂盒作为食品检验实验室消耗性的材料，其购买和管理遵循一般耗材的采购和管理原则。

检测试剂盒应包装完整；标签、标识清晰、规范，带有说明书或等同指导性文件，文件内容应包括以下部分：

① 明确该检测试剂盒针对的用户，如农户、企业或是分析实验室；
② 试剂盒的应用范围：包括检测的目标物和适用的基质范围；
③ 对结果的表述与理解：说明如何表述检测结果，如检测的响应值代表的含义、是否有其他分析物也会产生响应、是否代表一组分析物的响应等；
④ 操作指南：明确检测所要求的样本缩分、分析物提取等步骤，包括完整的检测操作程序与是否使用内标、外标等控制手段；
⑤ 有效期：明确试剂盒的保存时间与保存条件；
⑥ 环境要求：明确使用试剂盒时的环境温度与湿度、实验操作场所等；
⑦ 交叉反应：明确试剂盒对检测对象的代谢产物或可能出现在基质里的非目标化合物的响应情况；
⑧ 抽样原则：说明实验室检测需要的样本量，明确在进行分析前所必须进行的采样、处理、混合及二次抽样步骤；
⑨ 注意事项：包括安全提示、废弃物处理、可能存在危害的操作步骤；
⑩ 技术支持：提供用户可获得技术支持的联系人、电话或传真、邮箱地址；
⑪ 质量合格证书；
⑫ 其他应告知用户的事项。

国内外尚未有评估商品化食品检测试剂盒性能的规范性文件，如果食品检验实验室需要对商品化食品检测试剂盒的相关技术指标进行评价，可以参考《商品化食品检测试剂盒评价方法》（SN/T 2775—2023）中规定的方法对选用的检测试剂盒性能予以评估。

3. 检测试剂盒的管理

（1）检测试剂盒的保存和定期检查　检测试剂盒作为商品化的检测产品，由于其使用方便、操作简单、出具结果更为快速等优点，已被检验工作人员广泛应用在食品安全快速检测中。一般情况下，试剂盒生产商在研制过程中会根据相关的试剂盒评价体系对试剂盒的储存条件、稳定性进行研究，并在试剂盒销售时，说明相应的储存条件及失效期。因此，对于检测试剂盒的保存，关键是了解试剂盒说明书标注的保存条件及失效期限。

检测试剂盒验收入库时，如发现质量不合格的产品应立即告知采购人员。检测试剂盒储存期间应定期检查库存试剂盒的质量及有效期，对使用量少的检测试剂盒应不定期检查，要本着"先进先出"的原则按时间顺序发放，避免试剂盒过期造成浪费。

严格按储藏条件存放检测试剂盒可确保试剂盒的稳定性。检测试剂盒应按照室温存放试剂、冷藏试剂的不同要求分开储存。试剂盒储藏室内保持干燥、通风，室温维持在 6～8℃ 为宜，避免室温过高或过低，以免对试剂盒的质量造成影响。需冷藏的检测试剂盒应存放于专用的冰箱内，并按不同种类分层摆放，以方便使用。为了确保检测试剂盒的质量不受影响，应随时监测冰箱的温度。储存时应做好记录，包括检测试剂盒的名称、数量、产地、生产批号及失效日期等。

（2）检测试剂盒的使用和用后处理　不同的检测试剂盒，其使用要求不同，在使用时应严格按照制造商的说明书进行。检测试剂盒按照要求在有效期内使用。过期的商品化试剂盒及废物试剂，应根据检测试剂盒内的试剂所属的试剂种类进行不同分类处理。

四、消毒剂的使用和管理

1. 消毒剂的分类

消毒和灭菌是微生物检验实验室日常工作的一部分，其重要性在于确保培养基、容器和设备等仅允许接种的目标微生物生长，消除其他所有的微生物。可以通过加热、化学法、放射性和过滤除菌等方式实现。在食品微生物检测实验中，经常使用消毒剂（化学法）杀灭环境中微生物，它对保证检测过程免受或减少微生物污染起重要的保障作用。

化学消毒剂按其灭菌效力可分为三大类，具体内容见表 3-5。

表 3-5　化学消毒剂的效力等级分类

效力等级	作用效果	包括消毒剂种类
高效消毒剂（HLD）	杀灭一切微生物，包括芽孢	过氧乙酸、甲醛、环氧乙烷和含氯消毒剂等
中效消毒剂（ILD）	杀灭抵抗力较强的结核杆菌和其他细菌、真菌和大多数病毒	乙醇、新洁尔灭、碘酊和煤酚皂液等
低效消毒剂（LLD）	杀灭除结核杆菌以外的抵抗力较弱的细菌以及抵抗力较弱的真菌（如念珠菌）和病毒（如流感病毒、艾滋病毒等）	氯己定，玉洁新（三氯散）和高锰酸钾

2. 消毒剂的管理

（1）采购管理　首先由专职人员对预采购消毒剂产品进行查验。查验产品名称、批准文号及有效期等。

（2）储存管理

① 根据消毒剂的品种、性能、规格、有效时间等性质存放保管，需避光的消毒剂应放在阴暗处，酸性、易燃、易爆的消毒剂应放在低温通风处，易挥发、易腐蚀的消毒剂应注意包装密闭性。

② 定期检查消毒剂的有效时间，根据"近期先用，远期后用"的原则发放。

③ 储藏仓库需专人管理，设置警示标志，如防火、防爆等。

④ 储藏仓库内应保持清洁，物品摆放有序，及时清除破碎残留废物，保证产品的整

洁、完好。

（3）使用管理　使用人员必须了解各种消毒剂的杀菌性能、有效成分及含量、适用范围、使用方法、注意事项、生产单位、日期、地址等；对复方制剂，弄清主要成分及含量，以便检测。每月或每季度对灭菌的消毒剂或使用中消毒剂进行细菌含量监测。

（4）做好人员培训　消毒剂使用人员必须接受消毒灭菌技术培训，掌握消毒知识，按规定严格执行消毒隔离制度。通过一系列教育培训，提高对安全使用消毒剂的认识及理论和实际操作水平，为消毒剂安全使用与管理奠定基础。

活动探究

模块四
食品检验实验室的环境质量管理

 职业素养

实验室环境质量管理是保证检验结果准确性的基石

  良好的工作环境,能提高工作效率,提升团队合作精神,最根本的是能提高人的素质和素养。相信没有人在一个环境卫生条件很差的实验室里能够做出可信度高的分析结果。例如天平室内湿度过大,会对天平的灵敏度及其他的性能指标产生严重影响,势必导致称量误差增大,影响分析结果准确度。再如尘埃的存在,它会给高精度的分析试验带来许多影响,轻者使试验失败,重者会导致错误的结论。又如实验室中存放的一些化学药品,由于管理不当而泄漏或溢出,不仅对分析仪器和设备有侵蚀作用,而且还会给人身健康带来不同程度的损害,甚至会引起火灾和爆炸等。因此,搞好实验室环境管理,消除一切不利于测试工作的环境影响因素,是实验室工作人员义不容辞的职责。

> GB/T 27025—2019/ISO/IEC 17025:2017《检测和校准实验室能力的通用要求》
> "6.3 设施和环境条件"
> 要点：
> 实验室应保证设施和环境条件适合实验室活动，不对结果有效性产生不利影响。
> 当相关规范、方法或程序对环境条件有要求时，或环境条件影响检验检测结果时，实验室应监测、控制和记录环境条件。
> 实验室应对使用和进入影响实验室活动质量的区域加以控制。
> 相邻区域的工作互相影响时，应进行有效隔离并有防止交叉污染的措施。

食品检验实验室根据专业特点需配备多种精密分析仪器、计量器具及计算机等，实验材料更是涉及粮油、果蔬、畜产品、水产品等。如果食品检验实验室环境条件不符合要求，再先进的仪器和实验方法也不能发挥作用，再熟练的操作者也无法保证取得准确可靠的实验结果。因此，实验室环境条件的质量控制是食品检验实验室工作质量的根本保证，食品检验实验室设施环境条件关系到检验检测结果有效性和准确度，具备必要且符合检验检测标准、方法、规范的设施和环境条件，并进行有效的监控是保证检验检测工作正常进行的先决条件。食品检验实验室应规定样品贮存、检验检测的各场所的环境以及废弃物处理的环境均为受控环境，并建立相应的环境控制程序及保护程序作为内外部环境控制实施要求。

项目一　食品检验实验室的设施环境条件

食品检验实验室基本条件要求：建筑设计先进、结构牢固、防震性能好；消防设备齐全，具有自动报警功能，空调、水、电、燃气保证供应；功能布局划分合理，使用面积适宜；设备齐全，光线适度，通风良好，无振动、电磁辐射、烟雾、噪声等干扰；环境卫生和空气洁净度符合相关要求。实验室建筑设计、规划布局、设施设计等涉及多个专业门类及学科，还需考虑环保、安全、可持续发展等诸多要求，是一个很复杂的系统工程，本书不做赘述，本项目主要讨论食品检验实验室中理化检验实验室和微生物检验实验室环境条件的基本要求及质量控制。

一、理化检验实验室对环境的基本要求

1. 理化检验实验室的基本设施配置

理化检验实验室的位置应远离生产车间、锅炉房和交通要道等地方，防止粉尘、振动、噪声、烟雾、电磁辐射等环境因素对分析检验工作的影响和干扰。此外，理化检验实验室应与办公室场所分离，以防对检验工作质量产生不利影响。对于生产控制的理化检验实验室，可设在生产车间内或附近，以方便取样和报送分析结果。

理化检验实验室配备与检验工作相适应的基本设施，如水源和下水道、足够容量的电力、照明、电源稳压系统、必要的停电保护装置或备用电力系统、温度控制、湿度控制、必要的通信网络系统、自然通风和排风、防震、冷藏和冷冻等设施。其建筑结构、面积和排水、温湿度等应满足检验工作的要求，应保证检验场所的照明、通风、控温、防震等功能的正常使用。同时理化检验实验室应配备处理紧急事故的装置、器材和物品，如烟雾自动报警器、喷淋装置、灭火器材、防护用具、意外伤害所需药品。对于特殊工作区域的各种辅助设施和环境要求，要按其特殊规定的要求配置设施，必要时应经过验证。此外，为保证检验工作的正常开展，各部门应配备足够和适用的办公、通信及其他服务性设施，并按有关规定加强管理。

为了确保检验质量，理化检验实验室环境应满足以下条件：

① 满足该实验室工作任务的要求，其中对部分实验室（包括化学分析实验室和存放仪器设备的仪器室）的环境（温度、湿度和其他要求）应满足相应的仪器设备使用保管的技术要求，对某些电磁检测设备的仪器室需有电磁屏蔽设施，仪器室内应配备供检查仪器用的实验台（桌）或在设计时考虑留有相应的空间。

② 理化检验实验室内应保持清洁、整齐，要求较高的精密大型仪器室最好配备更衣换鞋的过渡间。

③ 检测仪器设备的放置应便于操作人员的操作，不能将理化检验实验室兼作检测人员的办公室。

④ 理化检验实验室应有防火安全设施及通风设施。室内管道和电气线路的布置要整齐，电、水、气要有各自相应的安全管理措施。化学药品的放置应符合安全管理的要求。

⑤ 理化检验实验室应配备必要的安全防护器具，如防毒面具、橡皮手套和防护眼镜等。

⑥ 三废处理应满足环保部门的要求。噪声大的试验设备（如破碎机等）应与操作人员的工作间隔离，工作间的噪声不得大于70dB。

⑦ 在理化实验区，往往需要同时设置洗眼器与紧急冲淋器。

⑧ 有条件的理化检验实验室应设置与检测范围相应的有毒有害气体报警器等安全防护报警措施。

2. 环境条件的基本要求

以下列出进行食品检验的常规理化检验实验室对环境的基本要求。

（1）天平室

① 温度、湿度要求　天平室的温、湿度要求取决于内置天平的精度以及仪器使用说明书上的具体要求，一般而言精度不同，要求也有区别，具体见表4-1。当天平室的温度、湿度达不到相应要求时，可安装空调、除湿机以及加湿器进行温、湿度控制。注意天平室只能使用抽排气装置进行通风。

表4-1　天平室环境要求

天平级别	工作温度	温度波动	相对湿度
Ⅰ级精度天平	18～22℃	不大于1℃/h	≤80%
Ⅱ级精度天平	13～27℃	不大于3℃/h	≤85%
Ⅲ、Ⅳ级精度天平	5～35℃	不大于5℃/h	≤85%

② 防潮　天平室安置在检测室的底层时，应注意做好防潮工作。

③ 防震　应安装专用天平防震台，当环境震动影响较大的时候，天平宜安装在底层，以便于采取防震沟等防震措施。

④ 防尘、保持洁净　天平室应专室专用，用玻璃屏墙分隔，以减少干扰。精密天平应配有防尘罩。

⑤ 避免阳光直射　不宜靠近窗户安放天平，也不宜在室内安装暖气片及大功率的灯泡（天平定应采用"冷光源"照明），以避免局部温度的不均匀影响称量精准度。

（2）精密仪器室　精密仪器室尽可能保持温度、湿度恒定，一般温度在15～30℃，有条件的最好控制在18～25℃，湿度在60%～70%，需要恒温的仪器可装双层门窗及空调装置。同类仪器尽量集中，需要供气的仪器尽量靠近气瓶室。对于放置不需要用水的大型精密仪器的房间，可不安装供水设施，仪器摆放要尽量远离水源。

① 大型精密仪器应安装在专用实验室，一般有独立平台（可另加玻璃屏墙分隔）。例如痕量金属元素分析需要关注环境中存在的灰尘，应尽可能采用措施避免灰尘进入。

② 精密电子仪器以及对电磁场敏感的仪器，应远离强磁场，必要时可加装电磁场屏蔽。

③ 精密仪器室地板应致密及防静电，一般不要使用地毯。

④ 大型精密仪器的供电电压应稳定，并应设计专用地线。

⑤ 精密仪器室应具有防火、防噪声、防潮、防腐蚀、防尘、防有害气体侵入的功能。

（3）化学分析实验室

① 化学分析实验室内的温度、湿度要求较精密仪器实验室略宽松，但温度波动不能过大（≤2℃/h）。

② 化学分析实验室内照明宜用柔和自然光，要避免直射阳光。

③ 化学分析实验室内应配备专用的给水和排水系统。

④ 化学分析实验室的建筑应耐火或用不易燃烧的材料建成，门应向外开，以利于发生意外时人员撤离。

⑤ 由于化验过程中常产生有毒或易燃的气体，因此化学分析实验室要有良好的通风条件。

⑥ 农药残留分析应注意环境中存在的有机物质，应避免外来污染。

（4）加热室/高温室

① 加热操作台应使用防火、耐热的材料，以保证安全。

② 当有可能因热量散发而影响其他实验室工作时，应注意采用防热或隔热措施。

③ 设置专用排气系统，以排除试样加热、灼烧过程中排放的废气。

（5）样品室　样品室分为样品制备室和样品储藏室（区）。

① 样品制备室应配备样品制备所用的设备、操作台及洗涤池。样品制备室应保证通风，避免热源、潮湿和杂物对试样的干扰。应设置防尘、废气的收集和排除装置，避免制样过程中的粉尘、废气等有害物质对其他试样的干扰。样品制备室墙壁涂料、排烟罩及其他固定设施所用的材料不应通过产生空气携带微粒的途径对检测样品、标准物质和其他试剂造成污染。

② 样品储藏室（区）包括单独设置的储藏室或未单独设室的储藏区。样品储藏环境分常温和低温两种条件。常温环境宜采用储物架存放；低温环境宜采用冰箱或冰柜保存样品。

如条件允许，也可设置整体式的冷库。样品储藏室（区）要求通风、避光、一定的温湿度，能防虫、防蝇、防鼠。

（6）样品前处理室 样品前处理室一般分为无机前处理室和有机前处理室，两室应单独设计并分开设置。

① 样品前处理室应设有通风换气装置。无机前处理室的通风柜应耐强酸腐蚀。有机前处理室应配备通风柜或桌面通风罩。通风柜设在远离出口且靠近管井的位置。前处理用设备如旋转蒸发仪、氮吹仪、微波消解仪、离心机等有挥发溶剂或刺激性气体的装置应放在通风柜中。

② 通风柜内应配备专用的给水、排水设施，以便操作人员接触有害物质时能够及时清洗。

③ 样品前处理室的实验台面应耐强酸强碱腐蚀，耐高温及耐有机溶剂，宜采用环氧树脂台面及环氧树脂水槽。

④ 试剂柜、器皿柜等功能高柜设置在靠墙位置，试剂柜宜设置抽风装置。

⑤ 试剂架可采用磨砂玻璃或实心理化板等防腐蚀层板的钢制试剂架，高度可调节。

（7）感官检验室

① 感官检验室的设计应保证感官检验在已知和最小干扰的可控条件下进行，并减少生理因素和心理因素对评价员判断的影响。

② 感官检验室的检验区应在安静的区域，具有独立的评价间，备有可控照明和通风系统。

③ 感官检验室的检验区墙壁和内部设施的颜色应为中性色、表面无味。如特殊领域有明确规定的，环境设施应符合相应标准的要求，如为了屏蔽样品色泽的影响，感官检验室配备有色光照明条件。对有温、湿度要求的区域应进行有效的监控。

④ 感官检验室的样品制备区和检验区应隔开，以减少气味和噪声等干扰，但检验区宜紧邻样品制备区，以便于提供样品。不允许感官检验员进入样品制备区，避免给检验结果带来偏差。如果样品制备区域不在检验区域附近，要注意样品的传输，并保持样品原有的特性。

⑤ 感官检验室一般应包括下列设备：

a. 样品制备和储藏设备［如烤箱（炉）、微波炉、冰箱、冷藏柜、冰柜、食品加工机、刀、切割装置］。

b. 称量或测量设备（如温度计、计时器、天平、烧瓶，保持样品特定温度的装置等）。

c. 样品提供设备（如品评杯、盘等）。

d. 计算机。

（8）其他

① 化学试剂溶液的配制储存室　参照化学分析实验室的要求确定条件，但需注意阳光暴晒，防止受强光照射使试样变质或受热蒸发，规模较小的溶液配制储存室也可以附设在化学分析实验室内。

② 储存室　分析试剂储存室和仪器储存室，供存放非危险性化学药品和仪器，要求阴凉通风、避免阳光暴晒，且不要靠近加热室、通风柜室。

③ 危险物品储存室　通常应设置在远离主建筑物、结构坚固并符合防火规范的专用库房内。有防火门窗，通风良好，远离火源、热源，避免阳光暴晒。室内温度宜在30℃以下，相对湿度不超过85%。采用防爆型照明灯，备有防爆器材。房内应使用防火材料制作防火间隔、储物架，储存腐蚀性物品的柜、架，应进行防腐蚀处理。危险试剂应分类分别存放，挥发性试剂存放时，应避免互相干扰。门窗应设遮阳板，并且朝外开。并设有监控警报设备。

④ 不间断电源（UPS）　不间断电源在停电时可提供一定能力的备用持续供电，使设备等的工作不致中断。UPS电源的使用要求环境清洁、少灰尘、干燥，如果外部环境灰尘较多且潮湿，则会影响UPS电源的正常使用。UPS电源的电池对温度则具有较高的要求，标准温度是25℃左右，建议平时的使用温度最好保持在15～30℃之间，温度过高或是过低都会影响UPS电源的正常使用。

⑤ 气瓶室　当理化检验实验室需要的气体种类大于3种，或需储存3瓶以上的气体时，宜单独设置气瓶室，采用集中供气系统。

气瓶室应保持阴凉干燥，严禁明火，远离火源。气瓶室应有每小时不少于3次换气的通风措施。气瓶室宜建于实验楼旁侧，气瓶室应配备防爆灯、防爆开关和防气体渗漏报警装置，墙壁需专门设计施工，具有一定防爆级别。气瓶禁止敲击、碰撞，应可靠地固定在支架上，以防滑倒。

在实际工作中，食品检验实验室可根据理化检验工作的需要考虑各种类型的专业实验室的设置，尽可能做到资源的合理应用。

二、微生物检验实验室对环境的基本要求

微生物检验实验室与理化检验实验室不同，根据对所操作生物因子采取的防护措施，将微生物检验实验室的生物安全防护水平分为一级、二级、三级和四级，一级防护水平最低，四级防护水平最高。依据国家相关规定：生物安全防护水平为一级的微生物检验实验室适用于操作在通常情况下不会引起人类或者动物疾病的微生物；生物安全防护水平为二级的微生物检验实验室适用于操作能够引起人类或者动物疾病，但一般情况下对人、动物或者环境不构成严重危害，传播风险有限，实验室感染后很少引起严重疾病，并且具备有效治疗和预防措施的微生物；生物安全防护水平为三级的微生物检验实验室适用于操作能够引起人类或者动物严重疾病，比较容易直接或者间接在人与人、动物与人、动物与动物间传播的微生物；生物安全防护水平为四级的微生物检验实验室适用于操作能够引起人类或者动物非常严重疾病的微生物，以及我国尚未发现或者已经宣布消灭的微生物。

一般以BSL-1、BSL-2、BSL-3、BSL-4（bio-safety level，BSL）表示仅从事体外操作的微生物检验实验室的相应生物安全防护水平。以ABSL-1、ABSL-2、ABSL-3、ABSL-4（animal bio-safety level，ABSL）表示包括从事动物活体操作的微生物检验实验室的相应生物安全防护水平。

微生物检验实验室要求实验室环境不应影响检验结果的准确性，其基本要求如下：

① 微生物检验实验室应保证工作区洁净无尘，空间应与微生物检测需要及实验室内部

整体布局相称，微生物检验实验室空间应符合 GB 19489 和 GB 50346 的相关规定。

a. 微生物检验实验室应选择一个合适的物理位置：远离其他操作区域，如生产或者储运区域；微生物检验实验室区域必须专用，并在入口进行明确标识微生物检验实验室。

b. 微生物检验实验室应根据具体检测活动（如检测种类和数量等），有效分隔不相容的业务活动。应采取措施将交叉污染的风险降到最低，采用符合"无回路"原则，在时间或空间上有效隔离各种检测活动。

c. 按照良好操作规范，应考虑以下清楚标识的隔离场地或明确指定的区域：样品接收和储藏区，样品前处理区（如应在被隔离的区域处理极易被严重污染的粉状产品），样品的微生物检测（包括培养）和可疑致病菌的鉴定区，标准菌株和其他菌株的储藏区，培养基和化学试剂储藏区（培养基与化学试剂分开存放，危险品和有毒药品应设有专柜保存），培养基和器材的准备和灭菌区，无菌区，清洁间，污染物处理区，急救区，行政区，文档处理区，更衣室，仓库，休息室（图4-1）。

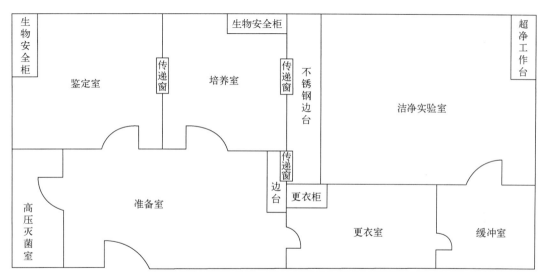

图 4-1　食品微生物检验实验室典型布局图

② 微生物检验实验室的防火和安全通道设置应符合国家的消防规定和要求，同时应考虑生物安全的特殊要求必要时，应事先征询消防主管部门的建议。

③ 微生物检验实验室的安全保卫应符合国家相关部门对该类设施的安全管理规定和要求。

④ 微生物检验实验室的建筑材料和设备等应符合国家相关部门的规定和要求。可通过以下途径减少污染：表面光滑的墙、天花板、地面和桌椅（光滑程度应取决于对其清洁的难易程度）；地面、墙壁、天花板连接处应有弧，地面应防滑；当进行检测时，应关闭门窗；遮阳板应安装到室外，如果无法在室外安装，应保证能够方便地清洁遮阳板；除非密闭包装装修，液体运输管路不应在工作区上方穿过；换气系统中应有空气过滤装置；独立的洗手池，非手动控制效果更好，最好在实验室的门附近；不使用粗糙而裸露的木块；固定设备和室内装置的木质表面应密闭包裹；试验可能低度污染空气时，作业区应装备一台层流生物安全柜；储存设施和设备的摆放应易于清洗；只将检测必需的橱柜、文件或其他物品放在实验

室内。

⑤ 微生物检验实验室的设计应保证对生物、化学、辐射和物理等危险源的防护水平控制在经过评估的可接受程度，为关联的办公区和邻近的公共空间提供安全的工作环境，以及防止危害环境。

⑥ 微生物检验实验室的走廊和通道应不妨碍人员和物品通过。

⑦ 微生物检验实验室应设计紧急撤离路线，紧急出口应有明显的标识。

⑧ 房间的门根据需要安装门锁，门锁应便于内部快速打开。

⑨ 需要时（如正当操作危险材料时），房间的入口处应有警示和进入限制。

⑩ 应评估生物材料、样本、药品、化学品和机密资料等被误用、被偷盗和被不正当使用的风险，并采取相应的物理防范措施。

⑪ 应有专门设计以确保存储、转运、收集、处理和处置危险物料的安全。

⑫ 微生物检验实验室内温度、湿度、照度、噪声和洁净度等室内环境参数应符合工作要求和卫生等相关要求。

⑬ 微生物检验实验室设计还应考虑节能、环保及舒适性要求，应符合职业卫生要求和人机工效学要求。

⑭ 微生物检验实验室应有防止节肢动物和啮齿动物进入的措施，可设置挡鼠板等。

⑮ 动物实验室的生物安全防护设施还应考虑对动物呼吸、排泄、毛发、抓咬、挣扎、逃逸、动物实验（如染毒、医学检查、取样、解剖、检验等）、动物饲养、动物尸体及排泄物的处置等过程产生的潜在生物危险的防护。

延伸阅读 4-1（BSL-1、BSL-2 微生物检验实验室的要求）

项目二　食品检验实验室的环境控制

一、食品检验实验室的区域划分与控制

《食品检验机构资质认定条件》明确要求，检验机构应当具备开展食品检验活动所必需的实验场地，并进行合理分区。

1. 食品检验实验室区域的有效划分

食品检验实验室按功能可划分为办公区、检验检测区、维修区、科研区和接待区。不同工作对环境要求不同，因此实验区与非实验区应分离，实验区域可按工作内容和仪器类别进

行划分，如制样室、样品室、热源室、天平室、感官检验室、化学（物理）分析室、仪器分析室、标准品存放区域、试剂存放区域、高压气瓶放置区域、器皿洗涤区域等。实验区应有明显标识。互相有影响的相邻区域应当实施有效隔离，防止交叉污染及干扰，明确需要控制的区域范围和有关危害的明显警示。例如，常量分析与农药残留等痕量分析应在物理空间上相对隔离，有机分析室与无机分析室应相对隔离。

2. 食品检验实验室区域的标识

食品检验实验室应用简单、明了、易于理解的文字、图形、数字的组合形式系统而清晰地标识出各工作区域，且适用于相关的要求。在某些情况下，宜同时使用标记和物质屏障（如门禁）标识出危险区。

环境信息标识宜设在有关场所的入口处和醒目处；局部信息标识应设在所涉及的相应危险地点或设备（部件）附近的醒目处。不应设在门、窗、架等可移动的物体上，以免这些物体位置移动后，看不见信息标识。标识前不得放置妨碍认读的障碍物。标识的平面与视线夹角应接近 90°，观察者位于最大观察距离时，最小夹角不低于 75°。标识应设置在明亮的环境中。多个标识在一起设置时，应按警告、禁止、指令、提示类型的顺序，先左后右、先上后下地排列。图形标识、箭头、文字等信息一般采取横向布置，亦可根据具体情况，采取纵向布置。图形标识一般采用的设置方式为附着式（如钉挂、粘贴、镶嵌等）、悬挂式、摆放式、柱式（固定在标识杆或支架等物体上），以及其他设置方式。尽量用适量的标识将必要的信息展现出来，避免漏设、滥设。

食品检验实验室的标识也要进行管理和监督，具体要求如下：

① 标识必须保持清晰、完整。当发现形象损坏、颜色污染或有变化、褪色等不符合标准的情况，应及时修复或更换。检查时间至少每年一次。

② 修整和更换安全标识时应有临时的标识替换，以避免发生意外伤害。

③ 食品检验实验室管理者应结合实验室内部审核、管理评审等活动，定期或不定期对食品检验实验室标识系统进行评审，根据危害情况，及时增、减、调整安全标识。

3. 食品检验实验室的质量工作区域控制

质量工作区域是指完成组织质量目标而实施作业的场所。由于这些场所的工作性质直接与质量目标有着密切的联系，因此为满足质量要求，需要对这些场所进行控制。

对食品检验实验室的质量工作区域实施控制有两个目的：一是确保分析检验结论的准确率和有效性，防止其他外来因素带来的不利影响；二是对于特殊目的的研究、开发的最新成果或实验室中的重要结论等需要保密，必须进行控制，以防泄密。

非本实验室人员未经许可不准进入工作区域，工作区域的入口处应有"未经许可、不可进入"的明显标识，以引起人们的注意，如禁止入内、非本室人员禁止入内、顾客止步、外来人员禁止入内等标识。对有标识的区域，无关人员未经批准不得随意出入，以免影响环境的稳定和检验工作的安全。对于外来人员要进入受控的质量工作区域，需经相关部门同意，并由指定人员陪同方可进入受控工作区，进入受控工作区域后，必须遵守受控区域的保密规定及其他有关管理制度要求。

为避免不正常的干扰，对食品检验实验室内部人员也应予以控制，以限制非授权人员的进入。食品检验实验室可采用自动识别的门禁系统。进入实验区域的人员均应穿工作服，防止污染源的带入。食品检验实验室内不得有与实验无关的物品，不得进行与工作无关的活动，以保护人身安全和设备安全。

延伸阅读 4-2（实验室常用的环境管理标识）

二、理化检验实验室环境条件的监控

不同的检验检测项目对环境条件的要求有很大差异。对环境条件无特殊要求的检测项目，理化检验实验室无需对环境条件进行监控、控制和记录，仅需按照实验室内务卫生方面的要求，做好环境卫生条件的日常管理。如检测项目涉及的相关规范、方法和程序有环境条件的要求，或环境条件对结果的质量有影响时，理化检验实验室应监测、控制和记录环境条件。

理化检验实验室应首先根据相关要求，如仪器设备使用的环境要求，或检测方法的规定，建立理化检验实验室（包括样品室）的环境条件要求，然后确定如表 4-2 所示的监控周期，然后定期由责任部门监测并作记录和分析统计。

表 4-2　实验室环境条件监控周期

序号	监测项目	监测周期	备注
1	温度	全天 24h 监测	配备温湿度记录器
2	相对湿度	全天 24h 监测	配备温湿度记录器
3	噪声	每半年一次	
4	尘粒	每一年一次	
5	电磁干扰	每一年一次	
6	气压差	每季度一次	
7	照度	每季度一次	
8	振动	每两年一次	
9	电源状况	每一年一次	
10	接地电阻	每半年一次	

在环境监控的过程中发现环境条件偏离控制标准的情况时，检验人员应立即停止检测活动，查找偏离原因。待环境条件恢复到控制标准且保持稳定后，检验人员应对在环境失控时采集记录的检测数据进行验证。如验证出现问题，则理化检测实验室负责人应安排检验人员重新检测。

三、微生物检验实验室的环境条件监控与维持

1. 微生物检验实验室的环境条件监控

微生物检验实验室应制定相应的环境监控的作业指导书,明确监控的项目、监测的周期频次、监测的判定依据和监控结果的处置方法,并写入相应的管理程序中。

(1) 洁净室

① 年度监测　年度监测项目和检测时间如表4-3及表4-4所示,分为洁净室必测项目和选测项目,一般由有洁净室监测能力的资质机构完成。年度监测的项目一般作为洁净室工程施工完成进行验收评判标准。

② 定期监测　最低要求是进行浮游菌或沉降菌监测,有条件的可加做空气洁净度监测,一般为两年一次。

表 4-3　洁净室必测项目检验时间的要求

检验项目	适用级别	检验时间最长间隔
送风量	6~9 级	12 个月
送风高效过滤器扫描检漏	所有级别	24 个月
回或排风高效过滤器扫描检漏	所有级别	12 个月
工作区(或规定高度)截面风速	1~5 级	12 个月
新风量	所有级别	12 个月
排风量	所有级别	12 个月
静压差	所有级别	12 个月
门内 0.6m 处洁净度	1~5 级	12 个月
空气洁净度	1~5 级	6 个月
	6~9 级	12 个月
甲醛浓度	所有级别	24 个月
温湿度	所有级别	12 个月
噪声	所有级别	12 个月
照度	所有级别	12 个月
浮游菌或沉降菌	所有级别	6 个月

表 4-4　洁净室选测项目检验时间的要求

检验项目	适用级别	检验时间最长间隔
工作区(或规定高度)截面风速不均匀度	1~4 级	12 个月
送风口或特定边界的风速	6~9 级	12 个月
洞口风速	所有级别	12 个月
温湿度波动范围及区域差别	所有级别	12 个月或动态监测
微振	所有级别	24 个月
表面导静电	所有级别	24 个月
气流流型	6~9 级	不限

续表

检验项目	适用级别	检验时间最长间隔
定向流	6~9 级	12 个月
流线平行性	1~5 级	不限
自净时间	5~9 级	24 个月
围护结构严密性	有要求的	不限
表面染菌密度	所有级别	6 个月
生物学评价	所有级别	不限
分子态污染物	1~4 级	12 个月
表面洁净度	1~5 级	12 个月
氮浓度	所有级别	24 个月
臭氧浓度	所有级别	不限
二氧化碳浓度	所有级别	3 个月

注：动态监测的时间间隔由用户自定。

（2）洁净工作台

① 年度监测　年度监测时，可依据《洁净工作台》（JG/T 292—2010）相关监测项目由有资质的机构完成。

② 定期监测　可根据实验室实际使用情况确定检测项目和频率，一般是进行沉降菌检测，频率为在两次年度监测之间安排一次。

（3）关键防护设备　实验室中一些关键性设备也需要进行监测，具体设备和项目见表4-5。

表 4-5　关键防护设备及检测项目

序号	关键防护设备名称	检测项目
1	生物安全柜	垂直气流平均速度、工作窗口气流流向、工作窗口气流平均速度、送风高效过滤器检漏、排风高效过滤器检漏、柜体内外的压差（适用于Ⅱ级柜）、工作区洁净度、工作区气密性（适用于Ⅲ级柜）
2	压力蒸汽灭菌器	灭菌效果检测、物理检测
3	实验室主要气（汽）体消毒设备	现场或模拟现场消毒、消毒效果评价
4	气密门	外观及配置检查、性能检查、气密性检测
5	房间排风高效空气过滤器单元	外观及配置、箱体气密性、高效过滤器检漏测试以及高效过滤器消毒效果评价
6	正压防护服	外观及配置检查包括：标识、防护服表面整体完好性。性能检测项目通常包括：正压防护服内压力、供气流量、气密性、噪声
7	生命支持系统	空气压缩机可靠性验证、紧急支援气罐可靠性验证、报警装置可靠性验证、不间断电源可靠性验证、供气管道密闭性
8	化学淋浴消毒装置	压差、换气次数、给排水防回流措施、液位报警装置、箱体气密性、送风高效过滤器检漏、排风高效过滤器检漏及正压防护服消毒效果验证
9	感染性污水消毒装置	消毒灭菌效果验证、物理检测、系统密闭性

（4）紫外线杀菌灯　依据《医院消毒卫生标准》（GB 15982），使用中的紫外灯可用仪器法或指标卡法进行辐射照度值检查，30W 直管紫外灯辐射照度值应大于或等于 70μW/cm²，且累积使用时间超过其有效使用寿命时，应及时更换灯管。

2. 微生物检验实验室的环境条件维持

当微生物检验实验室的检测环境条件不符合要求或者影响检测结果时，应立即停止检测活动，启动不符合工作控制程序进行纠正或实施纠正措施。

（1）环境设施维修或维护　监控结果显示环境条件不合格时，要查找原因，如因实验设施故障或维护保养不当，应立即进行维修或者维护。也可先进行适当清洁消毒再进行检测，如仍不合格，再进行维修或维护。环境设施维修或维护的检测项目应与微生物检验实验室检测项目、使用时间和频次相匹配，并按照相关规定或设施的使用说明进行。

（2）清洁消毒

① 微生物检验实验室的清洁　《实验室　生物安全通用要求》（GB 19489—2008）附录 B 中建议，生物安全实验室的清洁应注意以下方面：

a. 由受过培训的专业人员按照专门的规程清洁实验室。外雇的保洁人员可以在实验室消毒灭菌后负责清洁地面和窗户（三级以上生物安全实验室不适用）。

b. 保持工作表面的整洁。每天工作完后都要对工作表面进行清洁并消毒灭菌。宜使用可移动或悬挂式的台下柜，以便于对工作台下方进行清洁和消毒灭菌。

c. 定期清洁墙面，如果墙面有可见污物时，及时进行清洁和消毒灭菌。不宜无目的或强力清洗，避免破坏墙面。

d. 定期清洁易积尘的部位，不常用的物品最好存放在抽屉或箱柜内。

e. 清洁地面的时间视工作安排而定，不在日常工作时间做常规清洁工作。清洗地板最常用的工具是浸有清洁剂的湿拖把；家用型吸尘器不适于生物安全实验室使用；不要使用扫帚等扫地。

清洁过程中有关生物废弃物的处理可参考"模块九""项目二""四、生物废弃物的处理"。

② 紫外线消毒　实验室应有适当数量的紫外灯，确保平均每立方米不少于 1.5W。紫外线消毒时，无菌室内应保持清洁干燥。在无人条件下，可采取紫外线消毒，作用时间应≥30min。室内温度<20℃或>40℃、相对湿度>60%时，应适当延长照射时间。用紫外线消毒物品表面时，应使照射表面受到紫外线的直接照射，且应达到足够的照射剂量。人员在关闭紫外灯至少 30min 后方可入内作业。按照《消毒器械灭菌效果评价方法》（GB/T 15981—2021）的规定，评价紫外线的消毒与杀菌效果。

③ 臭氧消毒　封闭无菌室内，无人条件下，采用 20mg/m³ 浓度的臭氧，作用时间应≥30min。消毒后室内臭氧浓度≤0.2 mg/m³ 时方可入内作业。按照《室内空气中臭氧卫生标准》（GB/T 18202—2000）的规定，检测室内臭氧的浓度。

④ 热力学灭菌

湿热灭菌：采用高压灭菌器，121℃灭菌 20min，适用于玻璃器皿、移液器吸头、塑料瓶等。按照 GB/T 15981 的规定，评价高压灭菌器的杀菌效果。

干热灭菌：采用干燥箱灭菌，160℃灭菌 2h 或 180℃灭菌 1h，适用于玻璃器皿、不锈钢器具等。

⑤ 液体消毒剂消毒　使用适当浓度的自配或商业液体消毒剂（见表 4-6）对工作台面、器具或设备表面进行消毒。可按照《消毒器械灭菌效果评价方法》（GB/T 15981—2021）的规定，评价自配或商业消毒剂的消毒效果。

表 4-6　某些消毒剂的特性

消毒剂	抗活性							被灭活					毒性		
	真菌	细菌 G⁺	细菌 G⁻	分枝杆菌	孢子	亲脂病毒③	非亲脂病毒	蛋白质	天然物质	合成物质	硬水	去垢剂	皮肤	眼睛	肺
次氯酸盐	+	+++	+++	++	++	+	+	+++	+	+	+	C	+	+	+
乙醇	—	+++	+++	+++	—	+	V	+	+	+	+	—		+	
甲醛	+++	+++	+++	+++	+++①	+	+	+	+	+	+	—	+	+	—
戊二醛	+++	+++	+++	+++	+++②	+	+	NA	+	+	+	NA	+++	+++	+++
碘载体	+++	+++	+++	+++	+++	+	+	+++	+	+	+	A	+	+	—

① 40 以上。
② 20 以上。
③ 亲脂病毒。

注：+++，良好；++，一般；+，轻微；—，零；V，取决于病毒；C，阳离子；NA，不适用。

应用案例 4-1（某食品检测中心检测环境控制和维护程序）

活动探究

模块五
食品检验实验室的检测方法管理

 职业素养

以钉钉子精神干事创业

雷锋在日记中写道,"钉子有两个好处:一个是挤劲,一个是钻劲"。学习雷锋的"钉子"精神,就要善于挤和善于钻。工作中尤为需要这种"钉子精神":从一点一滴做起,钻进去,学进去,认真做事,踏实做事,从小处做起,做深做透做清楚,真正做到"抓铁有痕、踏石留印,稳扎稳打向前走,过了一山再登一峰,跨过一沟再越一壑,不断通过化解难题开创工作新局面"。当工作中遇到问题时,同样要有这种"钉子精神",不躲闪和畏惧问题,学会从问题的解决中积累经验,寻找规律。毛泽东同志曾经作过一个生动形象的比喻:"碰到钉子时,就向钉子学习,问题就解决了。"

> GB/T 27025—2019/ISO/IEC 17025:2017《检测和校准实验室能力的通用要求》
> "7.2 方法的选择、验证和确认"
> **要点：**
> 实验室应确保使用最新有效版本的方法，除非不合适或不能做到。
> 实验室在引入方法前，应验证能够正确运用该方法，以确保实现所需的方法性能，并保存验证记录。
> 实验室应对非标准方法、实验室开发的方法、超出预订范围使用的标准方法、或其他修改的标准方法进行确认，并保存方法确认记录。

项目一　检验检测方法的选择

检验检测方法是进行检验检测工作的技术依据，正确选择检验检测方法是保证检验检测工作质量的前提之一。检验检测方法的选择应覆盖检验检测涉及的全过程，包括样品的抽取、采集、处置、运输、储存、环境条件、设备、人员的检验检测经验、数据处理等，必要时还应考虑分析检验检测数据的统计技术的内容。

食品检验实验室在开展检测活动过程中所选用的方法通常分为两类，分别为标准方法、非标准方法。标准方法包括国际标准、国家（或区域性）标准、行业标准、地方标准以及标准化主管部门备案的企业标准。其中国际标准方法通常有 FCC、UNFAO、ISO、WHO 等，国家（或区域性）标准包括 GB、EN、ANSI、BS、DIN、JIS、AFNOR、POCT、药典等。非标准方法一般是指技术组织发布的方法，科学文献或期刊公布的方法，仪器生产厂家提供的指导方法，扩充和修改过的标准方法，以及实验室制定的内部方法。

一、食品安全标准体系

1. 我国食品安全标准体系

国务院卫生行政部门负责食品安全国家标准的制定、公布，由国务院标准化行政部门提供标准编号。国家标准化管理委员会对全国范围内的标准化工作进行统一管理；国务院有关主管部门，负责所属部门所属行业的标准化工作；省、自治区、直辖市的市场监督管理部门负责管理本行政区域的标准化工作。各级标准化管理部门分别设立标准化协会组织和标准化技术机构。企业在其技术管理部门设有标准化管理机构和相应技术岗位。食品安全国家标准检验方法标准由食品安全国家标准审评委员会下设的检验方法与规程专业分委员会进行审查。该分委会主要职责是审评食品安全国家标准检验方法与规程标准，提出实施建议，对食品安全国家标准的重大问题提供咨询等相关工作，保障食品安全标准检验方法与规程标准审查工作顺利进行。国家卫生健康委及相关部门于 2013 年启动了食品标准清理整合工作，至 2015 年底，基本完成了食用农产品质量安全标准、食品卫生标准、食品质量标准以及行业标准中强制执行内容的国家标准整合工作，基本解决了食品安全标准交叉、重复、矛盾等问题。

（1）我国食品安全标准现状

① 法律法规标准体系进一步健全　我国目前已建立起与基本国情相适应的食品安全标准体系。国家食品安全监管体系"十三五"规划出台后，修订《食品安全法》《兽药管理条例》等10部法律法规，制修订20余部食品安全部门规章，6个省（区、市）出台了食品生产加工小作坊和食品摊贩管理地方性法规。最高人民法院、最高人民检察院出台《关于办理危害食品安全刑事案件适用法律若干问题的解释》，最高人民法院出台《关于审理食品药品纠纷案件适用法律若干问题的规定》。国家卫生健康委清理食品标准5000项，整合400项，发布新的食品安全国家标准926项，合计指标1.4万余项。农业农村部新发布农药残留限量指标2800项，清理413项农药残留检验方法。

② 食品安全标准与国际接轨　我国目前建立了严谨的食品安全标准体系，在制修订产业发展和监管急需的食品基础标准、产品标准、配套检验方法标准、生产经营卫生规范的同时，制修订了重金属、农药残留、兽药残留等食品安全标准。密切跟踪国际标准发展更新情况，整合现有资源建立了覆盖国际食品法典及有关发达国家食品安全标准、技术法规的数据库，开展了国际食品安全标准比较研究，加强了标准跟踪评价和宣传贯彻培训。鼓励食品生产企业制定严于食品安全国家标准、地方标准的企业标准，鼓励行业协会制定严于食品安全国家标准的团体标准。依托现有资源，中国食品安全资源数据库已建成并不断充实完善，该数据库包括食品安全限量方法、中国食品安全检测机构、中国食品安全人才资源、中国食品企业诚信资源、食品安全事件等板块。从数据库中可以查询到食品中各类危害物的限量及检测方法、国内国际标准、国内外相关法律法规等信息。

（2）我国食品安全标准体系的主要特点　《食品安全法》要求建立一套唯一强制的食品安全国家标准体系，我国食品安全风险评估中心在国家卫生健康委的组织下开展了食品标准清理工作。通过对标准清理，梳理了标准之间穿插矛盾的内容，提出了继续有效、修订、整合、废止、不纳入食品安全国家标准等清理建议，提出了未来拟形成的食品安全国家标准目录，形成了纵横交织的食品标准体系。

① 在纵向方面，食品标准分为国家标准、行业标准、地方标准、企业标准。

a. 国家标准　对需要在全国范围内统一技术要求的，由国务院标准化行政主管部门、卫生行政、农业行政等部门制定国家标准。国家标准是主体，其他标准不得与国家标准冲突、重复，以GB（强制标准）或GB/T（推荐标准）为代号。

b. 行业标准　对没有国家标准而又需要在全国某个行业范围内统一技术要求的，国务院有关行政主管部门可以制定行业标准，在公布国家标准之后，该项行业标准即行废止。

c. 地方标准　对没有国家标准和行业标准而又需要在省（区、市）范围内统一工业产品的安全、卫生要求的，可以由省（区、市）标准化行政主管部门制定地方标准，在公布国家标准或者行业标准之后，该项地方标准即行废止。

d. 企业标准　对于没有国家标准和行业标准的，企业应当制定企业标准，作为组织生产的依据；已有国家标准或者行业标准的，国家鼓励企业制定严于国家标准或者行业标准的企业标准，在企业内部适用。

② 在横向方面，形成了多部门牵头起草的食品标准体系。

根据标准化法及其实施条例，食品安全的国家标准由国务院卫生主管部门、农业主管部门组织草拟、审批，法律对国家标准的制定另有规定的，依照法律的规定执行。

2021年4月29日第二次修正的《中华人民共和国食品安全法》，是我国食品标准体系建立的一个重要转折点，是我国借鉴国际食品法典委员会标准体系模式构建食品安全标准体系迈出的重要一步。第二十六条规定了食品安全标准的内容范围，包括食品、食品添加剂、食品相关产品中的致病性微生物，农药残留、兽药残留、生物毒素、重金属等污染物质以及其他危害人体健康物质的限量规定；食品添加剂的品种、使用范围、用量；专供婴幼儿和其他特定人群的主辅食品的营养成分要求；对与卫生、营养等食品安全要求有关的标签、标志、说明书的要求；食品生产经营过程的卫生要求；与食品安全有关的质量要求；与食品安全有关的食品检验方法与规程等，在法律层面上明确界定了横向标准的构造模式。近几年，我国食品安全标准体系构建的工作重点就是根据这一构造模式整合完善横向标准的内容。目前我国农药、兽药、污染物、食品添加剂、真菌毒素、致病菌等限量标准和检测标准都已完成修订发布。

延伸阅读 5-1（我国食品安全标准的制定）

2. 国际食品法典委员会标准体系

国际食品法典委员会（CAC）是由联合国粮农组织（FAO）与世界卫生组织（WHO）于1963年成立的政府标准机构。国际食品法典委员会是世界上第一个也是唯一一个政府间协调国际食品安全标准的国际组织。CAC由执委会和秘书处两个部门组成，目前有185个成员国和1个成员国组织（欧盟），涵盖了全世界98%的人口。

CAC日常工作的内容是促进国际政府组织和非政府组织协调食品标准工作，通过建立国际协调一致的食品安全标准体系，防止食源性疾病通过国际贸易传播和蔓延，达到保护消费者健康和促进食品公平贸易的目标。

为了避免在国际食品贸易中因食品安全标准的混乱和滥用导致技术贸易壁垒，世界卫生组织在《实施卫生与植物卫生措施协议》（SPS协议）中明确规定各成员国通过"危险性分析"制定本国食品安全标准与技术措施，但不得违背WTO规定，并与国际食品法典委员会的标准相协调。但CAC标准及规则不具有强制属性，不能替代各成员国的法律，是WTO/SPS协定下国际贸易的协调依据。

国际食品法典（CAC食品标准）是由国际食品法典委员会制定的食品标准、准则等。在CAC成立50年中，已制定8000多项国际食品标准，出版涉及300多项的食品通用标准和专用标准，现在CAC已向所有国家提供良好农业作业规范（GAP）、良好兽医规范（GVP）、良好兽药使用规范（GPVD）、危害分析与关键控制点（HACCP），为促进和保障食品安全发挥了重要作用。

CAC全部标准构成完整的CAC食品安全标准体系，其结构模式采用横向通用原则标准和纵向特定（专门）标准网状结构。随着国际食品贸易的发展，CAC 标准在不断修订和更新，在相对稳定的标准体系下，制定更为合理、科学的食品安全标准。

二、食品检验检测方法的选择

1. 国家对食品检验检测方法的有关规定

（1）**国家规定的标准方法** 根据我国发布的《中华人民共和国食品安全法（2021 年修正）》第八十五条"检验人应当依照有关法律、法规的规定，并按照食品安全标准和检验规范对食品进行检验"和第九十二条"进口的食品、食品添加剂、食品相关产品应当符合我国食品安全国家标准"的有关规定，就食品质量检验检测而言，对于我国生产并在国内销售的食品，以及进口食品应当选择食品安全标准进行检测。

（2）**国家规定的快速检测方法** 根据《中华人民共和国食品安全法》第八十八条"采用国家规定的快速检测方法对食用农产品进行抽查检测"和第一百一十二条"县级以上人民政府食品安全监督管理部门在食品安全监督管理工作中可以采用国家规定的快速检测方法对食品进行抽查检测"的有关规定，可以采用快速检测方法对食品、食用农产品进行检测。

因此，国家市场监督管理总局针对"国家规定的快速检测方法"发布了《关于规范食品快速检测使用的意见》，对食品药品监管部门组织开展的食品（含食用农产品）中农兽药残留、非法添加、真菌毒素、食品添加剂、污染物质等定性快速检测方法及相关产品的技术评价进行规范，并组织制定食品快速检测方法。

（3）**补充检验方法** 根据国家市场监督管理总局发布的《食品安全抽样检验管理办法》（国家市场监督管理总局令第 15 号）中规定：风险监测、案件稽查、事故调查、应急处置等工作中，在没有食品安全标准规定的检验方法的情况下，可以采用其他检验方法分析查找食品安全问题的原因。所采用的方法应当遵循技术手段先进的原则，并取得国家或者省级市场监督管理部门同意。

就非食品安全标准等规定的检验项目和检验方法，国家市场监督管理总局制定了《食品补充检验方法管理规定》，负责食品补充检验方法的批准和发布，并规定了食品检验机构可以采用食品补充检验方法对涉案食品进行检验，检验结果可以作为定罪量刑的参考。

2. 食品检验检测方法选择的基本原则

① 食品检验实验室应采用满足客户需要，并符合实验室有能力开展检验工作各项条件的检验方法，包括抽样的方法。

② 当客户委托检测指定方法时，指定的检测标准和要求的能力是在食品检验实验室认证、认可的能力范围内，属于可开展方法范围之内的，则可直接使用；属于食品检验实验室能力范围外的方法，需要进行验证或确认，确保测试过程可行和结果满意。在检测活动开展之前，若食品检验实验室认为客户所提出的方法为不合适或过期的方法时，应立即通知客户。当需要使用非客户要求的检测方法开展检测活动时，必须以书面的形式通知客户并得到客户同意后方可开展检测活动。食品检验实验室在开展检测活动过程中，无论客户是否指定具体的检测方法，检测方法选择的核心是必须确保所选择的方法是现行有效的，并且食品检

验实验室有能力依据此方法开展检测活动。

③ 当客户未指定所用方法时，为减少检测风险，食品检验实验室应按下列顺序优先选择检测方法：

a. 国际标准；

b. 国家标准；

c. 行业标准或政府发布的技术规范；

d. 地方标准；

e. 企业标准；

f. 知名技术组织或科学书籍与期刊公布的方法；

g. 设备制造商指定的方法；

h. 自行制定的非标准方法。

其中优先选用国家标准、行业标准、地方标准，所选用的方法应通知客户。

3. 食品检验实验室检测方法的管理

① 食品检验实验室应确保使用的标准方法为最新有效版本，除非该版本不适宜或不可能使用。当有几种方法可供选择，或标准化方法中提供多种可选程序时，食品检验实验室应制定相应的选择规定。

为确保所使用的标准是现行有效的版本，食品检验实验室应积极主动收集本部门的检验标准，收集到的检验标准应由技术管理层批准后，再由质量管理部门登记编号存档控制使用。同时，对在用的检验标准进行有效性跟踪，做好检验标准的查新，安排有关人员一定周期重新查新确认一次，保证检验方法的有效性。如果新标准与旧标准相比，检测资源配置和技术要求有较大变化时，技术管理层应组织相关人员对新标准开展宣贯，必要时应对食品检验实验室执行新标准的能力重新进行验证。当上述情况发生时，质量管理部门应着手组织向资质认定管理机构提出扩项申请。

② 食品检验实验室首次采用标准方法进行实际检验工作之前，应证实能够正确地运用这些标准方法。如果标准方法发生了变化，应重新进行验证。当需要采用非标准方法时，方法在使用前应经过适当的确认。当客户要求变更检验方法，提出指定的方法时，食品检验实验室必须对该方法的有效性进行确认，以确定变更或偏离是可行的。对于实验室认可或资质认定项目，检测和校准方法的偏离须有相关技术单位验证其可靠性或经有关主管部门核准后，由技术负责人批准和客户接受，并将该方法偏离进行文件规定。

③ 为防止由于检验随意性给检验结果造成的危害，当所用标准存在理解、操作等困难时，食品检验实验室应制定附加细则的作业指导书对标准加以补充，以确保应用的一致性。

4. 方法偏离

① 食品检验实验室的检验检测工作原则上不允许偏离标准、方法和规范，检验检测人员应严格依据标准、方法、规范规定进行操作。只有在该偏离已被文件规定、经技术判断、授权和客户接受的情况下才允许发生。

例如，生产企业客户例行送检乳粉产品要求检验大肠菌群，指定方法为《食品安全国家

标准 食品微生物学检验 大肠菌群计数》（GB 4789.3—2016）中的第二法——大肠菌群平板计数法，产品标准限量值为：大肠菌群＜10CFU/g。按照该方法的检验程序，需要"选取2～3个适宜的连续稀释度"进行平板计数，但根据产品标准限量值判断，仅做初始稀释度即可满足检验要求。为降低检验成本和实验室工作量，食品检验实验室做文件规定在此情况下仅做初级稀释度，经食品检验实验室和生产企业技术人员判断对方法检验程序的偏离不会影响到对产品质量的判定，经与生产企业沟通接受此偏离，最后经食品检验实验室管理层批准授权实施。

由此可见对方法的偏离一般与方法规定的适用性有关，方法偏离一般包含以下几种情况：

a. 在对某类样品某参数的检测尚无标准，参照类似或相近产品的标准进行检测时；
b. 新老标准交替时，即旧标准已作废，新标准已实施，但未出版发行；
c. 由于某种客观原因，使用与标准方法不同的仪器设备；
d. 采用与标准方法不同的前处理方式；
e. 由于标准方法本身的缺陷影响到检测工作的速度和质量，为避免此种情况而进行的偏离；
f. 客户出于自身的需要主动要求的偏离；
g. 其他由于无法克服的原因而产生的偏离。

② 允许方法偏离的控制原则主要包括：

a. 不违反相关的法律法规；
b. 不影响检测工作的公正性、科学性和准确性；
c. 不违背食品检验实验室质量方针和质量目标的要求；
d. 偏离是可控制的，应通过偏离实施记录进行追溯，并包括在检测报告中；
e. 偏离不适用于强制性标准及重大检验（如仲裁检验）。

③ 允许方法偏离的条件主要包括：

a. 要保证检测/校准工作的质量，测定数据准确，产品性能不受影响；
b. 经过技术分析、论证、验证、评审、确认等程序，证明该偏离不会对检测/校准工作产生不可接受的影响；
c. 在相关文件中明确规定允许偏离的程度和范围；
d. "允许偏离"的文件应申报原因、阐明理由，经批准发布并授权；
e. 必须受到有效的监督；
f. 必须在客户同意（必须是书面同意）的偏离范围内；
g. 应作出详细的记录，保持其客观性和可追溯性。

5. 作业指导书/标准操作程序

（1）概述 标准操作程序（standard operation procedure，SOP）是指用来指导某个具体过程、事物所形成的技术性细节描述的可操作性文件。SOP规定了关键的作业方法、过程、操作要领、注意事项等，由具体操作人员使用，如设备操作程序、样品的制备程序、检测方法细化程序等。SOP在国内常被称为"作业指导书"。

SOP是对一个过程的描述，不是对一个结果的描述，是流程下面某个程序中关键控制点如何来规范的程序。SOP 也是一种操作层面的程序，是实实在在的，可具体操作的，不是理念层次上的东西。并不是随便写出来的操作程序都可以称作 SOP，而一定是经过不断实践总结出来的在当前条件下可以实现的最优化的操作程序。更通俗地讲，所谓的标准就是尽可能地将相关操作步骤进行细化、量化和优化，而细化、量化和优化的度即在正常条件下大家都能理解而又不会产生歧义。

（2）SOP 的编写意义　当食品检验实验室所确认标准、方法、规范的内容已包含了明确和足够的信息，可以不制定内部 SOP，食品检验实验室对标准、方法、规范中可任意选择的步骤制定补充文件或附加说明。如果缺少 SOP 可能会危及检验检测结果的准确性，食品检验实验室应将样品的抽取、采集、处置、运输、储存、环境条件控制、数据处理、使用标准、操作仪器设备等因素的风险控制在最低限度。此时，食品检验实验室的技术负责人应根据以上因素组织编写 SOP，并对 SOP 的有效性给予确认。确保标准、规范、方法应用的一致性，避免造成因人而异，使不同操作人员都能在一定的不确定度范围内得到相同的检验检测数据、结果。SOP 的编写及使用是食品检验实验室质量体系中的一部分，因为它是指导保证过程质量的最基础文件，能为开展纯技术性质活动提供指导，从而保证不同操作人员都能在一定的不确定度范围内得到一致的检测结果。

（3）SOP 的类型　食品检验实验室的 SOP 主要包括以下六大类：

① 方法类：指导实验方法的过程，包括检测方法中不详细或不完善部分的补充，方法确认及比对、方法的偏离等。

② 设备类：重要或复杂设备的使用、维护、期间核查、内部校准等。

③ 样品类：样品的采集、制备、保存和处置等的"实施细则"等。

④ 数据类：定量检测结果的表达、数据修约、有效数字、异常数据的剔除、测量结果不确定度的评定等。

⑤ 行政管理类：职业道德、公正性、关系管理，以及其他需要确保工作人员行为适当的有关问题。

⑥安全环保类：生物安全、消防安全、环境卫生、危废品处置等安全注意事项。

（4）方法类 SOP 包含内容

① 检测方法的名称。

② 检测方法的适用范围。

③ 用于检测的仪器设备，包括技术性能参数要求。

④ 所需的标准物质（参考物质）。

⑤ 被检测样品的管理要求。

⑥ 被测定的参数或量值及其范围。

⑦ 检测需要的设施环境条件。

⑧ 检测步骤描述。

⑨ 需遵守的安全设施要求。

⑩ 检测的准则和要求。

⑪ 需记录的数据的分析和表达方法。

⑫ 如有必要时，检测结果不确定度评定的要求。

（5）SOP 的管理　SOP 应形成正式的书面文件，并应经过编制人、审核人和批准人的书面审批手续和保持该文件的有效性，具体按照实验室制订的《文件控制和维护程序》进行管理。当需要对 SOP 进行调整或修改时，也应当按相关程序执行。

项目二　食品检验检测方法的验证和确认

为了确保提供的检测结果准确、可靠，食品检验实验室应在首次采用标准方法之前，对其进行验证；在首次采用非标准方法前，食品检验实验室应对其进行确认。《检测和校准实验室能力认可准则》（CNAS-CL01：2018）和《检验检测机构资质认定评审准则》（2023版）均要求实验室在使用标准方法和非标准方法前要进行验证和确认，但其并未明确如何进行特性参数的验证和确认。《化学分析方法验证确认和内部质量控制要求》（GB/T 32465—2015）和《合格评定　化学分析方法确认和验证指南》（GB/T 27417—2017）对化学分析方法验证和确认提出了指导性指标的要求；《食品微生物检验方法确认技术规范》（SN/T 3266—2012）对食品微生物定性定量检验方法确认进行了规定。

一、方法验证与确认的区别

1. 定义

方法验证和确认是两个不同的概念。方法验证是标准方法在引入食品检验实验室使用前，验证食品检验实验室人、机、料、法、环等方面是否满足要求的检测校准活动。方法确认是确认非标准方法、食品检验实验室自行制定的方法或经过修改的标准方法是否可以合理合法使用的证实过程。

2. 对象

验证的对象是标准方法。标准方法是指由公认机构经过评价和确认后向社会公开发布的技术规范文件，如国际标准、国家标准、行业标准或地方标准等。确认的对象是广义上的非标准方法，是指实验室设计（制定）的方法、超出其预定范围使用的标准方法、扩充和修改过的标准方法。

3. 目的

验证的目的是证明食品检验实验室有能力依据所选择的标准方法开展检测活动并能够得到满意的检测结果，以确保食品检验实验室可以按照方法开展检测。确认的目的是证明非标准方法的合理性、合法性，各质量参数可以满足特定预期用途的特定要求，以确保食品检验实验室能够使用合规方法进行检测。

4. 方法验证的技术内容

确定引入标准方法时，食品检验实验室应在方法使用之前完成验证工作。如标准方法关键步骤发生变化，应重新进行验证，方法的验证应从人员、设备、试剂（及耗材）、参数（校准曲线、回收率、精密度、准确度/正确度）、环境等方面测试食品检验实验室是否有能力按照方法的要求来开展检测活动。

（1）人员　能识别方法的关键点，能对标准方法进行正确的理解、解释及评价，对实验数据进行统计分析并进行评价。

（2）设备　主要包括设备的配备、适用性、精密度、性能、状态、维护保养。

（3）试剂（及耗材）　包括试剂和耗材的配备、试剂纯度、标准物质配备、试剂质量、废弃物处理及相关特殊试剂的保管。

（4）样品　包括对样品制备、前处理、存放等各环节是否满足新方法要求进行评价。

（5）记录等　对操作规范、原始记录、报告格式及其内容是否适应新方法要求进行评价。

（6）设施及环境　必要时进行验证。

（7）技术参数　即技术性能参数的验证。此项工作可以利用参考标准物质或者标准物质进行校准，也可与其他方法进行结果比对，参加国家能力验证，与其他实验室间进行比对，同时也可对影响结果的各类因素进行系统性的评审。

方法的验证过程中如出现以下几种情况，则需要进行技术能力试验验证：

① 此方法为食品检验实验室首次引入的检测方法时，验证内容一般包括但不限于检出限、定量限、线性范围、基质效应、正确度和精密度等。

② 当检验方法发生变更，其变更内容涉及方法原理、仪器设施、操作步骤等方面时，则需要通过试验验证重新证明食品检验实验室具有运用新方法的能力。

方法验证的全过程应进行有效的监督，重点关注人员操作、方法细节、设备参数等，经食品检验实验室验证后通过的检验方法方能对外出具检验结果。

5. 方法确认的技术内容

为解决检验及其相关问题，必要时需要食品检验实验室自行开发和制定检验方法，同时需要采取必要措施保证此类方法能满足检验的需要，从开始到结束的全过程进行有效控制，保证新制定的检验方法能顺利开展，确保开展新检验方法的工作质量。食品检验实验室自行制定检验方法的过程应是有计划的活动，应指定具有足够资源的有资格的人员参与计划各阶段的工作。

方法的确认相当于一个新标准方法实施前的一系列工作，是成本、风险和技术可行性之间的一种平衡，是对方法原理特性的实践和确认。除了人员、设备、试剂（及耗材）、参数（校准曲线、回收率、精密度、准确度）、环境等方面以外，还需要进行方法的特异性、耐用性和测量不确定度评估等方面确认。

（1）方法开发　当食品检验实验室有非标准方法或允许偏离的标准方法开发时，可考虑非标准方法与允许偏离的标准方法的开发创新。并检索国内外状况，设计技术路线，明确预期达到的目标，制定工作计划，提出书面申请，报请批准。针对开发方法的技术参数应参照以下要求。

① 定性方法开发的主要参数一般包括方法的原理、适用范围、检出限、灵敏度、选择性、基质效应、稳健度。

② 定量检验方法开发的主要参数一般包括方法的原理、适用范围、检出限、定量限、灵敏度、选择性、线性范围、测量范围、基质效应、精密度、正确度、稳健度、测量不确定度等；具体参数条件除与验证实验检出限、灵敏度、选择性、基质效应、稳健度相同外，还需要进行特异性、耐用性、定量限、线性范围、测量范围、精密度、正确度、测量不确定度等确认。

（2）方法技术初评 非标准方法及食品检验实验室制定方法在开发成功后，需形成新方法开展证实试验报告，并对报告进行初评。初评人员应包含质量主管、技术负责人及本方法相关的所有实验人员。

评审内容可采用以下一项或多项：
① 对检验方法系统研究，对影响结果的因素作系统评审。
② 使用高一级的参考标准或有保障的标准物质进行校准。
③ 与其他相适应的方法所得的结果进行比较。
④ 与其他食品检验实验室进行比对。
⑤ 对结果有影响的进行干扰性实验。
⑥ 根据方法的原理，对所得结果不确定度进行评定。

（3）方法验证 非标准方法应在食品检验实验室内部通过初步评审后，食品检验实验室将方法验证申请上报上级部门，审核通过后提交申请验证。方法验证通过后，方可投入使用。

方法验证或确认选择流程见图 5-1。

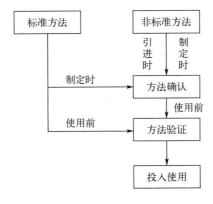

图 5-1 方法验证或确认选择流程图

延伸阅读 5-2（检验检测方法验证和确认的专业术语）

二、方法验证/确认性能参数的选择

检验检测方法验证过程中关键的参数应取决于方法的特性和可能测到的样品基质的检测

范围，至少应测定正确度和精密度。对于食品检验实验室中的痕量化学分析实验室，还应确保获得适当的检出限（LOD）和定量限（LOQ）。通常情况下食品检验实验室进行检验检测方法验证的参数选择可参考表5-1。

检验检测方法确认首先应明确检测对象特定的需求，包括样品的特性、数量等，并应满足客户的特殊需要，同时应根据方法的预期用途，选择需要确认的方法特性参数。典型的需要确认的方法特性参数见表5-1。

表 5-1 典型方法验证/确认参数的选择

待评估性能参数	方法验证		方法确认	
	定量方法	定性方法	定量方法	定性方法
检出限[①]	√	—	√	√
定量限	√	—	√	—
灵敏度	√	√	√	√
选择性	√	√	√	√
线性范围	√	—	√	—
测量范围	√	—	√	—
基质效应[②]	√	√	√	√
精密度（重复性和再现性）	√	√	√	—
正确度	√	—	√	—
稳健度	—	—	√	√
测量不确定度（MU）	(1)	—	√	—

① 被测物的浓度接近于"零"时需要确认此性能参数。
② 化学分析中，基质指的是样品中被分析物以外的组分。基质经常对分析物的分析过程有显著的干扰，并影响分析结果的准确性。例如，溶液的离子强度会对分析物活度系数有影响，这些影响和干扰被称为基质效应。
注：√表示正常情况下需要验证的性能参数。
— 表示正常情况下不需要验证的性能参数。
（1）表示如果一个公认测试方法中对不确定度的主要影响因素贡献值和对结果的表达方式有要求，则实验室应该满足于ISO/IEC 17025或同类标准的要求。

应用案例 5-1（某食品检测中心检测方法的选用、验证和偏离控制程序）

三、典型的方法性能参数

1. 选择性

一般情况下，检验检测方法在没有重大干扰的情况下应具有一定的选择性。对于化学分析方法，在有干扰的情况下，如基质成分、代谢物、降解产物、内源性物质等，保证检测结果的准确性至关重要。食品检验实验室可联合使用但不限于下述两种方法检查干扰：

① 分析一定数量（至少 3 个）的代表性空白样品，检查在目标分析物出现的区域是否有干扰（信号、峰等）。

② 在代表性空白样品、标准溶液或纯试剂基质中添加一定浓度的有可能干扰分析物定性和/或定量的物质后，再检查在目标分析物出现的区域是否有干扰。

2. 测量范围

方法的测量范围应覆盖方法的最低浓度水平（定量限）和关注浓度水平。确认方法测量范围时，至少需要确认最低浓度水平（定量限）、关注浓度水平和最高浓度水平的正确度和精密度，必要时可增加确认浓度水平。

3. 线性范围

在食品检验检测中，常用校准曲线法进行定量。校准曲线的线性范围是指待测物质浓度或含量与测定信号值呈线性关系的浓度或含量范围。线性范围通常可参照相关国家标准或国际标准，尽量满足如下要求：

① 采用校准曲线法定量，并至少具有 6 个校准点（包括空白），浓度范围尽可能覆盖一个或多个数量级，每个校准点至少以随机顺序重复测量 2 次，最好是 3 次或更多；对于筛选方法，线性回归方程的相关系数不低于 0.98；对于准确定量的方法，线性回归方程的相关系数不低于 0.99。

② 校准用的标准点应尽可能均匀地分布在关注的浓度范围内并能覆盖该范围。在理想的情况下，不同浓度的校准溶液应独立配制，低浓度的校准点不宜通过稀释校准曲线中高浓度的校准点进行配制。

③ 浓度范围一般应覆盖关注浓度的 50%~150%，如需做空白时，则应覆盖关注浓度的 0%~150%。

④ 应充分考虑可能的基质效应影响，排除其对校准曲线的干扰。食品检验实验室应提供文献或实验数据，说明目标分析物在溶剂中、样品中和基质成分中的稳定性，并在方法中予以明确。通常各种分析物在保存条件下的稳定性都已有很好的研究，监测保存条件应作为常规实验室确认系统的一部分。对于缺少稳定性数据的目标分析物，应提供能分析其稳定性的测定方法和确认结果。

4. 检出限

通常情况下，只有当目标分析物的含量在接近于"零"的时候才需要确定方法的检出限（LOD）或定量限（LOQ）。当分析物浓度远大于定量限时，没有必要评估方法的检出限和定量限。但是对于那些浓度接近于检出限与定量限的痕量和超痕量检测，并且报告为"未检出"时，食品检验实验室应确定检出限和定量限。不同的基质可能需要分别评估检出限和定量限。

（1）检出限的分类 对于多数现代的分析方法来说，检出限可分为两个部分，仪器检出限和方法检出限。

① 仪器检出限（IDL）：用仪器可靠地将目标分析物信号从背景（噪声）中识别出来时分析物的最低浓度或量，该值表示为仪器检出限。随着仪器灵敏度的增加，仪器噪声也会降低，相应检出限也降低。

② 方法检出限（MDL）：用特定方法可靠地将分析物测定信号从特定基质背景中识别或区分出来时分析物的最低浓度或量。确定 MDL 时，应考虑到所有基质的干扰。

注：方法的检出限不宜与仪器最低响应值相混淆。使用信噪比可用来考察仪器性能，但不适用于评估方法的检出限。

（2）定量分析方法检出限的评估　标准方法已给出检出限（LOD 或 MDL）时，在给出的 LOD 或 MDL 浓度水平上，通过分析该浓度水平的样品（$n \geqslant 10$），以验证给出的 LOD 或 MDL，分析结果应在给出的 LOD 或 MDL（±20%）范围内。

标准方法未给出检出限时，可选用一种合适的方法进行评估。确定检出限的方法很多，由于篇幅关系，此处仅列出最常用的三种。

① 空白标准偏差法　即通过分析大量的样品空白来确定检出限。独立测试的次数应不少于 10 次（$n \geqslant 10$），计算出检测结果的标准偏差（s）。

$$s = \sqrt{\frac{\sum_{i=1}^{n}(x_i - \bar{x})^2}{n-1}} \tag{5-1}$$

检出限（LOD）=样品空白平均值+3s

② 信噪比法　本方法适用于能显示基线噪声的仪器分析方法。常用的方法就是利用已知低浓度的分析物样品与空白样品的测量信号进行比较，确定能够可靠检出的最低浓度。典型的可接受的信噪比是 2:1 或 3:1。

以色谱分析的检出限为例，用一个浓度已知且浓度低至接近检出限的样品进行分析，测得浓度为 c 的目标物，相应峰高为 h（信号强度单位），基线噪声为 N（与 h 的单位一致），则检出限可按式（5-2）计算：

$$\frac{c}{h} = \frac{\text{LOD}}{3N} \tag{5-2}$$

③ 国际纯粹和应用化学联合会（IUPAC）规定对各种光学分析方法的检出限，可用式（5-3）计算：

$$\text{LOD} = \frac{kS_b}{s} \tag{5-3}$$

式中　LOD——方法的最低检出浓度；
　　　S_b——空白多次测量的标准偏差（吸光度）；
　　　s——方法的灵敏度（即校准曲线的斜率）。

为了评估准确，空白测定次数必须足够多，最好能达到 20 次以上。一般取 $k=3$（相应的置信水平大约为 90%）。

（3）定性分析方法检出限的评估　对于定性方法来说，低于临界浓度时选择性是不可靠的。该临界值会随着试验条件中的试剂、加标量、基质等不同而变化。确定定性方法的检出限时，可以通过往空白样品中添加几个不同浓度水平的标液，在每个水平分别随机检测 10

次，记录检出结果（阳性或阴性），绘制样品检出的阳性率（%）或阴性率（%）对添加浓度的曲线，临界浓度即为检测结果不可靠时的拐点。定性分析中临界值的确定可参考表5-2进行。如表5-2示例中，当样品中待测物浓度低于100μg/g时，阳性检测结果已经不具备100%的可靠性。

表 5-2　定性分析——确定临界值

待测物浓度值/（μg/g）	重复次数/次	阳性/阴性检出次数/次
200	10	10/0
100	10	10/0
75	10	5/5
50	10	1/9
25	10	0/10

5. 定量限

定量限（LOQ）又称报告限，是一个限值，含量高于该值时，定量结果的正确度和精密度可接受。定量限也可以分成两个部分，仪器定量限和方法定量限。定量限的确定主要是从其可信性考虑，如测试是否是基于法规要求、目标测量不确定度和可接受准则等。通常建议将空白值加上10倍的重复性标准偏差作为定量限，也可以3倍的检出限或高于方法确认中使用最低加标量的50%作为定量限。如为增加数据的可信性，定量限也可用10倍的检出限来表示。另外在某些特定测试领域中，食品检验实验室也可根据行业规则使用其他参数。

6. 正确度

测量结果的正确度用于表述无穷多次重复性测定结果的平均值与参考值之间的接近程度，正确度差意味着存在系统误差，通常用偏倚表示。

① 最理想的偏倚评估是利用样品的基质匹配且浓度相近的有证标准物质（CRM）进行测试。方法正确度评价时，将标准物质用待评价的检测方法进行若干次重复测定，得到平均值 $\bar{x}$ 和标准偏差 s。

假设标准物质证书中标明被分析物的含量为 μ，标准不确定度为 u_r，并认为测量结果的标准不确定度 $u_1 = s$，则可按式（5-4）进行方法正确性判断：

$$|x - \mu| \leqslant k\sqrt{u_1^2 + u_r^2} \tag{5-4}$$

式中，k 通常取2。

如果满足式（5-4），就说明在食品检验实验室中实行该检测方法无显著偏倚；反之则说明结果存在着显著偏倚，需要全面评估该检测方法的过程和执行，仔细寻找产生系统误差的原因，纠偏后重新进行评估。

② 如果没有合适的有证标准物质，则需要寻找可替代的物质来评定偏倚。比如采用分析参考物质（RM）来评估回收率（假定RM的基质与待测样品的基质匹配，目标物具有足

够的代表性），即将已知浓度的 RM 加到样品中，按照预定的分析方法进行检测，测得的实际浓度减去原先未添加 RM 时样品的测定浓度，并除以所添加浓度得到的百分数。如果合适的 CRM 或 RM 都无法获得，则偏倚只能通过在基质空白中加入一系列已知浓度的目标物所得回收率来评估。在这种情况下，回收率（R）可通过式（5-5）计算：

$$R = (C_1 - C_2)/C_3 \tag{5-5}$$

式中　C_1——加标之后测定的浓度；

C_2——加标之前测定的浓度；

C_3——加入目标物后的理论浓度。

③ 对于一些测试，如农残分析，食品检验实验室可在已确认的空白样品中加入待测物的标样。如果无法获得空白样品，也可向含有痕量分析物的样品中加入标样。在这种情况下，偏倚可通过空白加标样品的回收率来评估。

④ 食品检验实验室可利用已知偏倚的国际或国家认可的参考方法来评定另一种方法的偏倚，或者利用两种方法按照相关测试程序对多种基质或浓度的典型样品进行测定，并用 t 检验法对分析方法间的偏倚显著性进行评估（具体方法可参考"模块七　食品检验实验室的质量控制活动""项目三　实验室内部质量控制方式""二、实验室内部比对"中相关内容）。

⑤ 不少标准方法规定了方法回收率的允许范围，应按标准方法规定的范围进行判定。如无规定，则可按通用规范要求进行评价。《合格评定　化学分析方法确认和验证指南》（GB/T 27417—2017）和《实验室质量控制规范　食品理化检测》（GB/T 27404—2008）规定了食品中理化检测方法回收率的允许偏差范围，由表 5-3 可以看出，不同的浓度水平允许偏差范围不同，被测组分浓度越高，要求回收率允许偏差范围越严格。

表 5-3　方法回收率的允许偏差范围

待测组分浓度水平/（mg/kg）	允许偏差范围/%
>100	95～105
1～100	90～110
0.1～1	80～110
<0.1	60～120

7. 精密度

精密度是指在规定条件下，对同一均匀样品经多次取样进行一系列检测所得结果之间的接近程度。精密度反映分析方法或测定系统存在的随机误差的大小。精密度越好，表示随机误差越小。精密度通常包括重复性和再现性两个方面。

（1）重复性精密度　重复性精密度是指在一组重复性测量条件下的测量精密度。重复性测量条件包括相同测量程序、相同操作者、相同测量系统、相同操作条件和相同地点，在短时间内对同一或相类似被测对象重复测量的一组测量条件。这里的"短时间"可理解为保证重复性测量条件相同或保持不变的时间段。重复性精密度通常也称作实验室内偏差。

重复性精密度用重复性标准偏差 s_r 表示。设在重复性测量条件下，对某一试样进行 m 组 n 次重复测定，测定结果如表 5-4：

表 5-4　不同组测量结果

组号	测定结果	各组测定均值 $\bar{x}_i$	单次测定标准偏差 s_i
1	$x_{1.1}$、$x_{1.2}$、$x_{1.3}$、…、$x_{1.n}$	$\bar{x}_1$	s_1
2	$x_{2.1}$、$x_{2.2}$、$x_{2.3}$、…、$x_{2.n}$	$\bar{x}_2$	s_2
3	$x_{3.1}$、$x_{3.2}$、$x_{3.3}$、…、$x_{3.n}$	$\bar{x}_3$	s_3
…	…	…	…
m	$x_{m.1}$、$x_{m.2}$、$x_{m.3}$、…、$x_{m.n}$	$\bar{x}_m$	s_m

则这一系列测定的重复性标准偏差 s_r 为：

$$s_r = \sqrt{\frac{1}{m}\sum_{i=1}^{m}s_i^2} \tag{5-6}$$

（2）再现性精密度　再现性精密度是指在不同的试验条件下（不同操作者、不同仪器、不同实验室），按同一方法对同一试样进行正确和正常操作所得单独的实验结果之间的接近程度。

再现性精密度用再现性标准偏差 s_R 表示。再现性标准偏差 s_R 可通过 m 个实验室，每个实验室对同一样品做一组 n 次测定，测定结果如表 5-5：

表 5-5　再现性标准偏差测量结果

实验室号	测定结果	各实验室测定均值 $\bar{x}_i$	各实验室测定标准偏差 s_i
1	$x_{1.1}$、$x_{1.2}$、$x_{1.3}$、…、$x_{1.n}$	$\bar{x}_1$	s_1
2	$x_{2.1}$、$x_{2.2}$、$x_{2.3}$、…、$x_{2.n}$	$\bar{x}_2$	s_2
3	$x_{3.1}$、$x_{3.2}$、$x_{3.3}$、…、$x_{3.n}$	$\bar{x}_3$	s_3
…	…	…	…
m	$x_{m.1}$、$x_{m.2}$、$x_{m.3}$、…、$x_{m.n}$	$\bar{x}_m$	s_m

按式（5-7）求得合成标准偏差：

$$\left.\begin{aligned}\bar{x} &= \frac{1}{m}(\bar{x}_1 + \bar{x}_2 + \bar{x}_3 + \cdots + \bar{x}_m) \\ s_{\bar{x}} &= \sqrt{\frac{\sum_{i=1}^{m}(\bar{x}_i - \bar{x})^2}{m-1}} \\ s_r &= \sqrt{\frac{1}{m}\sum_{i=1}^{m}s_i^2} \\ s_L &= \sqrt{s_{\bar{x}}^2 - \left(\frac{s_r}{\sqrt{n}}\right)^2} \\ s_R &= \sqrt{s_r^2 + s_L^2}\end{aligned}\right\} \tag{5-7}$$

式中　$s_{\bar{x}}$——m 个实验室平均值的标准偏差；
　　　s_r——所有测定值的重复性标准偏差；
　　　s_L——室间标准偏差；
　　　s_R——再现性标准偏差。

延伸阅读 5-3（准确度、正确度、精密度的联系和区别）

8. 稳健度

稳健度可通过由实验室引入预先设计好的微小的合理变化因素，并分析其影响而得出。分析稳健度时，应关注以下内容：

① 需选择样品预处理、净化、分析过程等可能影响检测结果的因素进行预实验。这些因素可以包括分析者、试剂来源和保存时间、溶剂、标准和样品提取物、加热速率、温度、pH 值，以及许多其他可能出现的因素。不同实验室间这些因素可能有一个数量级的变化。因此应对这些因素做适当修改以符合实验室的具体情况。

② 确定可能影响结果的因素，对各个因素稍作改变。宜采用正交试验设计进行稳健度试验。

③ 一旦发现对测定结果有显著影响的因素，应进一步实验，以确定这个因子的允许极限。对结果有显著影响的因素应在标准方法中明确地注明。

9. 测量不确定度

《检测和校准实验室能力认可准则》"7.6 测量不确定度的评定"明确提出"开展检测的实验室应评定测量不确定度。"《检验检测机构资质认定评审准则》（2023 版）要求："当检验检测标准、技术规范或声明与规定要求的符合性有测量不确定度要求时，检验检测机构应当报告测量不确定度。"

（1）测量不确定度的定义　表征合理赋予被测量之值的分散性、与测量结果相联系的参数，称为测量不确定度。

"合理"意指应考虑到各种因素对测量的影响所做的修正，特别是测量应处于统计控制状态下。所谓统计控制状态就是一种随机控制状态，即处于重复性条件下或再现性条件下的测量状态。

"赋予被测量之值"意指被测量的测量结果，它不是固有的，而是人们赋予的最佳估计值。

"分散性"意指该估计值的分散区间或分散程度，而被测量之值分布的大部分可隐含于此区间内。

"相联系"意指测量不确定度是一个与测量结果"在一起"的参数，在测量结果完整的表示中应包含测量不确定度。此参数可以是诸如标准差或其倍数，或说明了置信概率的置信区间的半宽度。

就是说，不确定度是和测量结果一起用来表明在给定条件下对进行测量时，测量结果所可能出现的区间。例如，在25℃时，测得某溶液的pH为5.34±0.02，置信概率为95%。这就是说，有95%的把握认定：在25℃时，被测溶液的pH出现在5.32～5.36范围内。

因此，测量结果的不确定度是测量值可靠性的定量描述。不确定度愈小，测量结果可信赖程度愈高；反之，不确定度愈大，测量结果可信赖程度愈低。

（2）测量不确定度与测量误差的区分 测量不确定度和测量误差是误差理论中两个重要概念，它们都是评价测量结果质量高低的重要指标，都可作为测量结果的精度评定参数。但它们之间又有明显的区别。

被测量真值是一种客观存在，通过测量确定的被测量的估计值被称为测量结果。测量结果是人们对客观存在的被测量真值通过测量得到的主观认识。受到需要和客观可能的限制，测量结果与被测量真值间存在差异，即测量误差。测量误差表征测量结果作为被测量真值估计值的可靠程度，被称为测量准确度。

测量不确定度表征被测量真值在某个量值范围的估计。测量误差虽然不可能准确知道，但常常可以由各种依据估计测量误差可能变动的区间，可以估计测量误差的绝对值上界，这个被估计的变动区间或上界值称为测量不确定度，它是测量结果及其表征测量误差大小的统计特征估计值。

从定义上讲，测量误差是测量结果与真值之差，它以真值或约定真值为中心，而测量不确定度是以被测量的估计值为中心。因此测量误差是一个理想的概念，一般不能准确知道，难以定量；而测量不确定度是反映人们对被测量真值在某个量值范围的估计，可以定量评定。

测量误差按其特征和性质分为系统误差、随机误差和粗大误差，并可采取不同措施来减小或消除各类误差对测量的影响。由于各类误差之间并不存在绝对界限，故在分类判别和误差计算时不易准确掌握。测量不确定度不对测量误差进行分类，而是按评定方法分为A类评定和B类评定，两类评定方法不分优劣，按实际情况的可能性加以选用。由于不确定度的评定不考虑影响不确定度因素的来源和性质，只考虑其影响结果的评定方法，从而简化了分类，便于评定与计算。测量误差和测量不确定度对比见表5-6。

表5-6 测量误差和测量不确定度的对比

内容	测量误差	测量不确定度
量的定义	测量结果减真值	测量结果的分散性、分布区间的半宽
与测量结果的关系	针对给定测量结果不同，测量误差不同	合理赋予被测量之值均有相同不确定度。不同测量结果，不确定度可以相同
与测量条件的关系	与测量条件、方法、程序无关，只要测量结果不变，误差也不变	条件、方法、程序改变时，测量不确定度必定改变而不论测量结果如何
表达形式	差值，有一个符号：正或负	标准偏差、标准偏差的几倍、置信区间的半宽，恒为正值

续表

内容	测量误差	测量不确定度
分量的分类	按出现于测量结果中的规律分为随机误差与系统误差	按评定的方法划分为 A 类和 B 类。都是标准不确定度
分量的合成方法	为各误差分量的代数和	各分量彼此独立时为方和根,必要时引入协方差
结果的修正	已知系统误差的估计值时,可以对测量结果进行修正,得到已修正的测量结果	不能用不确定度对结果进行修正,在已修正结果的不确定度中应考虑修正不完善引入的分量
置信概率	不存在	当了解分布时可按置信概率给出置信区间
自由度	不存在	可作为不确定度评定是否可靠的指标

当然,误差是不确定度的基础,研究测量不确定度首先需研究测量误差,只有对误差的性质、分布规律、相互联系及对测量结果的误差传递关系等有了充分的认识和了解,才能更好地估计各不确定度分量,正确得到测量结果的不确定度。用测量不确定度代替测量误差表示测量结果,易于理解、便于评定,具有合理性和实用性。测量不确定度是对经典误差理论的补充、完善与发展,是现代误差理论的内容之一。

(3)评定测量不确定度的方法 "测量不确定度表示指南(guide to the uncertainty in measurement,GUM)"颁布以来,对于在全世界范围内统一测量结果的评定起到了重要作用。我国积极开展推广使用 GUM 的工作,1998~1999 年,国家质量技术监督局等效采用《测量不确定度表示指南 ISO1995》(GUM95)为国家标准,先后批准发布了《通用计量术语及定义》(JJF 1001—1998)和《测量不确定度评定与表示》(JJF 1059—1999)计量技术规范,在全国推广应用测量不确定度的评定方法。

目前最新发布的《测量不确定度评定与表示》(JJF 1059.1—2012)中关于测量不确定度的评定方法是采用最新的国际标准:ISO/IEC GUIDE 98-3:2008 《测量不确定度 第 3 部分:测量不确定度表示指南》所规定的方法,一般称其为 GUM 法。

(4)评定测量不确定度的流程 评定测量不确定度的基本程序,可用图5-2表示。

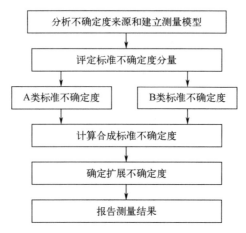

图 5-2 GUM 法评定测量不确定度的流程

（5）测量不确定度的来源　在实际测量中，有许多可能导致测量不确定度的来源。例如：

① 被测量的定义不完整；

② 被测量定义的复现不理想；

③ 取样的代表性不够，即被测样本可能不完全代表所定义的被测量；

④ 对测量受环境条件的影响认识不足或对环境条件的测量不完善；

⑤ 模拟式仪器的人员读数偏移；

⑥ 测量仪器的计量性能（如最大允许误差、灵敏度、鉴别力、分辨力及稳定性等）的局限性，即导致仪器的不确定度；

⑦ 测量标准或标准物质提供的标准值的不准确；

⑧ 引用的常数或其他参数值的不准确；

⑨ 测量方法和测量程序中的近似和假设；

⑩ 在相同条件下，被测量重复观测值的变化。

测量不确定度的来源必须根据实际测量情况进行具体分析。以食品检验实验室的化学分析为例，对化学分析结果的不确定度产生影响的因素有很多，如质量、体积、样品因素和非样品因素等，其中样品因素包含取制样和分析样品的均匀性，而非样品因素包含外部数据（通常包括常数和由其他实验得出并导入的量值，如分子量、基准试剂纯度、标准物质的标准值以及标准溶液的浓度等）和测试过程（包括关键的测试步骤和原理，如样品的前处理、试剂或溶剂的加入、测试所依据的化学反应等）。除了定义的不确定度外，可从测量仪器、测量环境、测量人员、测量方法等全面考虑，特别要注意对测量结果影响较大的不确定度来源，应尽量做到不遗漏、不重复。测量中的失误或突发因素不属于测量不确定度的来源。在测量不确定度评定中，应剔除测得值中的离群值（异常值）。

注：离群值的判断和处理方法可见《数据的统计处理和解释　正态样本离群值的判断和处理》（GB/T 4883—2008）。

（6）测量不确定度的分类　测量不确定度一般由若干分量组成，每个分量用其概率分布的标准偏差估计值表征，称标准不确定度。用标准不确定度表示的各分量用 u_i 表示。根据测量不确定度评定方法的不同，标准不确定度分为：用统计方法评定的 A 类标准不确定度和非统计方法评定的 B 类标准不确定度以及合成标准不确定度。

① A 类标准不确定度 u_A　A 类标准不确定度即统计不确定度，具有随机误差性质，是指可以采用统计方法计算的不确定度，如测量读数具有分散性、测量时温度波动影响等。通常认为这类统计不确定度服从正态分布规律，因此可以像计算标准偏差那样，通过一系列重复测量值，用实验标准偏差表征。

在重复性条件或复现性条件下对同一被测量独立重复观测 n 次，得到 n 个测得值 x_i（$i=1, 2, \cdots, n$），被测量的估计值是 n 个独立测得值的算术平均值 $\bar{x}$。由式（5-1）计算单个测得值的实验标准偏差 s。

被测量估计值 $\bar{x}$ 的 A 类标准不确定度 u_A 按式（5-8）计算：

$$u_A = s_{\bar{x}} = s/\sqrt{n} \qquad (5\text{-}8)$$

② B 类标准不确定度 u_B　B 类标准不确定度即非统计不确定度，是指用非统计方法评定的不确定度，包括采样及样品预处理过程的不确定度、标准对照物浓度的不确定度、标准校准过程的不确定度、仪器示值的误差等。评定 B 类标准不确定度常用估计方法。要估计适当，需要通过相关信息，如掌握不确定度的分布规律，同时要参照标准，更需要评定者的实践经验和学识水平。

食品检验实验室评定 B 类标准不确定度时，首先根据有关的信息或经验，判断被测量的可能值区间 $[\bar{x}-a,\ \bar{x}+a]$，然后假设被测量值的概率分布，再根据概率分布和要求的概率 p 确定置信因子 k，最后根据式（5-9）计算 u_B。

$$u_B = \frac{a}{k} \tag{5-9}$$

式（5-9）中的 a 为被测量可能值区间的半宽度，一般可根据以下信息确定：

a. 以前的观测数据；
b. 对有关技术资料和测量仪器特性的了解和经验；
c. 生产部门提供的技术说明文件；
d. 校准证书、检定证书或其它文件提供的数据；
e. 手册或某些资料给出的参考数据；
f. 规定规程、校准规范或测试标准中给出的数据；
g. 其他有用的信息。

例如：生产厂商提供的测量仪器的最大允许误差为 $\pm\Delta$，并经计量部门检定合格，则评定仪器的不确定度时，可能值区间的半宽度为 $a=\Delta$；校准证书提供的校准值，给出了其扩展不确定度为 U，则区间的半宽度为 $a=U$；当测量仪器或实物量具给出准确度等级时，可以按检定规程规定的该等级的最大允许误差得到对应区间的半宽度。

式（5-9）中的 k 为置信因子。如果已知信息中指出扩展不确定度是合成标准不确定度的若干倍时，该倍数就是包含因子 k。如果没有指出，则根据以下规律确定 k：假设被测量为正态分布时，根据要求的概率查表 5-7 得到 k；假设被测量为非正态分布时，根据要求的概率分布查表 5-8 得到 k。

表 5-7　正态分布情况下概率 p 与置信因子 k 的关系

p /%	50	68.27	90	95	95.45	99	99.73
k	0.67	1	1.645	1.960	2	2.576	3

表 5-8　常用非正态分布的置信因子 k 与 $u_B(x)$

分布类型	p /%	k	$u_B(x)$
三角	100	$\sqrt{6}$	$a/\sqrt{6}$
梯形（$\beta=0.71$）	100	2	$a/2$
矩形（均匀）	100	$\sqrt{3}$	$a/\sqrt{3}$
反正弦	100	$\sqrt{2}$	$a/\sqrt{2}$
两点	100	1	a

示例1：制造商给出A级100mL单线容量瓶的最大允许误差（MPE）为±0.1mL，则区间的半宽度a=0.1mL，通常认为其服从三角分布，置信因子$k=\sqrt{6}$，由此引起的标准不确定度为：

$$u_B = \frac{a}{k} = \frac{0.1}{\sqrt{6}} = 0.408 \text{mL}$$

示例2：标准物质证书上给出的Cd的纯度为0.9999 ± 0.0001，则区间的半宽度$a=0.0001$，通常认为其服从矩形分布，置信因子$k=\sqrt{3}$，由此引起的标准不确定度为：

$$u_B = \frac{a}{k} = \frac{0.0001}{\sqrt{3}} = 0.000058$$

③ 合成标准不确定度u_c　当测量结果的标准不确定度由若干标准不确定度分量构成时，按不确定度传播律计算合成标准不确定度（combined standard uncertainty）。由于篇幅关系，此处不作赘述，若需要可参考《测量不确定度评定与表示》（JJF 1059.1—2012）"4.4.1 不确定度传播律"。为使问题简化，我们只讨论简单情况下，当各分量u_i保持各自独立变化，互不相关时，合成标准不确定度的计算为式（5-10）。

$$u_c = \sqrt{\sum_{i=1}^{n} u_i^2} \qquad (5\text{-}10)$$

示例3：称量操作的合成不确定度，由标准不确定度分量$u_{\text{cal}}=0.01$mg和5次重复实验的标准偏差$s_{\text{obs}}=0.08$mg合成，则合成不确定度$u_c = \sqrt{0.01^2 + 0.08^2} = 0.081$mg。

合成标准不确定度u_c的结果可用以下三种形式之一。

例如，标准砝码的质量为m_s，被测量的估计值为100.02147g，合成标准不确定度$u_c(m_s)=0.35$mg，则报告为：

a. m_s=100.02147g；合成标准不确定度$u_c(m_s)=0.35$mg。

b. m_s=100.02147（35）g；括号内的数是合成标准不确定度的值，其末位与前面结果内末位数对齐。

c. m_s=100.02147（0.00035）g；括号内的数是合成标准不确定度的值，与前面结果有相同计量单位。

④ 扩展不确定度U　为了表示测量结果的置信区间，用一个包含因子k（一般在2～3范围内）乘以合成标准不确定度u_c，称为扩展不确定度，以U表示。

$$U = ku_c \qquad (5\text{-}11)$$

若$k=2$，则由$U=2u_c$所确定的区间具有的包含概率约为95%。若$k=3$，则由$U=3u_c$所确定的区间具有的包含概率约为99%。在通常的测量中，一般取$k=2$。

示例4：NaOH标准溶液标定的结果，被测量的平均值$c_{\text{NaOH}}=0.1021$mol/L，合成标准不确定度$u_c(c_{\text{NaOH}})=0.0001$mol/L，扩展不确定度$U(c_{\text{NaOH}})$可由合成标准不确定度乘以包含因子2后得到$U(c_{\text{NaOH}})=0.0001 \times 2 = 0.0002$mol/L。

所以，NaOH标准溶液的浓度为（0.1021 ± 0.0002）mol/L，即NaOH标准溶液的浓度以95%的包含概率落在[0.1019, 0.1023]mol/L的区间内。

扩展不确定度 U 的报告可用以下四种形式之一。

例如，标准砝码的质量为 m_s，被测量的估计值为 100.02147g，合成标准不确定度 u_c(m_s)=0.35mg，取包含因子 k=2，U=0.70mg，则报告为：

a. m_s=100.02147g，U=0.70mg；k=2。

b. m_s=（100.02147±0.00070）g；k=2。

c. m_s=100.02147（70）g；括号内为 k=2 的 U 值，其末位与前面结果内末位数对齐。

d. m_s=100.02147（0.00070）g；括号内为 k=2 的 U 值，与前面结果有相同计量单位。

食品检验实验室进行检测项目的测量不确定度评定时，理化检验部分可参考《化学分析中不确定度的评估指南》（CNAS-GL006：2019），微生物检测部分可参考《食品微生物学测量不确定度评估指南》（SN/T 4091—2015）。

活动探究

模块六
食品检验实验室的样品管理

 职业素养

心在一艺，其艺必工；心在一职，其职必举

　　劳动没有高低贵贱之分，无论从事什么劳动，都要干一行、爱一行，这是干好工作的重要前提，是一个人起码的职业操守，也是社会主义核心价值观的基本要求。干一行，还要钻一行、精一行。食品检验实验室是保障食品安全的重要环节，样品管理是实验室工作的关键之一。在样品管理环节就要弘扬工匠精神，保证样品的合法性和真实性，不得私自篡改、伪造或销毁样品。严格按照标准操作规程进行样品的采集、保存、运输和处理，保证样品的准确性和可靠性。注重样品的保密性和安全性，保护消费者的权益。

> GB/T 27025—2019/ISO/IEC 17025:2017《检测和校准实验室能力的通用要求》
> "7.4 检测或校准物品的处置"
> **要点：**
> 实验室应有运输、接收、处置、保护、存储、保留、处理或归还样品的程序，包括为保护样品的完整性以及实验室与客户利益所需的所有规定。
> 实验室应有清晰标识样品的系统。
> 接收样品时，应记录与规定条件的偏离。
> 如样品需要在规定条件下存储或状态调节时，应保持、监控和记录环境条件。

项目一　食品样品的管理流程

食品检验实验室目前普遍面临检测需求复杂、需求随检测目的变化而变化等问题，不仅食品样品形态各式各样，检测需求也各种各样，此外，食品样品留存要求也各有不同。针对上述情况，食品检验实验室操作人员不但要保证食品样品在检验过程中不丢失、不变质、不污染、不混淆，确保食品样品检验结果的代表性和公正性，符合检验要求，还要保证留存样品符合检验复查的要求。因此，加强食品检验实验室样品管理是一项重要的基础工作。

样品管理是样品进入实验室的第一步，也是食品检验的关键一步。要控制食品检验结果的时效性、准确性、完整性等，就需要严格把控样品管理的整个流程，其中包括：样品的接收、样品标识、样品制备、样品交接流转、样品留样及处置5大环节。

一、食品样品的接收

食品检验实验室的样品来源有两种，一种是委托检验，另一种是抽样检验。无论哪种样品都要有专人负责检查、登记，对检验样品按性质进行分类，其他部门部室或个人不得擅自接收。接收样品前，无论是委托检验，还是抽样检验，样品管理员都需先观察送检样品的完整性，样品的运输条件是否对样品原始特性造成影响，包括样品贮存容器的密封性等。不同食品样品的运输条件见表6-1。

表6-1　不同食品样品的运输条件

样品类别	运输条件
常温保存样品	防潮湿、防污染、密闭运输
需冷藏或易腐败的样品	密封，保温在0~4℃，尽快运到实验室
冷冻保存样品	密封加冰、冷冻车、冷冻箱等，保温在-18℃以下，保持样品不融化，必要时加干冰或液氮保存并尽快送到实验室
干制样品	密闭、防污染
易挥发、特殊气味的样品	密闭、防交叉污染及串味

1. 委托检样的接收

如果样品属于委托检验，运输条件符合要求后，客户填写委托单。委托单内容应该包括：委托单位名称、样品名称、联系人、联系方式、执行标准、要求的检验方法、样品量、要求的检验指标、报告份数、要求报告期限等。填完后，样品管理员应对以下信息逐一核查。

① 客户委托任务的信息：样品名称、样品数量、送检日期、送样人员、送检单位、受检单位、生产单位、生产批号、样品标识、样品保存条件，要求的检验指标是否符合检验要求，特别是要求检验微生物或者酸价、过氧化值等会跟样品保存时间发生变化的指标。

② 样品数量能否满足申请检验项目的用量需要，正常情况下样品数量应不少于实际检测用量的 3 倍。

③ 客户是否有特殊要求，有特殊要求的，应报请技术负责人进行合同评审，符合相关法律法规和实验室管理规定的，由样品管理员负责受理并做好合同评审和受理记录。在进行样品确认时，要对样品进行相应描述（比如，外貌特征、是否酸败、安全警示、保存要求等），必要时进行拍照，样品有包装的必须打开包装进行检查。

样品管理员对样品及委托任务信息核查完成后，对于存在的以下可能影响合同履行的因素，要与客户进行充分沟通确认，并做好记录：a. 样品包装或存储容器出现破损或泄漏；b. 样品数量不足；c. 检验项目指定的检验依据非实验室常规检验方法；d. 因食品检验实验室内部原因，不能按照既定期限完成委托任务；e. 存在影响样品原始特性的其他情况，且不能满足正常检验要求。

样品管理员完成以上内容后，要对委托任务的受理结果做出明确告知：a. 不具备受理条件的，应告知客户不能受理的具体原因，以及达到受理条件需要调整的要素；b. 具备受理条件的，应填写委托任务受理合同文件等，给出样品标识，在样品登记表、计算机系统或其他类似系统中记录样品信息，并尽可能在录入信息的同时能够生成样品流转记录单。修改、调整和特殊说明均应在备注中说明，至少应记录以下信息：样品编号、样品名称、样品数量、样品类型及保存条件、检测项目、接收人、接收时间、要求出具检测报告的时间、危害程度。

对于不符合规范、标准等规定要求的样品应退还委托方，不予接收。特殊情况下，可以由技术负责人组织对客户委托要求偏离检测方法正常条件的评审，并要求委托方出具书面意见，在不影响检测质量前提下，经技术负责人批准后实施。

2. 抽样检样的接收

如果属于抽样检验，样品管理员则必须检查抽样单信息是否齐全；样品是否符合抽样单的记录，主要检查样品的规格型号、数量、样品类型及等级等基本信息；样品是否与标准状态有所偏离，也就是样品的感官、气味、形态以及有无酸败等现象进行相应的记录，并准确记录样品状态特性、完整性和对应于检验要求的适宜性；封样部位是否完好等。经验收，与抽样单不一致或不符合检验要求的食品样品，应及时退回抽样单位或抽样人员。验收合格的食品样品，给出样品标识，在样品登记表、计算机系统或其他类似系统中记录样品信息，并尽可能在录入信息的同时能够生成样品流转记录单。

延伸阅读 6-1（样品抽检）

二、食品样品的标识

食品检验实验室应对接收的食品样品进行登记建档,给出样品的唯一性标识,即样品的唯一身份。样品唯一性标识系统是食品检验样品管理的关键环节,它是每个食品样品在检验过程中识别和记录的唯一性标记,必不可少。食品样品唯一性标识的意义在于:a. 区分物类,避免混淆,尤其是同一类物品的混淆;b. 表明检测状态,确定待检、在检、检毕、留样;c. 表明食品样品的细分,保证分样、子样、附件的一致;d. 保证食品样品传递过程中不发生混淆;e. 保证食品样品的唯一性和可追溯性,确保食品样品在所涉及的记录和文件中不发生任何混淆。

唯一性标识应注明:样品名称、编号、状态(待检、在检、检毕、留样)等。对于同批样品,该批样品应有同一编号,并对个体再细分编序号,如有附件,则附件与主体采用同一编号,并注明每一附件序号,以保证样品制备、流转、检验、保存、退样等全过程识别都不会发生混淆。例如,样品编号由年份+月份+四位数字组成,2022080001 表示为 2022 年度 8 月份的第一个样品。

样品管理员负责对各种食品样品统一编号,填写《样品流转记录单(交接单)》(表 6-2)放入其包装内随食品样品流转,并加贴《样品标识卡》(图 6-1)。样品标识采用不干胶标贴形式,牢固粘贴于食品样品或其包装物表面。对于不适合粘贴的食品样品,应采用其他方式进行标识的固定。样品标识应有序规范,食品样品在分样、流转、检测过程中应自始至终保持标识正确、不模糊,标识与食品样品不脱离,样品编号明显、清晰且具有唯一性,以确保食品样品在整个流转期内标识的完整保留。

表 6-2　样品流转记录单

样品名称				样品编号		
检测项目				送样日期		
样品描述		送样人		样品管理员		
检测样品发放				检测样品回收		
发放日期	要求完成日期	领样人(检验员)	样品状况	交样人(检验员)	回收日期	
已测样品处理	留样( )			经办人(样品管理员)		

样 品 标 识 卡			
样品(报告)编号		样品名称	
样品规格		来样日期	
检测项目			
检验状态	待检□　在检□　已检□　留样□		
备注	检验状态在选定相后的□内画 "√"		

图 6-1　样品标识卡

三、食品样品的制备

样品制备是指在干净、洁净的区域，对采集的样品进行分取、粉碎、混匀等处理工作，是食品检验样品管理中对专业技术要求最高的一个环节，目的是保证食品样品完全均匀，取任何部分都具有代表性。由于用一般方法取得的食品样品数量较多、颗粒过大且组成不均匀，因此必须对采集的食品样品加以适当的制备，以保证其能代表全部样品的情况，并满足检测对样品的要求。

食品样品制备中应注意避免外来杂质的混入，样品制备间应与样品保存区有效隔离，制备过程中会产生粉尘的制样区域应配有通风设备。此外，制样场所对环境温度有要求，应配备控温设备并调整到相应的温度。

1. 食品样品制备的常用设备

制样的设备与器具应易于清洗，不对食品样品造成二次污染。各种设备器具应尽量选用惰性材料，如不锈钢、合金材料、玻璃、陶瓷、高强度塑料等。使用的设备器具主要有粉碎机、匀浆机、研磨机、不锈钢刀具、分样器、砧板与样品瓶（袋）等。采用的仪器设备要确保不会对目标待测物产生影响。同时要注意防止因挥发、环境污染等导致食品样品的特性值不能代表整批样品的品质。处理完每个食品样品，应对制样器具进行清洗。完成当天的样品制备后，应对样品制备间进行清洁，避免交叉污染。

2. 食品样品制备的一般要求

（1）制备前 在制备食品样品前，观察样品是否适于检验，其包装是否完好、样品有无损坏，制样量应满足各科室检验的要求。当检测项目中存在多位检测人员共同使用检测样品的情况时，实验室应在保持食品样品原有性状不变的情况下，由样品管理员根据检测项目将食品样品分装成若干个样品单元，分发给相应的检测人员，并在相应的样品登记表、样品流转记录单以及其他系统中做好样品或样品单元的交接记录，记录应包括样品交接状态描述和数量、样品单元的标识、交接日期和时间、样品交接涉及的检测人员姓名等信息。在分装制备样品过程中，要严格按照文件规定的操作要求进行，防止在操作过程中因设备及容器等对样品造成污染。

（2）食品样品的制备 食品样品制备的方法因样品类型不同而异。

一般来说，液体、浆体或悬浮液体样品应先摇匀，再充分搅拌。常用简便搅拌工具是玻璃搅拌棒，还有带变速的电动搅拌器，可以任意调节搅拌速度。

固体样品应采用切细、粉碎、捣碎、研磨等方法将样品制成均匀可检状态。水分含量少、硬度较大的固体样品（如谷类），可用粉碎机或研钵磨碎并均匀。水分含量较高、韧性较强的样品（如肉类），可取可食部分放入绞肉机中绞匀，或用研钵研磨。质地软的样品（如水果、蔬菜），可取可食部分放入组织捣碎机中捣匀。固体油脂应加热熔化后再混匀。

为控制食品样品颗粒度均匀一致，可采用标准筛过筛。标准筛为金属丝编制的不同孔径的配套过筛工具，可根据分析的要求选用。过筛时，要求全部样品都通过筛孔，未通过的部分应继续粉碎并过筛，直至全部样品都通过为止，而不应该把未过筛的部分随意丢弃，否则将造成食品样品中的成分构成改变,从而影响样品的代表性。经过磨碎过筛的样品,必须进一步充分混匀。

食品样品的制备要严格按照检验标准要求进行,制备方法因产品类别不同而异,同时还要考虑到样品的代表性和均匀性等问题,以及不同检验项目对取样方式、部位的特异性要求,最后综合这些因素,对不同样品采取适合的制备方式,甚至对同一样品按照不同的检验要求选取多种前制备方法。当有微生物、感官评定、净含量等检测项目时,一般情况下会在微生物检验实验室、理化检验实验室完成取样,或者由检验部门进行分样后,再交由样品室进行样品制备。

延伸阅读 6-2(常见食品样品的制备方法)

四、食品样品交接流转

样品管理员接收食品样品后向检测室下达检测任务,食品样品在流转过程中应做好交接。检验人员在检验时,到样品室领取食品样品,领取食品样品时应了解所需检测样品的需求,对食品样品及相关资料进行确认,特别是检测中要求的特征必须满足要求。比如微生物检测对样品的包装情况和保存条件的要求,容易酸败的检测样品是否为真空包装或者已经漏气等。符合要求的食品样品正常接收,并在领样表上做流转登记,检验人员签字确认。不符合要求的拒绝收样,并做好相关的记录。

为保证检测结果的完整性,食品样品在制备、检测、传递过程中应加以防护,应严格遵守食品样品的使用说明,避免受到非检验性损坏,并防止丢失。如遇特殊情况(意外损坏或丢失),应在原始记录中说明,并向检测室负责人报告。检测人员在食品样品检验结束后,应在检测完的样品上标明检毕状态,以示完成。食品样品检毕后应及时归还样品室统一保存。

五、食品样品的保存及处置

食品样品在采集、缩分、粉碎、过筛、处理、制备和保存等过程中要尽可能设法保持样品原有的组成和性质不发生变化,防止并避免待测组分被污染以及引入干扰物质。为防止食品样品中水分、易挥发组分的逸失和其他待测物质含量发生变化,无论何种食品样品都应立即检测。如果不能立即检测,必须按照相关标准规定的方法加以妥善保存或进行预处理,不能使食品样品出现受潮、挥发、风干、变质等现象,以保证测定结果的准确性。

1. 食品样品的保存

(1)食品样品的特殊性 食品样品具有较大的易变性,多数食品来自动植物组织,本身就是具有生物活性的细胞，食品又是微生物的天然培养基。在采样、保存、运输、销售过程中，食品的营养成分和污染状况都有可能发生变化。样品在保存过程中可能会有以下几种变化：

① 吸水或失水。含水量高的易失水，反之则吸水。含水量高的易发生霉变，细菌繁殖快。保存样品用的容器有玻璃、塑料、金属等，原则上保存样品的容器不能使同一样品的主要成分发生化学反应。

② 霉变。新鲜的植物性样品，易发生霉变，当组织有损坏时更易发生褐变，因为组织受伤时，氧化酶发生作用，变成褐色，对于组织受伤的样品不易保存，应尽快检测。

③ 细菌。为了防止细菌，最理想的方法是冷冻，样品的保存理想温度为-20℃。

(2) 食品样品保存的注意事项 食品中含有丰富的营养物质，在合适的温度、湿度条件下，微生物迅速生长繁殖，导致样品的腐败变质。同时，样品中可能含有易挥发、易氧化及热敏性物质。因此食品样品在保存过程中应注意以下几个方面：

① 防止污染。盛装样品的容器和操作人的手，必须清洁，不得带入污染物，样品应密封保存；容器外贴上标签，注明食品名称、采样日期、编号、检测项目等。

② 防止腐败变质。对于易腐败变质的食品采取低温冷藏的方法保存，以降低酶的活性及抑制微生物的生长繁殖。对于已经腐败变质的样品，应弃去不要，重新采样检测。

③ 防止食品样品中的水分蒸发或干燥的样品吸潮。由于水分的含量直接影响食品样品中各物质的浓度和组分比例。对含水量多，一时又不能测定完的食品样品，可先测其水分，保存烘干食品样品，检测结果可通过折算，换算为鲜榨品中某物质的含量。

④ 固定待测成分。某些待测成分不够稳定（如维生素C）或易挥发（如氰化物、有机磷农药），应结合检测方法，采样时加入稳定剂，固定待测成分。制备好的平均样品应装在洁净、密封的容器内（最好用玻璃瓶，切忌使用带橡皮垫的容器），必要时保存于避光处，容易失去水分的食品样品应先取样测定水分。

(3) 实验室应设置独立的样品室或适宜的设施保存食品样品 注意温度、湿度、阳光、尘埃等影响因素，应有消防安全措施，并授权专人管理，必要时应设立门禁或报警系统。实验室应维持、监控和记录食品样品存放条件，特别是保存温度对检测结果有影响的冷藏和冷冻食品样品，至少应每天记录一次样品储存温度。

(4) 实验室应选择适宜食品样品的保存方法 食品样品大多具有不均匀性，同种食品由于成熟程度、加工及保存条件、外界环境的影响不同，食品中营养成分量以及被污染的程度都会有较大的差异，同一分析对象，不同部位的组成和含量亦会有差别。实验室应根据食品样品的性质如生物特性、包装方式、加工工艺等，选择适宜的保存方法，以确保样品性状在足够长的时间内保持稳定以满足检测要求，特别是温度条件，应按照常温、冷藏、冷冻区分保存。

(5) 特殊食品样品的保存 对于有特殊要求的食品样品要根据产品标签（或说明书）标识的保存方法进行保存。在保存时将食品样品进行分类保存，避免交叉污染，还应做好相应记录。对于涉及社会影响大或者刑事案件以及昂贵的食品样品，要做到保险、防盗，确保客户有争议时有完好的样品进行复测。

2. 食品样品的处置

样品管理员应及时处理已超过保质期的、检毕并超过规定时间的食品样品，以保持样品储存区域的整洁，并做好样品处理记录。食品生产许可证检验、各类抽查检验备用样品保存期限，合格样品一般为报告签发后 1 个月，为避免食物浪费可将检测合格样品进行捐赠；不合格样品一般为报告签发后 6 个月，有特殊情况的可延长或缩短样品保存期。实验室应当制定程序和作业指导书等文件，对各类食品样品的保存期限及处置要求予以规定。

对超过保存期限的食品样品，实验室应分类整理，具有继续使用价值的，应根据相关要求确定是否需要退还客户，退还给委托单位需做好退还登记，客户和退还人员都应在登记单上签字。不具有使用价值的，逾期未领取和不需退还的食品样品经相关负责人审批后，由样品管理人员进行相应的统一处理，在处理记录上必须做好处理方式及处理时间等相关记录，处理人员应签名。

食品检验实验室对食品样品进行处置前，应根据其特性进行无害化处理，然后在保证对环境和人员健康安全没有影响的情况下进行分类处置。对于确实无法妥善处理而又存在危害性的食品样品，应交由具有资质的专业废物处理机构予以处置，确保环境及其他因素的安全。食品样品的处置的过程中，样品管理人员必须做好相关记录，必要时包括影像记录。

应用案例 6-1（某食品检测中心检测样品管理程序）

项目二　食品检验样品的质量保证

样品是实验室开展工作的主体，是确保检测数据的准确性、可靠性、科学性的重要依据。通过对食品样品的分析检验、测试，从而对被检对象的特性值的质量水平做出客观真实的评价，是食品检验实验室的职能要求。因此，正确地进行食品样品的采集与制备工作，加强质量控制，保证被检样品具有客观性、均匀性、代表性是检验报告具有科学客观、正确性体现的重要基础。

一、食品样品质量的重要性

1. 食品样品质量重要性的体现

食品样品的质量是保证检测工作质量的重要基础。其重要性主要体现在以下几个方面：

（1）是客观评价检验对象的需要　首先，准确可靠的分析检验结果，源于分析样本的代表性、均匀性。在日常工作中对于批量产品通常无法进行全数检验,因为全检将造成人力、物力极大浪费,全数检验毫无意义,只能采用抽检方式。因此,确定合理的抽样方案,运用正确的操作方法采集出具有代表性样品就显得尤为重要,否则,即使仪器设备再精良、检验操作再精细都将毫无意义。其次,用于成分检验分析的项目往往其称样量仅有几克甚至几十毫克。由于原料成分、生产工艺条件的波动以及水分、粒度、硬度等因素影响,往往会造成产品成分含量和组成结构波动变化且不均匀。因此制备出成分均匀的分析试样,使任一部位称取的样品与被评价对象的品质特征具有符合性,是食品样品制备过程中加强质量控制的目的要求。因为在检验过程中唯有样本的不正确既不能用标准样品来控制,也无法用空白试样来消除。由此可见,规范食品样品的采集和制备工作,保证样品具有代表性、均匀性具有十分重要的作用。

(2)是保证检验报告科学客观、正确性的基本要求 通常一个完整的检验工作由四个部分组成,即采样制样、检验测试、数据处理、编制报告,每一部分都会影响到报告值的正确性。如果在实际采样制样工作中存在缺陷,导致的偏差将会严重影响我们对检验批产品的评价,也将极大地削弱和降低检验报告的权威性、公正性、科学性。

(3)是保证被检对象具有时效性、溯源性的重要前提 采样制样工作具有时效性,主要体现在取样的环境、客观条件、产品性状随时间的推移都将发生变化,甚至某些理化性能检测值随时间的变化是不可逆转的,如蔬菜中农药残留量的测定等。因此在实际质量检验工作中对同一检验批产品由于多种因素影响会导致采样制样工作溯源困难,不可能完整复原第一次采样制样工作过程。即使对检验报告有异议,按照惯例也只能用封存样作为检验对象进行复检,而复检只能排除和确认在检验和数据处理环节中是否有失误、缺陷存在,而不具有真正意义的溯源性,同时也不可能通过空白试验、对照试验、增加平行试验次数等技术手段来降低和消除由采样制样环节带来的误差或缺陷。因此从时效性、溯源性角度讲,严格按照标准、规程、程序要求进行正确的采样、制样,是降低检测风险、预防或减少发生争议的重要措施之一。

2. 保证食品样品质量的措施

做好食品样品的抽样、运送、接收、制备、流转、处置和保存,是确保食品样品科学管理和控制的关键点,既保障食品检验实验室和客户的切身利益,又反映食品检验实验室工作质量和技术水平的高低。食品样品的质量可以从以下几个方面进行加强:

(1)加强过程质量控制 建立正确、完善的程序文件是保证采样制样方式、方法正确有效的重要措施,对采样制样工作整个过程质量加强控制,是保证和实现被检样品其来源具有客观性、均匀性、代表性的根本途径。

① 制定相关作业指导书。作业指导书的制定要考虑所检样品的用途以及品质特性,之后根据最大标称粒度计算或查表确定份样量及所需取样工具的量,计算或查表确定达到规定取样精密度所需份样个数,确定取样部位和取份样的方法,最后确定份样组合方式。

② 进行食品样品制备过程的质量控制。抽取到的食品样品,经过破碎、过筛、混合、缩分等步骤,其过程质量控制主要有:

a. 工作场所的环境条件要符合规定要求。

  b. 要定期对制样设备进行精密度校核、试验。
  c. 对制样设备做到及时进行清洗，保证试样间不被污染。
  d. 破碎时应均匀给料，避免填满破碎机，以致改变排料的粒度布局。同时要防止溅失或人为丢弃，并进行必要的检查性过筛且必须全部通过。
  e. 破碎过筛后要充分混合，重复操作不能少于三次，避免人为产生离析。
  f. 缩分时根据混合后样品最大粒度确定最小缩分留量，不能凭主观随意增加缩分次数以减小缩分留量。要严格执行相关规定。
  g. 对于要求达到一定目数的粉状样品，在研磨、过筛循环操作中，务必使筛余物样品全部通过。实验证明随意丢弃筛余物，特别是硬质物料将产生粗大误差。
  h. 制备好的样品要及时封装，标签粘贴应正确完整、字迹清晰。
  i. 在采样、制备、保存等操作过程中不能影响其试验性能。

  （2）加强采、制样人员专业理论知识和操作技能的学习与培训 在实际工作中人员的整体素质如专业理论知识、工作经验、业务水平都会影响到采样、制样的正确性。长期以来普遍认为采样、制样是一种简单劳动，不需要多高的理论水平，也不需要具备操作精密仪器的技能，给人造成了一种认识误区，对采样、制样工作的重要性也缺乏足够的认识。因此加强对采样、制样人员进行专业理论知识和操作技能的学习与培训，定期开展对同一检验批进行采样、制样精密度校核试验，从人员素质、仪器设备、环境条件等方面加强采、制样工作的过程控制，以消除不利影响因素，减小误差，是从基础上保证检测数据可信度的又一重要方面。只有食品样品本身实现了客观性、均匀性、代表性，才能有效保障检验报告的公正性和科学性。

二、食品样品的质量评价

  食品样品的质量性能主要是指样品的均匀性和样品的稳定性。食品样品的质量评价需要进行样品的均匀性检验和稳定性检验。

1. 食品样品的均匀性检验

  样品的均匀性是食品样品的基本性质。均匀性是物质的一种或几种特性具有同组分或相同结构的状态，是被测特性在空间分布的描述。样品均匀性检验数理统计方法很多，有方差分析法、极差法、平均值一致性检验法等，下面以单因子方差分析法为例介绍一下食品样品均匀性检验的过程。

  ① 从食品样品中随机抽取 10 个或 10 个以上的样品用于均匀性检验。若必要，也可以在特性量可能出现差异的部位按一定规律抽取相应数量的检验样品。

  ② 对抽取的每个样品，在重复条件下至少测试 2 次。重复测试的样品应分别单独取样。为了减小测量中定向变化的影响（飘移），样品的所有重复测试应按随机次序进行。

  ③ 均匀性检验中所用的测试方法，其精密度和灵敏度不应低于预定测试方法的精密度和灵敏度。

  ④ 特性量的均匀性与取样量有关。均匀性检验所用的取样量不大于预定测试方法的取样量。

⑤ 当检测样品有多个待测特性量时，可从中选择有代表性和对不均匀性敏感的特性量进行均匀性检验。

⑥ 对检验中出现的异常值，在未查明原因之前，不应随意剔除。

⑦ 用单因子方差分析法对检验中的结果进行统计处理，样品之间无显著性差异时样品是均匀的。若 $F<$ 临界值 $F_\alpha(f_1,f_2)$ [即自由度为（f_1,f_2）及给定显著性水平 α（通常 $\alpha=0.05$）的查表值]，则表明样品内和样品间无显著性差异，样品是均匀的。

2. 食品样品的稳定性检验

食品样品在贮存期内，在规定的贮存条件下，某些特性值可能会随时间的改变而变化。样品稳定性检验的目的就是通过试验分析，研究确定两个问题：一是样品合适的贮存条件；二是在这种贮存条件下，样品保持有效的时间周期。下面介绍一下食品样品稳定性检验的过程。

① 策划稳定性研究方案。选择统一的检测方法、制定具体检测步骤、考核确定检测人员、监督人员、检测时间点、每个检测时间点重复性检测次数等。

② 按稳定性研究方案的要求，按规定的检测时间点，依次对同一食品样品进行检测。

③ 对检测获得的数据进行评估，首先检查这些数据的有效性，然后检查这些数据是否呈现一定的趋势变化。

④ 当每个检测时间点的数值变化趋势明显时，可采用经验线性数学模型进行回归分析；当无法直观看出变化趋势而数值变化比较大时，可采用 F 检验来确定各个时间点特性值变化的显著性；当每个检测时间点数值变化比较大时，采用 t 检验确定每个检测时间点各样品数值的一致性程度是否在规定的范围之内。

⑤ 给出稳定性研究的结论。

实验室的样品管理工作是一项系统工程。不同的实验室，涉及的样品种类及特征会存在很大差别，但是，在确保抽取样品的代表性，满足样品接收条件的充分性，样品保存的稳定性，样品分装制备的规范性以及样品处置的安全性等方面的管理要求，具有广泛的类同性。如果在这方面经验不足，可以尝试通过学习、检索、交流来获取他人的帮助，借鉴别人的方法、经验。另外，对于实验室样品的管理，在做好实物管理的同时，也要充分重视记录资料的管理工作。

活动探究

模块七
食品检验实验室的质量控制活动

 职业素养

没有规矩，不成方圆

孟子说："离娄之明，公输子之巧，不以规矩，不能成方圆。"整句话的意思是即使有像离娄那样好的视力，像鲁班那样精湛的技艺，如果没有规与矩这两种工具，也不能准确画出方与圆。后世就将规矩引申为做人办事必须遵守的原则。只有先有规矩，尔后才有方圆，并且方圆总是在规矩之内。小到人际关系处理，大到国家治理，这个道理均适用。树立规矩意识首先在于"立规矩"，让大家都明白哪些事能做、哪些事不能做，哪些事该这样做、哪些事该那样做。规矩确立之后，就要自觉按原则、按规矩办事。对待检验工作亦如是，开展每一项工作都要考虑其是否符合工作程序，是否符合质量管理的要求，是否会影响最终的结果，切实将规矩意识融化为工作理念、转化为工作行为。

> GB/T 27025—2019/ISO/IEC 17025:2017《检测和校准实验室能力的通用要求》
> "7.8 报告结果"
> 要点：
> 实验室应准确、清晰、明确、客观地出具结果，并包括客户同意的、解释结果所必需的以及所用方法要求的全部信息。结果发出前应经过审查和批准。
> 实验室通常以报告的形式发出结果，所有发出的报告应作为技术记录予以保存。

项目一 食品检验检测结果的报告和管理

质量控制方法可分为两大类：抽样检验和过程质量控制。抽样检验通常是指对具体的产品或材料进行检验，对产品制造企业来说，主要包括在生产前对原材料的检验或生产后对成品的检验，根据随机样本的质量检验结果决定是否接受该原材料或产品。对于食品检验实验室，其"产品"是最终的检验检测报告/证书（以下统称检测报告），检查报告质量的方法，目前主要还是对检测报告的复核和批准，它的作用主要是"把关"。这种方法对于防止不合格的检测报告交付给客户是完全必要的，这是食品检验实验室质量管理工作最起码、最基本的职责，必须继续坚持。

一、检验检测结果的报告

检测报告是实验室技术能力和管理体系有效运行程度的体现，也是履行对客户服务承诺出具的能够承担法律责任的技术文件。食品检验实验室应准确、清晰、明确和客观地报告每一项检测或一系列检测的结果。检测报告编制原则见图7-1。

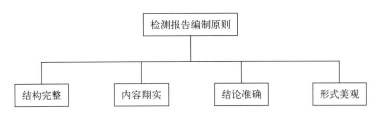

图 7-1 检测报告的编制原则

1. 检测结果的复核确认

为确保检测结果的准确可靠，应从人员上岗资质、仪器设备管理、标准物质管理、实验记录、结果的判断等多方面进行复核、确认。其中实验记录是体现检测结果可靠性的重要依据，因此复核人员需要严格复核实验记录中的所有细节，如检验日期、样品名称、检验人员姓名、标准操作规程编号或方法依据、实验数据、实验参数（所使用的仪器设备、设备编号、仪器条件、环境参数等）、偏差（存在时）等。实验所用的每一个关键的仪器设备均应有记录，使用日志或表格应设计合理，以满足实验记录的追踪性，且必须具有溯源性。

复核人员在对检测结果进行复核时，需要对结果进行充分、全面的评价，所有影响结果的条件和因素都应完全考虑，特别要了解实验结果与标准的差别是否有统计学意义。尤其是出现结果超标的现象，应进行如下原因（但不仅限于此，具体按各实验室规定进行）调查：

① 记录的数据是否正确；
② 样品标签和标识内容是否正确；
③ 样品的制备是否正确；
④ 检验方法及应用文件是否正确；
⑤ 仪器和设备运行状态（校准记录）；
⑥ 仪器和设备操作参数是否正确；
⑦ 复查分析时使用的玻璃仪器、试剂、培养基、标准溶液等；
⑧ 复查同时进行检验的其他样品（如果有的话）。

如调查显示存在计算错误，复核人员应与检验人员进行讨论并更正，修改需要检验人员进行并签名及备注更正日期，如有必要还需注明更正原因，改正后的结果为最终结果，不需要进一步调查；如调查发现初检样品有误或样品本身不具有代表性时，执行重新取样复验；如调查发现存在非取样原因的实验室错误或仪器故障时，执行原样复验。食品检验实验室应根据具体情况制定相应的程序文件以确保检验检测数据的准确性。

2. 检测报告的信息内容

食品检验实验室所完成的检测结果应按合同要求予以报告。除了是内部顾客或与顾客有书面协议可适当简化外，其他情况均应提供正式的报告。检测报告可以以书面或电子方式出具。食品检验实验室应制定检测报告控制程序，保证出具的报告满足以下基本要求：

① 检验检测依据正确，符合客户的要求；
② 报告结果及时，按规定时限向客户提交结果报告；
③ 结果表述准确、清晰、明确、客观、易于理解；
④ 使用法定计量单位。

检测报告不仅应向顾客提供所需的全部信息，而且还要便于顾客理解和正确利用测量数据。其内容应包括顾客要求的、说明检测结果所必需的，以及说明所用方法要求的全部信息。

（1）检测报告的主要信息　标题（例如"检测报告"）；资质认定标志或实验室认可标识、检验检测专用章（适用时）；实验室的名称和地址、检验检测的地点、唯一性标识（即报告的编号，每页都应有），页码和总页数，表明数据、结论结束的清晰标识；客户的名称和联络信息；所用检验检测方法的识别；检验检测样品的描述、明确的标识以及必要时物品的状态；检验检测的日期（若有必要，应注明样品的接收日期或抽样日期）；提供检验检测机构或其他机构所用的抽样计划和程序的说明（以上信息对检验检测结果的有效性或应用有影响时）；检验检测报告签发人的姓名、签字或等效的标识和签发日期；检验检测结果的测量单位（某些测量数据无单位）。

除上述信息外，食品检验实验室还应在报告中主动提供如下信息：

如果食品检验实验室不负责抽样（如样品是由客户提供），应在报告或证书中声明结果仅适用于客户提供的样品；如果有分包检测情况，或者客户提供了数据，则来自外部提供者的检验检测结果（数据）应清晰标注；此外，当客户提供的信息可能影响结果的有效性时，报告中应有免责声明；在报告中，食品检验实验室应做出未经本机构批准，不得复制（全文复制除外）报告或证书的声明。

（2）结果说明 当需对检验检测结果进行说明时，食品检验实验室本着对客户负责的精神和对自身工作的完备性要求，应对检测报告给出必要的附加信息：

① 对检测方法的偏离、增加或删减，以及特殊检测条件的信息（如环境条件）。

② 需要时，符合（或不符合）某规范或要求的声明。

③ 当不确定度与检测结果的有效性或应用有关，或当顾客指令中有要求，或当不确定度影响到对规范限度的符合性时（即测量结果处于临界值附近时，不确定度对判断符合性有重要影响），检测报告中应包括测量不确定度的信息。

④ 当检验检测结果不合格且客户有要求时，对结果提出"意见和解释"。需注意，在检测报告中，"意见和解释"应与检测结果区分开，并予以清晰标注；分包的结果不能作出意见和解释。其内容应包括，但不限于：关于结果符合（或不符合）要求的声明意见；满足合同要求；如何使用结果的建议；用于改进的指导。值得注意的是，食品检验实验室中对检测报告做出"意见和解释"的人员，应具备相应的经验，掌握与所进行的检验检测活动相关的知识，熟悉检验检测对象的设计、制造和使用，并经过必要的培训。

⑤ 特定检验检测方法或客户所要求的附加信息。例如，接受政府部门委托开展检验任务，不仅要在检验报告中说明检验类型（统一监督检验、定期监督检验、仲裁检验或委托检验），还要包括资质认定标志；生产出口产品的企业或者顾客本身就是外资企业，他们可能会要求提供中英文对照的报告等。

当需对检测结果作解释时，对含有抽样结果的检测报告还应包括：抽样日期；抽取的样品材料或产品的清晰标志（适用时，包括制造者名称、型号或类型和序列号）；抽样地点，包括简图、草图或照片；所用的抽样计划和程序的说明；抽样过程中可能影响检测结果解释的环境条件的详细信息；与抽样方法或程序有关的标准或规范，以及对这些规范的偏离、增添、删减。

（3）检测报告的结论 使用检测报告的人可能是委托方，还可能是其他相关利益方。对非专业人士来说，最为关心的莫过于结论，故食品检验实验室必须慎用和重视检测报告的结论用语。

不同的检测方法将导致数据、结论大相径庭，因此在检测报告中首先应明确所用方法。检测依据的技术文件必须是完全适合所做项目的，无论是标准、规范、规程还是其他技术文件。从所用方法中，人们可以看出所依据方法的适用性，是国际标准、区域（如欧洲、亚太）标准、国家标准、行业标准、地方标准还是协议标准，从而对报告的可接受程度有个初步的认识。

对检测结果的描述应清晰具体，语言应规范准确，尽量避免引起歧义，尤其是进行符合性判定时，如果依据的技术文件中给出了质量分级标准，应依据标准给出相应质量等级，如"一等""一等品"等。

如果技术文件中仅给出检测方法，没有结果判定方法，而顾客要求判定时，则应由顾客提供判定依据，或按有关技术文件由顾客与食品检验实验室共同确定书面的判定方法。在报告结论中应声明顾客的要求，明确依据的判定方法。如果所依据的技术文件中有几种可供选择的试验方法，此时有必要在报告中说明实际检验检测所选择的方法。必要时，对结论的使用还应给出适用范围，如"本报告仅对来样负责"等，以避免结论的扩大使用。

延伸阅读 7-1（报告结论用语）

3. 检测报告的格式

检测报告的格式应设计为适用于所进行的各种食品检测类型，并尽量减少产生误解或误用的可能性。报告由封面、首页、续页组成（见应用案例 7-1）。

封面提供的信息包括：标题、实验室地址和联系方式，客户名称和地址，所检测物品的名称、型号规格、制造厂、出厂编号以及报告批准人的签名和批准日期。检测专用章和相关标志，如实验室认可标志、资质认定标志。

首页提供的信息通常有：认可/授权声明、检测所依据技术文件的名称及其代号、所使用主要检测设备及其相关信息、工作地点和环境条件等。例如，"本报告仅对所检样品有效""未加盖检测专用章无效""未经书面授权不得部分复制报告"等。由于食品检验实验室有时需要同时出具内容完全相同的多份报告，实验室自身也会复制报告，还可能声明"复制报告需加盖检测机构章"。

续页一般用于提供检测数据和结果。其包括检测项目、每一项目的实测数据和结果。报告的末页，在检测内容结束的地方应包括"检测内容结束"之类的声明。

有的信息是在报告的每一页都应包括，例如，食品检验实验室标志、报告的编号、页码和总页数。

应用案例 7-1（检验报告范例）

二、检测报告的管理和控制

1. 印章的使用和管理

为确保检验印章法律效力，防止误用或滥用资质认定标志、认可标志以及业务专用章，食品检验实验室需要加强印章的管理和监督。

（1）**印章使用**　带资质认定、认可标志或状态声明的报告应由授权签字人在其授权范围内签发。授权签字人须经 CMA 认定和（或）CNAS 认可，符合相应要求。使用印章标志时，应按照标志规定的比例，根据情况放大或缩小，不可更改标志比例，并将标志加盖（或印刷）在检验检测报告或证书封面上部适当的位置。食品检验实验室自行刻制的业务专用章需要明确界定业务使用范围，并按规定在业务范围内使用，超出范围使用无效。

（2）**印章管理**　检验印章的日常使用、管理以及监督须明确到相应部门、检验科室以及个人。监督员不定期对印章的管理进行监督审查。发生以下情况时，需及时停止使用资质认定标志、认可标识：

① 认证认可证书有效期超期时；

② 被撤销认证认可资格；

③ 被暂停或缩小认证认可范围时，被暂停或缩小的范围内应及时停止使用资质标志、认可标识。

旧章作废及新章启用均需要保管部门提出旧章作废或新章刻制书面申请，由分管部门审批后进行旧章回收保管或新章刻制。

2. 检测报告的管理

（1）**检测报告签发**　当报告拟制完成后，实验室应对报告进行审核，并由具有资质的人员签发。食品检验实行食品检验实验室与检验人员负责制。检测报告应当加盖食品检验实验室公章，并有检验人员的签名或者盖章。公章应盖在检验检测报告封面的机构名称位置或检验检测结论位置，为识别换页，食品检验实验室还需要在跨越报告的每页上加盖骑缝章。食品检验实验室和检验人员对出具的食品检验报告负责。签发后的报告应尽快发放给客户或委托人。无论何种形式的报告在发放过程中都应注意保密性。

当需要对已发放的报告作实质性修改时，应以追加文件或资料调换的形式，并包括如下声明："对检测报告的补充，系列号××（或其他标识）"或其他等同的文字形式。这些修改均应满足食品检验实验室关于质量保证方面的要求。当有必要发布一份全新的报告时，应注以唯一性标识，并注明所替代的原件。食品检验实验室通常应对报告的保存期限作出规定，报告应按文件管理的要求妥当保存。

（2）**检测报告的副本管理**　在食品检验实验室中，检测报告是提供给顾客说明所检测食品技术指标的书面文件。正本是唯一的，副本用于提示正本所包含的信息，在司法实践中作为证据时，必须和相关联的其他证据相互印证来表明其真实性，单纯的副本是不能作为直接依据的。就报告而言，副本仅表明原来由食品检验实验室发出的报告包含的信息，保存副本是食品检验实验室出于自我保护的目的而采取的一种内部措施。一旦检测报告数据被人篡改，检测报告的发出单位可通过与保存的副本进行比较而得知改动的内容。

副本有不同形式，如复印件、电子副本，也有由颁发部门制作一式两份后，在其中一份上标注"副本"标记的。电子副本作为副本的一种形式，由于具有适合集中统一管理、不易损坏、占空间小、记录信息量大等优点，实际上要优于复印件。为了避免电子扫描带来的人力、物力消耗，证书在局域网中传输时使用电子签名，其副本在服务器中自动保存下来，只要服务器中的数据有效地得到了控制和保护，电子副本是可以采用的。

（3）检测报告的电子传输　当需要使用电话、传真或其他电子（或电磁）方式传送检测结果时，食品检验实验室要采取相关措施确保数据和结果的安全性、有效性和完整性。同时为规避泄密的风险，在规范报告的电子（或电磁）传输方面，食品检验实验室还应注意以下4点：

① 建立相关程序，对以电子或电磁形式向顾客传输报告的过程作出具体规定。例如，由专人记录事件发生时间、地点和经过，传输前经食品检验实验室相关负责人批准。

② 顾客提出电子（或电磁）传输要求的，应让顾客在合同评审时签名确认，并约定通信方式、通信时间和双方联络人。

③ 发送报告前，应确认接收人的身份、姓名、职务以及具体要求，确认是该顾客的真实意愿的表达，即提出电子或电磁传输要求的顾客是真实的，以防止他人假冒。

④ 发送前，应确认电话、电传、传真或其他电子或电磁方式的通信代码是正确的，以防止误传至其他机构。

3. 检测报告的质量控制

食品检验实验室应对报告的产生过程很好地加以识别和策划，在文件化的质量管理体系中把检测报告的起草、核验、审核、批准等流程描绘清楚，明确职责分工和相互关系，包括起草者、核验者、审查者、批准者（授权签字人）的职责，并识别、监控每个阶段把握的重点，同时还应考虑相关的支持性文件和必要的质量记录。有时可把对检测报告规范性审核的具体内容进行分解，如核验人员侧重数据，授权签字人侧重技术依据和结论。

检测报告审核要经过自查、互查、专人查三个环节；报告审核按先大后小、先外观后内容、先文字后数据、先结论后论据、先主后附的原则进行；报告审核要从委托单开始，逐步推进，将所涉及的资料全部核查，不能缺漏；审核报告中所涉及的数据是否可溯源，所涉及的指标是否有依据，所涉及的依据是否现行有效。

检测报告的授权签字人应紧密接触日常检测工作，有足够的实践经验，并熟悉食品检验实验室质量管理体系的运作，尤其应具有利用过程控制和系统控制发现、排除各种可疑结果的能力，利用其知识、经验处理各种临界结果的能力。

有的食品检验实验室设立了检测报告专职审核员，主要负责审核检测报告与原始记录的信息是否一致；填写项目是否完整；计量单位是否正确；数据修约是否规范；测量不确定度表述是否符合要求；语言是否严谨；报告引用依据是否正确；报告是否采用统一格式等。有的食品检验实验室对待发报告实行随机抽查，对特殊应用的或重要检测报告实施专门的审核。

应用案例 7-2（某食品检测中心检验报告编制和管理程序）

> GB/T 27025—2019/ISO/IEC 17025:2017《检测和校准实验室能力的通用要求》
> "7.7 确保结果有效性"
> 要点：
> 实验室应有监控结果有效性的程序。
> 实验室监控结果有效性的方式多样，适当时，可使用一种或多种方法组合实施监控。
> 可行和适当时，实验室应通过与其他实验室进行结果比对来监控能力水平。
> 实验室应分析监控活动的数据用于控制实验室活动，适用时实施改进。

项目二　质量控制活动的实施

之前提到的对检测报告的复核和批准，其作用主要是事后"把关"，这些复核也只能着重于核对一些检测原始记录、数据处理和结果报告，检测过程中潜在的一些质量问题（如结果准确性）是无法发现的。即使依靠重新测试再来判别测试结果的符合性，也往往因破坏性分析难以获得同样的样品，同时时间、成本上也往往不允许这样操作。要知道报告的质量形成于数据的采集、整理、分析、核验、审查和批准过程，实质上取决于数据本身的准确和可靠，所以，对检测报告的质量控制应扩展到检测的全过程，即从审查批准报告的末端扩展到数据产生的源头。

一、食品检验实验室质量控制的常用方法

检测过程控制遵循"质量是在过程中制造出来的"这个预防为主的原则，把检测作为一个过程来考虑，通过监视和分析由检测过程获得的数据并采取控制措施（严格控制过程的各种操作条件），使检测结果的不确定度连续保持在规定的技术要求之内，即在检测"过程"中制造出符合要求的检测质量来。检测质量过程控制的有效实施，可极大地督促食品检验实验室对检测各环节的严格把关，促进食品检验实验室查找问题、整改不足的活动，使得食品检验实验室的检测活动处于一种有效的受控状态，保证检测数据的准确出具。食品检验实验室可采用定期使用标准物质或质量控制物质、定期使用经过检定或校准的具有溯源性的替代仪器、运用控制图、使用相同或不同方法进行重复检验检测、保存样品的再次检验检测、分析样品不同结果的相关性、对报告数据进行审核、参加能力验证或机构之间比对、机构内部比对、盲样等方式进行监控。具体实施时，食品检验实验室应依据各种检测质量控制方法的特点，并结合实际制定年度质量控制计划，明确每一检验项目的质量控制方法、资源保证、负责人和完成时间等事项，然后按计划组织检验人员实施检测质量控制活动，并做好活动记录。

为确保所出具的检验检测报告具有高度的可靠性，食品检验实验室通常会通过内部质量控制（inter quality control，IQC）和外部质量控制（external quality assessment，EQA）两种手段对检验质量进行监控（见图 7-2）。这两者各有侧重，互为补充，共同保障检验检测结果的准确性。实验室内部质量控制是由食品检验实验室对其所承担的工作进行连续评估的所有

程序组成,其目的在于监测实验室的整个过程,评价检测结果是否可靠,并找出和排查质量环节中导致不满意的原因,从而确保每个工作日检测结果的连贯性及其与特定标准的一致性。一般包括使用标准物质监控、人员比对、仪器比对、方法比对、留样再测、空白试验、绘制质量控制图等方法(见表7-1)。实验室外部质量控制,也称实验室间质量控制,主要技术方法有:参加能力验证(proficiency testing,PT)、测量审核以及与其他实验室比对等方式(见表7-1)。它能更客观地评价各食品检验实验室的检验结果,并发现一些实验室内部不易核对的误差,了解实验室间结果的差异,帮助其校正,使其结果具有可比性。《实验室质量控制规范 食品理化检测》(GB/T 27404—2008)、《实验室质量控制规范 食品微生物检测》(GB/T 27405—2008)中明确了食品检验实验室质量控制的内容、方式和要求。

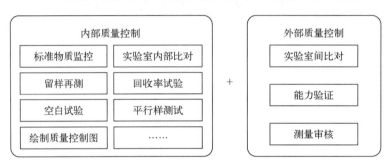

图 7-2 食品检验实验室质量控制方法的分类

表 7-1 食品检验实验室常用的质量控制方法

质量控制方法		主要用途	特点
内部	使用标准物质监控	检测方法全过程质量控制	可靠性高,但样品少,成本高
	实验室内部比对 — 人员比对、仪器比对、方法比对	同一样品不同人员、方法、仪器比对等,特别是核心人员、方法、仪器的比对	形式多样,应用广泛,但结果评价较为复杂
	实验室内部比对 — 留样再测	实际样品的不同时间结果比对	操作简单,但对样品要求较高
	回收率试验	评价低含量水平化学物质定量分析方法的准确度和精密度	操作简单,成本低廉,但无法反映某些样品制备及前处理步骤问题
	空白试验	监控容器、试剂、水的纯度以及待测物质的污染情况	操作简单,主要用于痕量化学分析
	平行样测试	监控分析结果的精密度,减少偶然误差	操作简单,但无法发现系统误差
	绘制质量控制图	监控仪器或影响结果的各种因素是否处于稳定受控状态	直观反映统计量的变化,但有时难以确定中心线、控制限确定困难
外部	能力验证/测量审核	检查系统误差,识别检测差异	可靠性高,但需要借助外部力量
	实验室间比对	检查系统误差,识别检测差异;通过比对获得一些样品或方法的参数	可靠性高,但需要借助外部力量

应用案例 7-3(某食品检测中心结果有效性质量控制程序)

二、食品检验实验室质量控制活动的实施流程

1. 年度质量控制活动的策划

按实现的频率来考虑,质量控制包括日常质量控制和定期质量控制。对于日常质量控制,一般依据作业指导书或具体的专业检测标准规定来进行,无须针对每次质量控制操作制定方案;而对于定期质量控制,食品检验实验室一般需要提前做好质量控制的年度计划,年度计划的制定应结合本实验室的实际情况来考虑,如根据新开展项目、新上岗人员、重要的设备、客户的投诉和反馈等关键点来选择确定。年度计划中规定的每一项质量控制应制定相应的具体质量控制实施方案,每一质量控制方案设计应重点考虑方案的科学性和可操作性,即"为什么要做"和"怎么做"两个问题,具体来说,一般应考虑选取什么样品、检测什么项目、采用什么检测标准方法、检测仪器、安排谁来做、什么时间做、结果采用什么方法来评价、谁来负责组织实施、质量控制结果处理以及其他注意事项等。通常可以设计一些表格来填写上述内容,不同的质量控制方法重点关注的内容有一定差异,但都是围绕其目的,依据方法特点来确定。

食品检验实验室质控计划经实验室管理层审批。如果在执行过程中出现任何原因导致的质量控制计划无法执行或需要修改的情况,计划原编制人员需向技术负责人提出申请,经实验室管理层审批通过后,方可修改原质量控制计划。

(1) 内部质量控制年度计划 食品检验实验室制订的内部质量控制计划,应对内部质量控制活动的实施内容、方式、责任人做出明确规定,计划中还应给出结果评价依据。原则上内部质量控制的项目应覆盖本实验室重要的和常规的检测项目,新开检的项目、新上岗人员、上一年度能力验证结果不满意、可疑的项目、日常检测量较大的项目以及技术难度大的项目应作为编制计划时重点考虑的监控对象。计划应包括质控项目、参加人员、实施日期、质控测试方法、评价方法、不合格质控结果整改的技术方案等(参见表7-2)。计划要体现食品检验实验室的特点,要明确控制内容、具体时间和方式,确保对内部质量保证的有效性和检验人员能力定期进行评估。年度控制计划一般以年度为一个周期。

表7-2 ××实验室××××年度内部质量控制计划表

序号	质控项目	质控方式	核查项目依据标准	人员	时间及频次	规定限制/结果评价依据	超出规定限制时采取的措施	完成情况

技术负责人:　　　　　　　　分管领导:　　　　　　　　制定日期:

(2) 外部质量控制年度计划 外部质量控制活动包括能力验证和实验室间比对。食品检验实验室通过参加能力验证来验证检测结果的准确可靠性,在没有适当能力验证的领域,食品检验实验室可通过强化内部质量控制和自行开展与其他实验室的比对等措施来确保其能力。

参加能力验证或实验室间比对应定期从认可委网站、认监委网站或其他相关网站、函件、邮件获知能力验证信息，根据实际情况选择国家市场监督管理总局和（或）中国合格评定国家认可委员会发布的能力验证项目。年初时制订计划并下达参加能力验证比对任务，也可根据检测需要临时安排。计划表包括内容见表 7-3。

表 7-3 ××实验室××××年度外部质量控制计划表

序号	计划名称	计划编号	参加时间	参加项目名称	依据方法标准编号	拟测试人员	结果	非满意结果处理情况	完成情况

技术负责人： 　　　　　　　分管领导： 　　　　　　　制定日期：

计划一旦获批，食品检验实验室应立即进入能力验证或实验室间比对模式，报名后，确定参加能力验证、实验室间比对的主要方法和佐证方法，做好准备工作，必要时通过内部质量控制方法，确保参加能力验证、实验室间比对的主要方法和佐证方法的有效性。

食品检验实验室参加外部质量活动需对活动的有效性进行评价，评价包括时间、比对项目、试样种类、检测方法、比对单位、允差、结果评价等。为了能充分使用能力验证及比对实验结果，通过外部质量控制事件来监督内部质量，食品检验实验室要对每一次的能力验证及比对实验进行数据分析评价。

延伸阅读 7-2（能力验证计划的参加）

2. 年度质量控制计划的实施

这个阶段是实施计划阶段所规定的内容，如根据质量控制方案和相关标准进行抽样、制样、测试、提交结果等。作为组织者应提前与实施相关人员做好沟通和准备。作为实施者，在执行操作前应首先仔细阅读掌握实施方案，根据方案确定的要求来进行，确保质量控制的有效性和可靠性。

3. 检查评价

这个阶段主要是在计划执行过程中或执行之后，检查执行情况，结果如何，是否发现什么问题，是否符合计划的预期结果。在质量控制实施过程中，有时会发现不符合情况，食品检验实验室应该及时启动不符合工作和纠正措施控制程序，杜绝类似不合格项的再次发生。如是共性问题，在整改完成后，应重视事后的人员培训及宣贯，做到举一反三，可将其列入日常监督计划，在实施一定期限内，如未发生类似不合格项，则可视为此次纠正行之有效。

4. 质量改进

质量改进就是根据检查评价的结果采取措施、巩固成绩、吸取教训、以利再干。这是总结处理阶段。食品检验实验室应该对质量控制实施的情况及时进行总结，一般至少每年 1 次对质量控制的有效性进行定期评审，并依据反馈的信息对检测能力的水平做出评估，进而对技术能力控制的有效性及改进的可能性和措施做出决定。

项目三　实验室内部质量控制方式

一、标准物质监控

标准物质在食品检验实验室中有着极其重要的应用，如校准测量器具、提供量值溯源、质量保证应用等，校准测量器具、提供量值溯源的作用在本书前面已经提及，本项目集中阐述标准物质，特别是实物标样在食品检验实验室过程控制中的具体应用。

1. 使用标准溶液进行过程控制

单独配制一个控制标准溶液，通常在标准曲线最高点的一半左右。在仪器测量过程中，在 N 次进样后，测量控制标准溶液。通常 N 为 10~20 次，视仪器稳定性而定。测量控制标准溶液结果如果在控制范围之内，说明整个仪器状态和做标准曲线的时候没有显著差异，可以继续测量样品；如果不在控制范围内，则说明仪器状态可能不稳定，需要进行检查，寻找并排除原因。

这个过程基本上可以通过仪器控制软件设置程序来自动进行。

2. 使用实物标样对检测过程控制

（1）主要步骤

① 在每一批样品检测时，同时跟做实物标样，并且保证整个测量过程一致，包括样品处理和仪器测量。

② 对测量器具进行校准。

③ 将样品连同实物标样的处理样在测量器具上进行测量。

④ 在测量样品之前，先测量实物标样。

⑤ 对实物标样的结果进行分析。

分析过程如下：假设实物标样的测量结果为 x，测量标准不确定度为 u_1，实物标样中被分析物的已知含量为 μ，标准不确定度为 u_r，可按式（7-1）进行判断：

$$|x-\mu| \leqslant k\sqrt{u_1^2 + u_r^2} \qquad (7\text{-}1)$$

式中，k 通常取 2。

如果式（7-1）成立，则说明整个测量过程，包括前处理和仪器测量，均无显著偏离，可以继续检测样品；如果式（7-1）不成立，则说明测量过程存在着显著偏离，需要对整个过程，包括前处理和仪器校准等方面进行核查，直到寻找出结果发生偏离的原因。消除偏离原因后，重新测量实物标样，满足式（7-1）后，才能继续样品的检测。

（2）方式说明

① 在过程控制中，校准仪器的标准物质和过程监控用的实物标样尽可能采用不同来源的标准物质，否则得不到良好的监控效果。

② 每次实物标样的测量结果可以进行记录统计，绘制成 X 控制图。质量控制图可以监控测量过程的准确度是否处于控制状态，而且能显示长期的变化状态。如果每次对实物标样测量次数超过 1 次，还可以绘制 R 控制图，增加对测量过程精密度的监控。具体绘制及使用方法见"五、绘制质量控制图"。

二、实验室内部比对

将比较方法用于实验室的活动称为比对试验，比对试验包括实验室间比对和实验室内部比对，本节主要介绍食品检验实验室进行实验室内部比对的相关内容。

实验室内部比对，是按照预先规定的条件，在同一实验室内部对相同或类似的物品进行测量或检测的组织、实施和评价。食品检验实验室通过内部比对试验，探究各种影响实验结果的因素与实验对象的关系，以达到检查、考核各项检测能力、检测人员的技能、检测仪器的性能、检测方法的适用性以及控制内部检测工作质量等。食品检验实验室开展内部比对试验，有利于发现本实验室潜在的问题，使食品检验实验室有针对性地采取纠正措施或预防措施，避免或减少不符合工作的发生。

1. 实验室内部比对的特点

（1）简单灵活 实验室内部比对活动不同于实验室间比对（包括能力验证）活动，后者需要从相关渠道获得实验室间比对和能力验证的计划，报名参加，依组织方的规定和安排进行，参加比对活动的频率和时间受组织方的限制。

实验室内部比对试验是在食品检验实验室内部自行组织实施的，组织者和执行者均为该实验室内部的工作人员。比对活动的开展一般是按食品检验实验室质量控制计划定期进行，也可以根据该实验室的实际工作情况进行适当的调整，具有一定的灵活性。如在出现突发质量事件、发现检测数据异常、对某项检测结果产生怀疑时，人员岗位变动时等都可以临时组织相关的比对试验，进行问题的排查。实验室内部比对安排的参比方一般较少（可能只有 2 个或者 3~5 个人员/仪器/方法进行比对），操作相对简单。

（2）形式多样 在食品检验实验室日常工作中，影响检验检测结果准确性的因素很多，包括人员、设施和环境条件、检测和校准方法及方法的确认、设备、测量的溯源性、抽样、检测和校准物品的处置等。食品检验实验室通常可针对这些影响因素的不同，开展不同形式的实验室内部比对，如人员比对、仪器比对、方法比对等。

（3）成本低廉 实验室内部比对无需缴纳费用，且由于是在食品检验实验室内部范围自行实施，所采用的样品大多是日常检验样品，所以成本相对较低。

（4）**应用广泛** 由于实验室内部比对操作简单灵活，形式多样，成本低廉，可以发现和解决检测中的系统误差和随机误差，对食品检验实验室具有重要的作用。因此，广泛应用于食品检验实验室质量控制活动中。

（5）**不足之处** 实验室内部比对结果不像实验室间比对（包括能力验证）的结果那样被社会认可，具有一定的局限性。

2. 比对试验样品的准备

根据试样是否含有目标检测物的情况，比对试验的样品可分为阴性样品和阳性样品。

阴性样品没有"数值"（即不包含目标检测物），无论哪一种比对方式，只要试验结果未检出，便是正确答案，结果间不存在偏差，但如果过程中存在问题不易表现在试验结果中，则"未检出"不利于发现这些问题。只有阴性样品的检测结果中出现"检测值"，才可肯定食品检验实验室中存在问题，需进行追查和纠正。因此，阴性样品用于比对试验的意义不大，一般较少使用。

阳性样品中含有目标检测物。与阴性样品相比，采用阳性样品进行比对试验，试验过程中存在的问题易反映在试验结果中，表现出"不符合"的偏差，更利于问题的发现，所以食品检验实验室常用该类样品进行比对试验。

（1）比对样品的选择

① 自制样品：在对样品制备方式了解的情况下，食品检验实验室可以利用自有的仪器设备进行简单样品的制备，也可以与相关单位合作制备。不论是哪种制备方式，都需要经过颇为烦琐的制备步骤，制备的样品必须经过抽样检验评价其均匀性和稳定性，证实可用于比对试验。

② 阳性留样：在日常检测工作中，如果遇到比较适用于非破坏性试验，可反复使用的阳性样品，且样品的质量特性稳定，不随时间和外部条件的变化而变化，这时，可以根据样品的性质和检出物的性质，选择是否将样品留存下来，以便作为比对试验用。运用此类阳性样品时，应确保样品在上次检测完成后一直处于妥善的、符合要求的保存状态，并将留存的样品充分混匀后，通过有效的手段（如专家评估或经有经验的检测人员重新进行均匀性和稳定性检测评估等），确证其中被分析物的成分和含量未发生变化。否则，会影响比对试验的结果，向质量控制评价提供错误信息。

③ 基质标准物质或质控样品：基质标准物质（实物标样）、参加实验室间比对或能力验证活动剩余的比对样品、实验室质控样品等均可用作比对试验样品，这些样品均匀性比较好，有指定值（包括精确的数据和完善的不确定度）。利用这些样品开展食品检验实验室内部比对试验，不仅可以评价试验结果的精密度，还可以评价试验结果的准确度（试验结果与标准值是否存在显著差异），以考察该实验室是否存在系统误差。但这类样品存在成本较高、种类有限、不易获得、难以保存和不稳定等问题。

④ 加标样品：此类样品与加标回收试验相似，是同时在一系列称取好的样品中分别添加标准溶液。预先加标一般由有经验的技术人员操作，参加比对试验的人员（尤其是人员比对）需要回避。值得注意的是，添加标准溶液的浓度要适合比对试验的目的，添加标准溶液的体积应该准确、少量，然后经过适当时间（1~2h或更长时间）放置后，再用作比对试

验，这样才能使此类样品在待测物质受基质干扰等各方面尽可能近似于阳性样品。此情况简单易操作，因而经常被使用。

（2）比对样品的要求 为了使比对试验顺利进行，达到预期的目的，能够正确评价试验结果，一般建议所制备或选用的比对样品至少应满足以下条件：

① 比对样品适用于加标，样品必须充分均匀和稳定，在适合的条件下保存。

② 比对样品的数量应满足能够覆盖所有测试项目的要求，必要时要留出附加测试的数量。

③ 比对样品的准备应有文件化处理程序，比对样品发出前应进行确认。

（3）比对样品的处置、分发 比对样品准备完毕后，应使用不会对检测结果造成影响的方式分装比对样品，按方案规定的方式或实验室相关的质量控制程序文件规定的方式分发比对样品。试验人员接到比对样品后，应按比对试验计划的规定妥善保管。如果对比对样品的处置可能会影响试验结果，应在比对试验计划中清楚说明，并提醒试验人员注意。如果试验人员对所持有的比对样品的完好性有疑问，应立即反映，务必保证参与试验的个人所持有的比对样品是一致的、完好的。

3. 实验室内部比对的形式

（1）人员比对 食品检验实验室应根据需要定期开展人员比对试验，由不同的检测人员利用相同的仪器、使用相同的方法、在相同的检测条件下对同一物质进行测试，通过比较测定结果的符合程度，评价不同检测人员的技术素质差异、检验操作差异和存在的问题。比对项目建议选择操作步骤较多的检测项目，以便更容易从人员比对中发现检验操作的差异对检验检测结果的影响。

通常人员比对试验主要用于食品检验实验室考核和监督检测人员的检测技术能力。

① 考核新进人员、新培训人员的检测技术能力。无论是新进人员还是新培训人员，这些人员经过培训和学习后，需要评价其是否具备上岗或换岗的能力和资格，此时可以开展人员比对试验，一般安排待考核人员与该岗位有经验的检测人员进行比对试验，以有经验检测人员的检测结果为参考值，其余检测结果与之相比较。为保证这些新上岗的检测人员不会影响实验室的检测质量，在其上岗后的一段时间内，应适当增加比对试验的频次来进行监督。

② 监督在岗人员的检测技术能力。食品检验实验室质量控制是要确保本实验室检测质量持续稳定有效，因此有必要对在岗检测人员的技术能力的稳定可靠性进行监督。此时，可以制定质量控制计划表，定期安排在岗检测人员进行人员比对试验，对食品检验实验室检测质量加以监控。在比对人员的安排方面，由于在岗检测人员已具有一定的经验，可以采用留样再测的方式与自己进行比对，也可以安排在岗的检测该项目的几位检测人员进行比对，或者安排经验更丰富的检测人员参与。由于在岗检测人员已具有一定的检测技术能力，所以这种情况的比对试验的频次可以适当减少。

应用案例 7-4（室内质控活动案例）

（2）方法比对 方法比对的考核对象为检测方法，主要目的为评价不同检测方法的检测结果是否存在显著性差异。食品检验实验室使用不同的检测方法，在相同的人员、相同的仪器、相同的检测条件下对同一检测样品进行测试，比较测定结果的符合程度，判定其可比性，以验证方法的可靠性。所选的比对项目应该是食品检验实验室获得资质认定/能力认可的检测项目，并以该项目认可的检测方法作为参考方法。

方法比对强调的是不同检测方法的比较，而整体的检测方法一般包括样品前处理方法和仪器方法，只要前处理方法不同，不管仪器方法是否相同，都归类为方法比对。但是，如果不同的检测方法中样品的前处理方法相同（如果步骤差异只是最终样品溶液因浓度原因的稀释，可视为具有相同的前处理），仅是检测仪器设备不同，一般将其归类为仪器比对。

食品检验实验室应根据需要定期开展方法比对试验，通常方法比对试验主要用于如下目的。

① 考察不同标准检测方法存在的系统误差，监控检测结果的有效性。国家标准中有很多都提供了一种以上的分析方法，这些方法中有些是针对不同的使用范围和测试精度而制定的，也有些是包含了相同的适用基质。例如，要测定猪肉中的"瘦肉精"克伦特罗，可以选用《动物性食品中克伦特罗残留量的测定》（GB/T 5009.192—2003）、《食品安全国家标准 动物性食品中β-受体激动剂残留量的测定 液相色谱-串联质谱法》（GB 31658.22—2022）等现行有效的标准方法，国家标准的形成是经过充分论证的，不同方法之间检测结果应该存在着一致性，食品检验实验室在消化、吸收这些方法时，可以启用方法比对试验，以发现不同检测方法的系统误差，监控检测结果的有效性。两种或多种方法的检测结果之间不应该有显著差异，否则就应分析原因，查找仪器、人员、环境等方面的影响因素，排除异常。

② 确认非标准方法。实验室在一般情况下会执行标准规定的试验方法。但是，随着科技的进步，各种先进的检测仪器也得到迅速的发展和应用，而且市场上的产品纷繁复杂，高科技新产品也层出不穷，因此，为了提高工作效率、满足日益严格的检测需求和应对各种各样的检测样品，食品检验实验室也经常会以简便、快捷的方法代替经典、烦琐的方法，或者使用超出原预定范围、经过扩充和修改的标准方法，或者使用实验室自行制定的非标准方法。为了证实这些方法能适用于预期的用途，就必须对这些方法进行等效确认，以证明非标准方法的科学性、准确性和有效性。此时，可以启用方法比对试验，以标准方法作为参考，其他检测方法与之进行对比，方法之间的检测结果不应该有显著差异，否则，即证明这些非标准方法是不适用的或者需要进一步修改、优化。

（3）仪器比对 仪器比对是指同一检测人员运用不同仪器设备（包括仪器种类相同或不同等），对相同的样品，使用相同检测方法进行检测，比较测定结果的符合程度，判定仪器性能的可比性。仪器比对的考核对象为检测仪器，主要目的为评价不同检测仪器间的性能差异（如灵敏度、精密度、抗干扰能力等）、测定结果的符合程度和存在的问题。所选择的检测项目和检测方法应该能够适合和充分体现参加比对的仪器的性能。

根据仪器比对的定义，要求"使用相同的检测方法"，即至少应该使用相同的样品前处理方法同时处理样品，或是将处理后的一个试样溶液分装于不同的仪器中进行检测，这样的检测结果才具有可比性，更能反映出不同仪器的性能。如果是采用不同的前处理方法，前处理方法之间可能会存在差异（差异在允许偏差范围内），而仪器之间也可能存在允许范围内的偏差，这两种偏差有可能会叠加，导致差异进一步放大，从而影响比对试验的最终评价结果，因此，建议将这种情况的比对归为方法比对。

食品检验实验室应根据需要定期开展仪器比对试验，通常仪器比对试验主要用于以下目的。

① 考核新增添或维修后仪器设备的性能情况。对于食品检验实验室新增添的或维修后的仪器设备，在投入使用之前，均应当正确评价其性能是否满足检测要求。此时，可以采用仪器比对试验来考核。以原有的、检测结果可信的仪器设备为参考方进行比对，并应适当增加比对试验的频次来监控此类被考核仪器设备的性能的稳定性情况。

② 评估仪器设备之间的检测结果的差异程度。在食品检验实验室内，同一个检测项目有可能是用若干台种类（或型号）相同的仪器设备来共同完成的，也有可能需要使用不同规格型号的仪器设备，因此需要考查这些仪器设备的检测结果之间是否存在显著差异。此时，可以通过仪器比对来考察，并对结果加以控制。

目前，食品检验实验室检测仪器设备的种类、规格型号很多，而且随着检测仪器技术的迅速发展和广泛应用，可以进行仪器比对的情况也比较复杂。一般情况下，从仪器比对的定义来看，凡是能够检测同一项目的仪器，均可以进行比对，但前提是比对样品应经过相同的前处理方法处理。当然，品牌相同或不同的、同等级、同种类仪器之间也可以比对，这是仪器比对中比较简单的一种情形。在工作中，应该根据实际检测项目和检测要求，选择合适的仪器和适用的方式进行仪器比对。特别是某台仪器参加能力验证获得满意结果时，可用其来衡量其他仪器的可信度。

（4）留样再测 又称留样试验，即对保存样品的再次检验检测，是在不同时间（在合理的时间间隔内），对同一样品进行重复检测，通过比较前后两次测定结果的一致性来判断检验过程是否存在问题，验证检验数据的可靠性和稳定性。若2次检测结果符合评价要求，则说明该项目的检测能力持续有效；若不符合，应分析原因，采取纠正措施，必要时追溯前期的检测结果。留样再测主要用于验证检测项目监测质量的持续稳定性和再现性，包含了对整个检测过程（人员、环境、设备）的监视。

留样再测，若只是时间不同，其他检测条件相同时，可视为"时间"单因素比对试验。若除了时间不同外，变换了检测人员或检测仪器，则此时的留样再测就属于多因素比对试验了。不过，一般情况下，相互关联的因素最好不要混在一起比对，否则，有可能会使结果的离散性增大，从而使统计分析变得困难。如果多因素的比对结果不符合，需要逐一排查找出真正存在的问题，比较麻烦；如果多因素的比对结果符合，也不能肯定完全没有问题。因此，对于留样再测，建议检测条件应尽量追溯到前次检测过程的条件。

留样再测不同于平行样测试，两者之间的差异比较见表7-4。可见，留样再测的试验条件不确定因素比平行样测试的更多，检测结果之间的允许偏差范围应该比平行样测试的大，一般是根据两次测试的扩展不确定度或标准方法规定的再现性限来对试验结果进行统计分析和评价，但是，在没有正确评价或获得测试不确定度或再现性限时，也可以参考平行试验的允许差进行评价，即要求两次检测结果的绝对差值不大于重复性试验的允许差。

表 7-4　留样再测与平行样测试的比较

实验因素	留样再测	平行样测试
试验时间	不同（在合理的时间间隔内）	短时间内（几乎同时）
检测人员	相同或不同	相同
检测方法	相同	相同
检测条件	不同（但应尽量追溯到前次检测过程的条件）	相同
试验性质	再现性试验	重复性试验

留样再测应注意所用样品的性能指标的稳定性，即应有充分的数据显示或经专家评估，表明留存的样品赋值稳定。因此，所选的样品应该含有一定的数值，如果样品检测结果小于测定下限，留样再测意义不大；对于一些易挥发、易氧化等目标物性质不稳定的检测项目或易变质难留存的样品，不适宜用于留样再测。

人员比对、方法比对和仪器比对具有相对的独立性，比对方同时进行比对，后一次比对试验可能与上一次比对试验没有太大的关联，每次比对用样品一般不一样。留样再测是再次测试同一样品，试验时间不同，但具有一定的延续性，更利于监控该项目检测结果的持续稳定性及观察其发展趋势；通过留样再测，也可以促使检验人员认真对待每一次检验工作，从而提高自身素质和技术水平。不过，留样再测只能对检测结果的再现性进行控制，不能判断检测结果是否存在系统误差。

食品检验实验室应根据需要，选择适当的频次开展留样再测，并按照全覆盖、按比例、选重点的原则，根据样品量和检验人员情况安排留样再测。

以上四种比对方法的特点和应用范围见表 7-5。

表 7-5　实验室内部比对形式一览表

比对形式	方法特点	时机
人员比对	检测人员不同，人员安排根据具体情况而定； ① 检测样品相同； ② 检测方法相同； ③ 检测仪器相同（同一台）； ④ 检测时间为同一时间或合理的时间段内	作为实验室内部质量控制的手段、人员比对优先适用于以下情况： ① 依靠检测人员主观判断较多的项目，如食品中的感官、品尝的项目； ② 在培员工和新上岗的员工； ③ 检测过程的关键控制点或关键控制环节； ④ 操作难度大的项目和或者样品； ⑤ 检测结果在临界值附近； ⑥ 新开验的检测项目
方法比对	① 检测人员相同，一般为经验丰富的检测人员； ② 检测样品相同； ③ 检测方法不同； ④ 检测仪器相同或不同；相同时应为同一台仪器； ⑤ 检测时间为同一时间或合理的时间段内	作为实验室内部质量控制的手段、方法比对优先适用于以下情况： ① 刚实施的新标准或者新方法； ② 引进的新技术、新方法和研制的新方法； ③ 已有的具有多个检验标准或方法的项目

续表

比对形式	方法特点	时机
仪器比对	① 检测人员相同，一般为经验丰富的检测人员； ② 检测样品相同； ③ 检测方法相同； ④ 检测仪器不同，可以是型号规格相同或不同的仪器； ⑤ 检测时间为同一时间或合理的时间段内	作为内部质量控制手段，设备比对试验优先适用于以下情况： ① 新安装的设备； ② 修复后的设备； ③ 检测结果出现在临界值附近的设备
留样再测	① 检测人员相同； ② 检测样品相同； ③ 检测方法相同； ④ 检测仪器相同或不同，建议使用相同仪器（可以不是同一台，但同一类型）； ⑤ 检测时间不同，但应在合理的时间段	作为内部质量控制手段，留样再测可在下列情况采用： ① 验证检测结果的准确性； ② 验证检测结果的重复性； ③ 对留存样品特性的监控

4. 比对试验结果的汇总与评价

比对试验结果数据的统计分析是作出比对试验结果评价的依据，所以试验结果数据的统计计算方法的选用是否合适非常重要。所谓"合适"是指统计计算方法与比对试验项目内容相适应，与比对试验范围相适应。它应既能反映出结果数据的差异程度，又能避免极个别离群数据对整体试验结果的干扰。食品检验实验室内部比对常用的结果统计分析方法见表 7-6。

表 7-6 比对结果统计分析方法汇总

统计分析方法	判定公式及规则	使用范围
参考标准方法规定的允许差	判定公式：$D = \dfrac{\|x_i - x\|}{x} \times 100\%$ 式中，x_i 为比对试验测定值，x 为参考方的比对试验的测定值，即参考值。 判定规则：$D \leqslant$ 参考标准方法规定的允许差，则判定试验结果符合，否则为不符合	当参与比对一方具有较高的准确度，如比对人员之一为资深检验人员，其检测结果可作为参考值，参与比对的其他方的测定值与参考值之差应不超过标准方法规定的允许差（或参考标准方法规定的允许差，结合实际情况确定比对试验结果允许差）。该统计分析方法比较简单，而且大多数标准方法都规定了允许差，所以该法也被不少实验室采用
利用检测方法规定的再现性限 R	判定公式：$\lg R = A \lg m + B$ 式中，A、B 为标准方法提供的系数（定值），m 为两侧测定结果的算术平均值。 判定规则："再现性条件下，获得的两次独立测定结果的绝对差值不超过再现性限 R"，满足此要求则判定试验结果符合，否则为不符合	方法适用于人员、仪器比对试验和留样再测，不适用于方法比对。应用的前提是比对试验所用的标准检测方法提供了可靠的再现性限 R（此类标准检测方法有限）

续表

统计分析方法	判定公式及规则	使用范围
E_n值法	判定公式：$E_n = \dfrac{x_1 - x_2}{\sqrt{U_1^2 + U_2^2}}$ x_1、x_2分别为比对试验的测定值，U_1、U_2分别为对应的测试扩展不确定度，置信水平一般为95%。 判定规则：$|E_n| \leqslant 1$，则判定试验结果符合，否则为不符合	此法利用不确定度进行计算和判断，所以使用的前提条件是实验室必须能够正确评定该项检测试验结果的扩展不确定度
Z比分数法	判定公式：$Z = \dfrac{X_i - \overline{X}}{S}$ X_i为比对试验测定值，$\overline{X}$为样本均值或中位值[①]，S为样本标准偏差或标准化四分位距[①]。 判定规则：$|Z| \leqslant 2$，则判定试验结果符合；$2 < |Z| < 3$，则判定试验结果偏差较大，存疑；$|Z| \geqslant 3$，则判定试验结果不符合	适用于比对试验的样本量较多的情况，一般为10个左右或以上，实验室间比对常采用此方法
假设检验	先进行方差检验（F检验），在两比对总体方差一致（即精密度无显著差异）的情况下，再进行均值检验（t检验），均值检验符合要求，则判定试验结果符合	适用于重复检测，一般$n \geqslant 6$，适用于人员比对、仪器比对和方法比对。例如参与比对的两台仪器重复检测一个样品6次以上，考察判断两组样本之间是否存在显著差异

① 如果样本中出现极端值，采用四分位数稳健统计法处理结果，用中位值、标准化四分位距进行计算。具体操作方法可参考相关文献。

经统计分析后，比对试验结果有：符合、存疑、不符合。对于存疑和不符合的情况应尽快组织寻找和分析出现疑问的原因，开展有效的改进活动。随后，由比对试验的组织实施人员编制比对试验报告，并及时将所有的比对试验技术资料及过程记录存档。

食品检验实验室应重视比对结果的评价，通过评价结果对本实验室的检测方法、检测仪器以及相关检测人员的技能进行改进和完善，做到取长补短，精益求精。

应用案例7-5（实验室内部比对试验案例）

三、空白试验

空白试验是在不加待测样品（特殊情况下可采用不含待测组分，但有与样品基本一致基体的空白代替）的情况下，用与待测样品相同的方法、步骤进行定量分析，获得分析结果的过程。空白试验值反映了测试仪器的噪声、试剂中的杂质、环境及操作过程中的沾污等因素对样品测定产生的综合影响，直接关系到测定的最终结果的准确性。

空白试验除了可以在日常分析中用来校正由试剂、蒸馏水、实验器皿和环境带来的杂质所引起的误差，还可以作为质量控制关键内容之一。空白值的大小可以监控整个分析过程中试剂、环境对分析数据的影响程度。空白试验值低，数据离散程度小，分析结果的精度随之提高，它表明分析方法和分析操作者的测试水平较高。当空白试验值偏高时，应全面检查实验用水、试剂、量器和容器的沾污情况、测量仪器的性能及实验环境的状态等，以便尽可能地降低空白试验值。

食品检验实验室对空白值进行监控相对比较简单，通常有两种情况：

（1）空白值为未检出　当空白值为未检出时，在进行每批样品分析时，可同时进行1~3个全程试剂空白，各空白值应为未检出，否则应查明原因，根据情况采取相应措施。有条件的实验室，应用空白样品进行分析，以更准确地反映样品分析可能存在的污染及干扰等情况，确保结果的准确性。

（2）空白值有检出　当空白值为有检出时，在进行每批样品分析时，可同时进行1~3个全程试剂空白，各空白值之间应无明显差异，且在可接收的范围，对于一定的测定条件下，其值应处于相对稳定的水平，否则应查明原因，根据情况采取相应措施。

必要时，可对空白值绘制质量控制图来进行分析。

在进行空白试验时，最重要的一点是，必须严格按标准操作步骤进行操作，例如，样品存在过滤步骤，空白测试也必须采用同样的步骤。

四、平行样测试与回收率试验

1. 平行样测试

在测试方法的标准正文中，时常可以见到关于测试精密度方面的一些要求，例如，"在重复性条件下获得的两次独立测定结果的相对偏差应小于5%"。这里的两次独立测定，就是平行样测试。平行样测试属于重复性试验，即在重复性条件（在同一实验室，由同一操作员使用相同的设备，按相同的测试方法，在短时间内对同一被测对象相互独立进行的测试条件）下进行的两次或多次测试。平行样测试结果所能反映的，属于重复性条件下的精密度[1]。

通过比较平行样测试结果间的差异，将其与规定值或质量控制相关要求进行比较，则可判断该批次测试的精密度是否符合要求；或者可以判断检测水平是否处于稳定和受控制状态。

食品检验实验室平行样测试频率一般的要求，至少每制备一批样品或每个基体类型或每20个样品做一次。

（1）平行样测试的种类

① 全程平行样测试和部分过程平行样测试。按平行样测试涵盖整个测试过程的范围大小不同，样品的平行样测试也可以分为全程平行样测试和部分过程平行样测试（图7-3）。

---

[1] 此处仅对平行样测试在质量控制活动中的应用进行说明，关于精密度的相关知识请参考本书"模块五　食品检验实验室的检测方法管理""项目二　检测方法的验证和确认"。

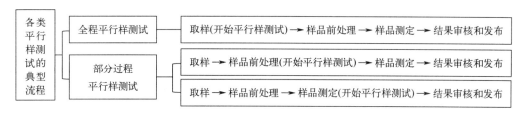

图 7-3 平行样测试的种类及典型流程

a. 全程平行样测试。从样品的抽样或采样开始，一直到最终报告测试结果，整个测试过程均按相同的方法和步骤进行的平行样测试，即为全程平行样测试。该平行样测试所获得的重复性，其大小真实地反映了整个测试过程的随机变异。某些样品取样方法复杂或难以重复取样，如要评估整个过程的重复性，宜进行全程平行样测试。

b. 部分过程的平行样测试

Ⅰ. 不含取样，但包括样品前处理的平行样测试。对于材质均匀，可通过简单采样过程获得的样品，或者样品的采样相对后续的检测过程对测试结果影响较小的情况，可以在样品检测前，再对样品进行拆分，形成子样后进行平行样检测。

Ⅱ. 仅在设备检测过程的平行样检测。对于某些检测，其样品的测定阶段对于测试结果的精密度影响较大时，该检测往往会采用这样的平行样测试方式。当分析痕量物质时，或者是分析设备的稳定性较差时，或者是设备的分析过程容易受到干扰时，也可以采用这样的平行样测试方式。

这可以被认为是平行样测试中的一种特殊方式，英文中常用 Replicate 表述。

② 加标平行样测试。加标平行样测试是指在两个或多个子样品中加标，然后作为平行样进行测试。当日常分析过程中，同批次样品中不含有或者仅含有极少量的待测物质时，测试结果为未检出的平行样，无法计算测试方法的精密度。因此需采用加标平行样测试。

食品检验检测领域，因测试样品的个体差异较大，采样或抽样后样品间难以保证完全均匀一致，所以通常采用全过程平行样测试，通过从抽样或采样开始的平行样测试，减少测试结果的随机误差。

（2）平行样测试的实施　平行样测试方案在具体实施上，首先需保证测试是在重复性条件下进行的，其次要注意平行样测试时，每个样品测试时都能保持独立性，前一个样品的测试不会对后一个样品的测试造成影响。

平行样测试后的结果（精密度）是否符合要求，平行样测试结果间的差异是否可以被接受，不同的测试方法或者标准会有不同的要求。可根据测试方法或标准的要求，确定合适的平行样测试数据处理方式。处理后的数据，与测试方法的要求或测试结果的精密度要求相比较，对平行样结果进行评价。

2. 回收率试验

在食品检验检测中，由于寻找有参考价值的样品相对困难，即使存在某些类型的标准物质，也常常因为样品数量不多，价格昂贵，使得在日常样品分析检测中难以使用。而加标回收试验❶正是为了解决这一难题提出的。由于该方法具有操作简单、成本低廉等优点,在食品检验实验室质量控制中广泛使用,是低含量化学物质,如杂质分析、禁用物质分析中最常用而又简便的质量控制方法。

回收率试验方法作为食品检验实验室的日常检测质量监控,十分有效。它可以发现食品检验实验室的仪器、环境、人员操作、试剂等条件的偏离或异常。这种监控通常可采用绘制质量控制图的方法来进行。

五、绘制质量控制图

1. 质量控制图的概述

质量控制图是食品检验实验室进行内部质量控制最重要的工具之一,属于一种统计过程控制(statistical process control,SPC)技术,即运用统计技术来进行过程控制的方法。控制图是对过程质量特性值进行测定、记录、评估,从而检查过程是否处于控制状态的一种用统计方法设计的图。其可以帮助食品检验实验室发现检测过程中出现的系统性差异(失控),以便及时"报警",使食品检验实验室采取纠正或预防措施,使过程恢复稳定,维持并不断改善现有检测过程的质量水平。

质量控制图的基础是将质控样品与待测样品放在一个分析批(图7-4)中一起进行分析,然后将质控样品的结果(即控制值)绘制在控制图上,食品检验实验室可以从控制图中控制值的分布及变化趋势评估分析过程是否受控、分析结果是否可以接受。

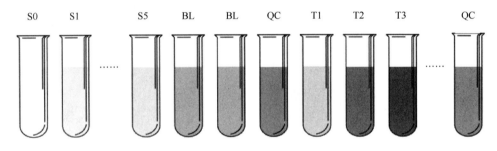

图7-4 分析检验中常见的一个分析批

S0—空白;S1~S5—系列标准溶液;BL—空白样品;QC—控制样品;T1~T3—待测样品

控制图是基于控制样品分析结果随机变化的正态分布统计特性。正态分布曲线与等效的控制图(如 X 控制图)之间的关系见图7-5。控制图的中心线(central line,CL)代表控制值的平均值或参考值。除中心线外,控制图中通常还有四条线。其中两条称为警戒限(warning limit,WL)。警戒限位于中心线两侧的两倍标准偏差($2s$)距离处。在服从正态分布的情况下,约95%的数据将落在警戒限之内。另外两条线位于中心线两侧的三倍标准偏差($3s$)距离处,称为行动限(action limit,AL)。在服从正态分布的情况下,约有99.7%的数

---

❶ 此处仅对回收率试验在质量控制活动中的应用进行说明,关于回收率的相关知识请参考本书"模块五 食品检验实验室的检测方法管理""项目二 检测方法的验证和确认"。

据落在行动限之内。从统计学上来讲，在 1000 次测量中只有 3 次测量的结果会落在行动限之外。因此，在通常情况下，如果控制值落在行动限之外，分析程序中存在差错的概率是非常高的。

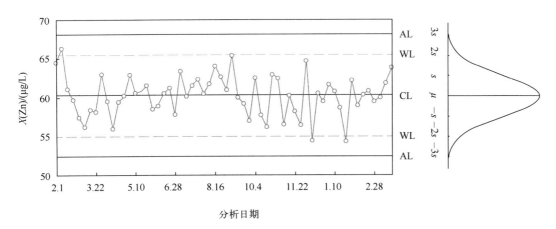

图 7-5 典型的 X 控制图及其与正态分布曲线之间的关系

食品检验实验室应从目的适宜性原则出发建立控制程序，包括选择合适的控制样品，确定控制图的类型，建立控制限，以及确定控制分析的频度等。在控制程序运行的过程中，还应对控制结果进行定期评估。

2. 质量控制图的建立

（1）控制图的类型 按照数据类型来分，控制图有两大类，计量控制图和计数控制图。食品检验实验室一般不涉及计数控制图。食品检验检测中常用的控制图有以下几种：

① X 控制图。X 控制图称为平均值-标准偏差控制图，用于监控系统因素和随机因素对控制值产生的联合效应。

② I 控制图。I 控制图是 X 控制图的一种特殊情况，用于监控分析系统的偏倚。当质控样品的参考量值（RQV）确定，质控样的实际检测结果为 Y_i，则 $I_i = Y_i - RQV$，累计足够数据后即可建立 I 控制图。

③ R 控制图。R 控制图为重复性条件下多次检测同一样品，累积重复检测结果的极差（两个或两个以上独立平行样的最大测试结果和最小测试结果之间的差值）所建立的控制图，用于监控方法的重复性。食品检验实验室可建立以极差的绝对值表示的 R 控制图，也可以建立以极差的相对值表示的 r% 控制图。

（2）质控样品的选择

① 质控样品的要求。质量控制样品（质控样品）是指插入分析批中与检测样品一同经历同样检测过程的样品（如图 7-4 所示）。因此质控样品应对检测样品具有可靠的代表性，且满足下列性能要求：

a. 质控样品与检测样品应有相同的误差来源；

b. 质控样品与检测样品应有相同的基质，包括可能与准确度有关的次要成分也应相同；

c. 质控样品与检测样品应具有相似的物理状态,如与检测样品具有相同的粉碎状态;

d. 被测目标组分浓度范围应与检测样品基本一致,并被准确赋值。

② 质控样品的类型。同时满足上述条件的质控样品是很难得到的,食品检验实验室可以用不同类型的控制样品来满足质量控制的需要。

a. 有证标准物质。有证标准物质(CRM)的分析结果可以给出分析系统可能存在的偏倚。如果在一个分析批中对 CRM 进行重复分析,还可以用标准偏差(或极差)来估计测量的重复性。由于 CRM 的均匀性通常比待测样品更好,因此使用 CRM 作为质控样品,其重复性通常要优于待测样品。这类质控样品可以使用 X 控制图,如果对控制样品进行两个或两个以上平行样的重复分析,也可以使用 R 控制图。

b. 标准溶液、室内质控样品。标准溶液可以从外部供应商购买,但通常由食品检验实验室自己配制。对食品检验实验室收集(或从送检的样品中选择)的稳定、均匀的室内质控样品,应确保样品量足够数年之用。实验室也可以用纯化学品和纯溶剂(如水)模拟待测样品的基质组成制备室内质控样品,其浓度标称值的扩展不确定度应小于控制图中标准偏差的五分之一。这类质控样品可以使用 X 控制图,如果对质控样品进行两个或两个以上的重复分析,也可以使用 R 控制图。

c. 空白样品。这类质控样品既可用于监控检出限,还可用于监控污染。在低浓度时,空白误差所导致的系统效应也可以用这类质控样品来进行监控。这类质控样品可以是分析中用于空白校正的空白样品。因此,制作空白控制图不用增加额外的分析。此类质控样品通常使用 X 控制图,也可以使用 R 控制图。

d. 待测样品。对待测样品进行重复分析可以给出批内随机变化的实际情况。用待测样品进行加标回收试验则可以监控分析的正确度和基体干扰。这类质控样品通常是从待测样品中随机选择,应使用 r%控制图。

(3)设定控制限 建立控制限有两种方法。最常用的方法是不考虑分析质量要求而仅依据分析方法的性能来建立控制限,这就是统计控制限。另外一种方法是从分析质量的预定要求(包括法律法规的要求、分析方法标准对内部质量控制的要求、实验室内部规定的必须保证的分析数据的精密度和正确度要求以及客户的要求等)或分析结果的预期用途出发估计室内复现性要求,从而建立控制限,这就是目标控制限。当控制值不服从正态分布、控制值太少不够统计分析之用,或食品检验实验室已有内部或外部规定的控制限值时应使用目标控制限。表 7-7 列出食品检验实验室常用的 X 控制图和 R 控制图的控制限设定方法。

表 7-7　X 控制图和 R 控制图的控制限和中心线设定

控制图		统计控制限	目标控制限
X 图	中心线	a. 当使用已知值样品作为质控样品时,中心线 CL 为参考值或标准值 b. 当质控样品的值未知时,中心线 CL 为质控样品累积检测结果的算术平均值	
	警戒限	使用标准偏差 s 计算: 警戒限 WL=CL±2s	如果方法标准以及官方或权威机构对重复性或再现性做出要求,再现性偏差为 s_{RW},实验室可直接引用: 警戒限 WL=CL±2s_{RW}
	行动限	行动限 AL=CL±3s	行动限 AL=CL±3s_{RW}

控制图		统计控制限	目标控制限
R图[①]	中心线	使用长时间多次检测结果,计算极差的绝对值,在此基础上计算平均极差 $\bar{R}$	根据对重复性的要求估计控制图中的标准偏差 s,根据每次检测平行样个数,得到中心线的估算因子 EFCL[②],中心线 $CL = d_2 \times s$
	警戒限	计算标准偏差 s,根据每次检测平行样个数,得到中心线、警戒限、行动限的估算因子 EFCL(d_2)、EFWL(D_{WL})、EFAL(D_2)[②],$s = \bar{R}/d_2$	根据每次检测平行样个数,得到警戒限、行动限的估算因子 EFWL(D_{WL})、EFAL(D_2)[②] 警戒限 $WL = D_{WL} \times s$
	行动限	警戒限 $WL = D_{WL} \times s$ 行动限 $AL = D_2 \times s$	行动限 $AL = D_2 \times s$

① R控制图和 $r\%$ 控制图控制限的设定方法相同,只是偏差来源不同,此表仅以R控制图为例。另极差控制图只有上限,因为极差总是正值。

② 相应的估算因子可参考《化学分析实验室内部质量控制 利用控制图核查分析系统》(GB/T 32464—2015)中的表 D.3。

下面举例来说明 X 控制图和 R 控制图的中心线和统计控制限设定。

示例 1:每个分析批分析一个质控样品,得到表 7-8 数值:

表 7-8 分析批数据

批次	1	2	3	4	5	6	7	8	9	10
测定值/(μg/L)	0.296	0.307	0.287	0.298	0.302	0.289	0.292	0.295	0.284	0.306
批次	11	12	13	14	15	16	17	18	19	20
测定值/(μg/L)	0.301	0.284	0.283	0.297	0.294	0.298	0.302	0.282	0.303	0.289

用单个控制值绘制 X 控制图。所有控制值的平均值作为中心线,标准偏差用于计算统计控制限。计算得到:

$$\bar{x} = 0.294 \mu g/L$$
$$s = 0.008 \mu g/L$$
$$CL: 0.294 \mu g/L$$

WL:WL=CL±2s=(0.294±2×0.008)μg/L=(0.294±0.016)μg/L(0.278μg/L,0.310μg/L)

AL:AL=CL±3s=(0.294±3×0.008)μg/L=(0.294±0.024)μg/L(0.270μg/L,0.318μg/L)

示例 2:每个分析批分析两个质控样品($n=2$),得到表 7-9 数据:

表 7-9 不同分析批次数据

批次	1	2	3	4	5	6	7	8	9	10
第一次测定值/(μg/L)	19.68	20.01	19.38	20.90	21.10	20.03	20.88	21.15	19.78	20.08
第二次测定值/(μg/L)	19.36	18.95	19.06	20.15	20.72	19.47	20.45	20.31	19.28	18.86
平均值/(μg/L)	19.52	19.48	19.22	20.52	20.91	19.75	20.66	20.73	19.53	19.47
极差值/(μg/L)	0.32	1.06	0.32	0.75	0.38	0.56	0.43	0.84	0.5	1.22

模块七 食品检验实验室的质量控制活动

续表

批次	11	12	13	14	15	16	17	18	19	20
第一次测定值/（μg/L）	20.11	20.67	19.81	20.83	19.71	20.03	20.51	20.61	19.41	20.65
第二次测定值/（μg/L）	19.59	19.97	19.59	20.23	19.46	19.55	20.20	20.29	19.29	19.37
平均值/（μg/L）	19.85	20.32	19.70	20.53	19.59	19.79	20.36	20.45	19.35	20.01
极差值/（μg/L）	0.52	0.7	0.22	0.6	0.25	0.48	0.31	0.32	0.12	1.28

重复分析的平均值用于绘制 X 控制图。各批次平均值的平均值作为中心线，标准偏差用于计算控制限。

$$\bar{\bar{x}} = 19.99 \mu g/L$$

$$s = 0.52 \mu g/L$$

$$CL：19.99 \mu g/L$$

WL：WL=CL±2s =（19.99±2×0.52）μg/L=（19.99±1.04）μg/L（18.95μg/L，21.03μg/L）

AL：AL=CL±3s =（19.99±3×0.52）μg/L=（19.99±1.56）μg/L（18.43μg/L，21.55μg/L）

每一批次重复分析得到的极差值用于绘制 R 控制图。极差的平均值作为中心线，从极差值估计得到的标准偏差用于计算控制限。

$$\bar{R} = 0.559 \mu g/L$$

查阅 GB/T 32464—2015 中表 D.3 可知：测定次数为 2 时，$d_2 = 1.128$，$D_{WL} = 2.833$，$D_2 = 3.686$

$$s = \bar{R} / d_2 = 0.559 / 1.128 = 0.496 \mu g/L$$

$$CL：0.559 \mu g/L$$

$$WL: WL = D_{WL} \times s =（2.833 \times 0.496）\mu g/L = 1.41 \mu g/L$$

$$AL: AL = D_2 \times s =（3.686 \times 0.496）\mu g/L = 1.83 \mu g/L$$

3. 控制图的使用

（1）初次建立的控制图检查 控制图建立之后，按下列核查准则进行检查。若满足要求，控制图可在其后的质量控制中使用，否则应查明原因，采取纠正或纠正措施后，重新制作或修正控制图。

① 判断系统失控的准则。控制图上的检测结果有一个点超出行动限，表明系统失控。应删除这点的数据后重新建立控制图。然而剔除数据要谨慎，并决定是否补测数据。

② 判断系统可能产生变化的准则。出现以下情况之一，表明分析系统出现系统偏离，食品检验实验室应查明原因，对确认的变化采取纠正或纠正措施后，重新建立控制图。

a. 连续 2 点落在中心线同一侧的 2s 以外；

b. 连续 6 点落在中心线同一侧的 s 以外；

c. 连续 9 点或更多点落在中心线同一侧；

d. 连续 7 点递增或递减。

（2）记录程序 食品检验实验室应建立检测记录控制程序，作出记录与控制数据有关的所有信息的规定。例如，重新配制了标准储备液或作为质控样使用的标准溶液、试剂的改变、设备的改变等。当通过记录发现分析系统失控或出现改变时，则可核对相关信息，寻找原因。

（3）控制图的解释说明　食品检验实验室应在分析每批样品时，按要求插入质控样进行检测。收集数据并绘制在建立好的控制图上，按照上述判断系统失控的准则进行观察。若出现失控或系统变化，就应对分析系统进行诊断。

① 如果未出现（1）中①和②所描述失控或变化的情况，表明方法受控，可报告分析结果。

② 出现（1）中②情况，可视为方法依然受控，只是超出了统计控制。在这种情况下，可以报告分析结果，但存在潜在问题。应尽早识别控制值的分布趋势，以避免以后出现严重的问题。

③ 出现（1）中①的情况，表明分析系统失控。在这种情况下，通常不能报告分析结果。按下列要求处理：初步查找原因，根据查找到的原因采取初步的补救措施，重新检测，增加质控样分析考察的参数或检测次数（至少 2 个）。如果新测得的控制值落在警戒限内，则可采用当前分析程序对常规样品重新分析；如果新的质控样检测结果仍在警戒限外，则应停止常规样品检测，启动纠正措施程序消除产生错误的原因。

延伸阅读 7-3（绘制控制图的工具）

（4）注意事项

① 控制图并不直接用于控制测量数据，而是通过控制参照物的测量质量来推测样品的测量质量。

② 对于过程而言，控制图中点的出界就好比报警铃响，告诉使用者现在是进行查找原因、采取措施、防止再犯的时刻了。一般来说，控制图只起报警铃的作用，而不能告诉使用者这种报警究竟是由什么异常因素造成的。找出造成异常的原因，要依靠技术与经验，认真分析查找 5M1E 中的问题。

③ 控制图是根据稳定状态下的 5M1E 条件来制定的。如果上述条件变化，如操作人员更换或通过学习操作水平显著提高，设备更新，检测方法有变化等，控制图需重新加以制定。

④ 控制图的数据具有时间先后顺序，不得混乱颠倒，应依取得的先后顺序排列并绘成图形，即一连串的数据为含有时间序列的特性。

⑤ 控制图在绘制后并非长期保持不变，可以将在工作中积累下来的质控数据陆续添加到质控图上，剔除超出控制限的数据，在检测方法、仪器设备等有所改变的情况下，绘制"新"的控制图，以更好地监控分析质量的变化。但是控制图中心线和控制限不应频繁变

化，否则将很难监控分析质量的渐变。食品检验实验室应有政策规定多长时间评估一次控制限，以及需要改变控制限时如何做出决定。建议每年评估一次控制限和中心线。对不常开展的分析，例如每个月进行一次的分析，则建议至少获得 20 个新的控制值后再进行评估。

质量控制图无疑是质量控制活动中的一种重要的评价方法，但需要注意的是，这个方法的结论评价是依托于其他质控样品的检测数据而存在的，是通过对质控数据的统计分析而实现质量控制的目的。因此，相比其他质量控制方法而言，它更倾向于作为一种评价质量控制数据的工具，在这一点上它与其余的实验室内部质量控制方法还是有所区别的。

应用案例 7-6（质量控制图建立和使用的工作案例）

项目四　食品检验实验室外部质量控制措施

一、能力验证与实验室间比对

能力验证需考虑诸如方法、设备、环境、人员等因素，是相关管理部门和食品检验机构发现问题和解决问题的有效途径。食品检验机构应积极参加实验室间比对试验或能力验证，覆盖领域和参加频次应与其检验能力情况和检验工作需求相适应，并针对可疑或不满意结果采取有效措施进行改进。

1. 能力验证

能力验证是利用实验室间比对，按照预先确定的准则来评价参加者能力的活动。对于食品检验实验室而言，参加能力验证活动，是衡量与其他实验室检测结果的一致性，识别自身存在问题最重要的技术手段之一，也是食品检验实验室最有效的外部质量控制措施。食品检验实验室通过参加能力验证计划，不仅可及时发现、识别检测差异和问题，从而有效地改善检测质量，促进食品检验实验室能力的提高。同时，依据能力验证结果可证实食品检验实验室对程序、方法和其他运作的有效控制，为量值溯源提供相关性证明等。对食品检验实验室而言，能力验证是证明本实验室具备某项检测能力的重要证据；对实验室认可机构而言，能力验证是评价实验室检测能力的技术手段，是评价和监管实验室的有效措施，其重要性也体现在认可机构的认可文件要求中。在全球市场经济一体化的今天，能力验证还是维持国际互认的技术基础。

2. 实验室间比对

实验室间比对是按照预先规定的条件，由两个或多个实验室对相同或类似的物品进行测量或检测的组织、实施和评价。在食品检验类的实验室活动中，实验室间比对应用十分广泛。目前，实验室间比对的主要目的如下：

① 评定实验室从事特定检测或测量的能力及持续监视实验室的这种能力；
② 识别实验室存在的问题并启动改进措施，这些问题可能与诸如不适当的检测或测量程序、人员培训和监督的有效性、设备校准等因素有关；
③ 建立检测或测量方法的有效性和可比性；
④ 增强实验室客户的信心；
⑤ 识别实验室间的差异；
⑥ 根据比对的结果，帮助参加实验室提高能力；
⑦ 确认声称的不确定度；
⑧ 评估某种方法的性能特征——通常称为协作试验；
⑨ 用于标准物质/标准样品的赋值及评定其在特定检测或测量程序中使用的适用性；
⑩ 支持由国际计量局（BIPM）及其相关区域计量组织，通过"关键比对"及补充比对所达成的国家计量院间测量等效性的声明。

上述目的中，通常①～⑦项都是能力验证可达到的目的，而⑧～⑨项则通常不作为能力验证的目的，因为参加这些实验室间比对的食品检验实验室通常不是一般的实验室，而应该是其检测能力符合一定条件并具备一定能力水平的实验室，即这类比对不是为了评价实验室的能力，而是选定一些能力已被设定的实验室进行比对，依据比对结果获得一些样品或者方法的参数。因此，可以认为能力验证是属于外部质量控制的手段，一般需要借助实验室间比对来实施，是以评价实验室能力为目的的实验室间比对。

二、测量审核

开展能力验证计划往往有固定的时间安排，且组织的周期较长（一般一轮需要3～5月），而食品检验实验室需要参加能力验证计划与组织者提供的能力验证计划安排不一定能同步，因此，在没有可参加的能力验证计划时，可以参加测量审核。

测量审核是指实验室对被测物品（材料或制品）进行实际测试，将测试结果与参考值进行比较的活动。由实验室进行现场独立测试，将实验室测试值与所提供该样品的参考值相比较来判定实验室能力的活动，该方式也用于对实验室的现场评审活动中。相对来说，食品检验实验室参加测量审核更为灵活、快速。

测量审核与能力验证的比较见表7-10。

表7-10 测量审核与能力验证的比较

比较项目	能力验证	测量审核
参加者数量	≥1	1
需要的时间	较长	较短
从报告中获取的信息	丰富	较少
结果评价	多组比对检测数据	实验室测定值与指定值比较

三、能力验证在质量控制中的应用

1. 验证新的能力水平

（1）用来验收新的仪器设备 食品检验实验室购买仪器设备或更新仪器设备，其准确性是设备验收的关键环节。参加能力验证活动，是验收新仪器设备最实在有效的方法之一。如果一个食品检验实验室在购进新仪器设备时正好有相关项目的能力验证，食品检验实验室可以选择参加，假如获得满意结果，设备验收通过；假如结果有偏离，可以和设备厂商共同分析原因，找出不足之处加以改进。

（2）用来确认新的检测项目 食品检验实验室开展一个新的检测项目，需要做许多的测试准备工作，进行大量的方法验证试验才能确定新的检测项目的可靠性。此时若有这类项目的能力验证活动，食品检验实验室应尽可能利用能力验证结果来进一步验证该检测项目的可靠性。

2. 监控实验室能力水平

采用各种质量控制方法对实验室能力进行监控是食品检验实验室保证检测结果质量必须进行的一项质量管理活动，作为内部质量控制的重要补充，应用能力验证结果是监控实验室能力最直观的方法之一。通过参加能力验证，可以客观了解自身的技术能力和水平。但是，由于食品检验实验室在不断发展变化，一次的能力验证结果（包括满意和不满意）也只能反映食品检验实验室在当前的时间、当时的人员条件下实验室的能力水平，只有持续参加能力验证，监测能力验证结果，将单一结果与持续监测的能力验证结果综合比较，才能真实反映食品检验实验室检测水平及其发展趋势。

例如，当一个食品检验实验室在全年参加的能力验证项目中都获得满意结果，那么可以直观地认为这个食品检验实验室该项目的内部质量管理基本到位，内部质量控制得比较好。如果存在某些不满意结果，食品检验实验室可以认真地进行原因分析，找出问题的根源，采取一定的纠正或纠正措施，吸取经验，使得本实验室在今后的工作中不会出现同样的差错，有利于食品检验实验室提高检测技术，同时也是该实验室持续改进，不断提高检测水平的动力，也反映了实验室内部质量管理是有效的。又如某食品检验实验室连续几年参加能力验证活动均获得满意结果，同理可以直观地认为该实验室这个项目的内部质量管理是很好的。

3. 能力验证的教育意义

能力验证的教育意义体现在多个方面，通过参加能力验证，相关检测人员、设备、方法等全面得到考核，技术能力由此获得了锻炼和提高。无论是对检测人员的综合素质，还是对严格执行检测规程的重要性，都能在实验室间比对的实践活动中得到最有效的提升。

能力验证计划完成后的相关信息可为实验室、检测工作审查分析提供参考。能力验证报告，特别是能力验证计划结果的说明和评论是食品检验实验室质量管理与继续教育的重要资源。能力验证计划提供者与参加者可采取各种形式进行交流，以有利于双方分享相关信息。

能力验证样品也是食品检验实验室继续教育最重要的来源之一。大多数能力验证计划均可提供用于教育的资源。例如当检测方法或评判标准出现重大变化，而大部分食品检验实验室缺乏相关经验时，这样的信息就显得特别有价值。之后该样品可作为评估工具再次发放。

但必须指出的是，外部质量控制措施不能全面准确地反映分析前和分析后存在的许多问题，如样本的采集、储存和运输以及检测结果的传递等。因此，外部质量控制不能替代食品检验实验室全面的质量控制与管理体系。

应用案例 7-7（能力验证工作案例）

活动探究

模块八
食品检验实验室的信息化管理

 职业素养

信息技术是科技发展的第一生产力

　　邓小平提出:"科学技术是第一生产力",代表先进生产力的发展要求,就要重视科技创新,重视科技事业特别是信息技术的发展。现代科技每前进一步,都会引起社会生产力的深刻变革,特别是21世纪以来,量子力学、相对论等具有划时代意义的科学成果,孕育产生了第三次新技术革命,以信息技术和生命科学为核心的当代科学和高新技术突飞猛进,使世界生产力的发展发生了革命性的变革。初见端倪的知识经济,更是为社会生产力的发展和人类的文明进步开辟了广阔的空间,产生了深刻而巨大的影响。信息高新技术,已成为当代人发展社会生产力的制高点和火车头。党的十八大以来,我国新一代信息技术产业规模效益稳步增长,创新能力持续增强,企业实力不断提升,行业应用持续深入,为经济社会发展提供了重要保障。

> GB/T 27025—2019/ISO/IEC 17025:2017《检测和校准实验室能力的通用要求》
> "7.11 数据控制和信息管理"
> **要点：**
> 用于收集、处理、记录、报告、存储或检索数据的实验室信息管理系统，在投入使用前应进行功能确认，包括实验室信息管理系统中接口的正常运行。
> 实验室应对计算和数据传送进行适当和系统的检查。

项目一 食品检验实验室的信息化

信息是食品检验实验室管理中的一项极为重要的资源。早先，食品检验实验室注意对人、物、财、设备和方法五种资源的管理，而忽略了对信息的管理。实际上，这五种资源都是通过有关这些资源的信息来管理的。实验室的信息化建设和实验室信息管理系统的出现为食品检验实验室信息化管理创造了前所未有的条件。

一、实验室信息化管理

实验室信息化表面看起来是信息技术的推广应用，但实质是使信息这一信息社会的主导资源充分发挥作用。可以说，推广信息技术是手段，真正利用信息是目的，实验室信息化则是实现目的的过程。

实验室信息化，首先是一个"化"字，是指一个过程，就是实验人员在实验室建设和管理中推动信息技术应用和以资讯技术推动信息资源传播整合和再创造的过程。

实验室信息化管理是指利用先进的计算机技术、网络通信技术、多媒体技术，对实验室中的资源、事务进行处理，并通过计算机进行开放型管理。其重要意义是使实验室在时间和空间上得以延伸，它不仅能加强实验室的调度管理、资源共享、减少投入，还可大大减少实验室人员的工作量。实行信息化管理有以下几个突出优点：一是计算机巨大的信息处理功能大大减少了实验室管理的工作量，从前需要多人共同完成的工作，现在只要很少的几个人就能完成；二是对实验室的各项资源（如仪器设备、图书资料、各种财产、文件档案）进行信息化管理易于实现资源共享；三是实行信息化管理后，信息集中，能为资源的使用开发提供各种方便，如实验设备的查询等；四是信息的综合加上计算机完善的功能，使数据的统计、修改及时、迅速，可以为各级部门、科研工作提供全方位的信息。因此，加强信息的使用与流通是建设与管理好实验室的当务之急。

二、实验室信息系统的概念

实验室中各项活动表现为物流、资金流、事务流和信息流的流动。"物流"是实物的流动过程，物资的运输，实验设备、耗材从采购、安装直至使用都是物流的表现形式。"资金流"指的是随物流而发生的资金的流动过程。"事务流"是各项管理活动的工作流程，例如实验设备、耗材进入实验室进行的验收、入库、建档、使用等流程；还有领导作出实验室建设决策时进行的调查研究、协商、讨论等流程。"信息流"伴随以上各种流的流动而流动，它既是其他各种流的表现和描述，又是用于掌握、指挥和控制其他流运行的软资源。在一个实验室的全部活动中存在着各式各样的信息流，而且不同的信息流用于控制不同的活动。若几个信息流联系组织在一起，服务于同类的控制和管理目的，就形成信息流的网，称之为信息系统。

一个实验室的信息系统可以是实验室的计划、管理、预测、控制的综合系统，也可以是事务处理、战略规划、管理决策、信息服务等的综合系统。

按照处理的对象，可把实验室信息系统分为实验室作业信息系统和管理信息系统两大类。

（1）实验室作业信息系统　实验室作业信息系统的任务是处理实验室的业务、控制实验过程和支持办公事务，并更新有关的数据库。通常由以下三部分组成：

① 业务处理系统。业务处理系统的目标是迅速、及时、正确地处理大量信息，提高管理工作的效率和水平。如实验数据计算、实验结果统计和耗材库存记录等。

② 过程控制系统。主要指用计算机控制正在进行的实验过程。例如通过敏感元件对实验数据进行监测，并予以实时调整。

③ 办公自动化系统。以先进技术和自动化办公设备（如文字处理设备、电子邮件、轻印刷系统等）支持人的部分办公业务活动。这种系统较少涉及实验室管理模型和管理方法。

（2）实验室管理信息系统　实验室管理信息系统是对实验室进行全面管理的人和计算机相结合的系统，它综合运用计算机技术、信息技术、管理技术和决策技术，与现代化的管理思想、方法和手段结合起来，辅助管理人员进行管理和决策。

三、食品检验实验室的信息系统和管理

任何组织都需要管理，如前所述，食品检验实验室也是一种组织。一个组织的管理职能主要包括计划、组织、领导和控制四大方面，其中任何一方面都离不开信息系统的支持。下面分别讨论实验室信息系统对食品检验实验室计划职能、组织职能、领导职能和控制职能的支持。

1. 信息系统对食品检验实验室计划职能的支持

计划是对未来做出安排和部署。管理的计划职能是为食品检验实验室确定目标，拟定为达到目标的行动方案，并制定各种计划，使各项工作和活动都能围绕预定目标去进行，从而达到预期的效果。计划还应该为食品检验实验室提供适应环境变化的手段与措施，因为急剧变化着的政治、经济、技术和其他因素，要求及时修订计划和策略。

在食品检验实验室中，信息系统对计划的支持包括如下方面：

（1）支持计划编制中的反复试算　信息是制订计划和实施计划的基本依据。为了使计划切合实际，必须收集历史的和当前的数据，通过分析、研究变化的趋势，预测未来，还要围绕计划目标进行大量、反复的计算，拟定多种方案。在这个过程中，多方案的比较及每个方

案中个别数据的变动都可能引起其他许多相关数据的变动。虽然计算方法不一定那么复杂，大都是一些简单的表达式，但表达式之间的关系却错综复杂，所以计算工作量特别大，通常需要事先设计一些计划模型，然后输入变量的值去反复试算。这是一项十分烦琐的计算工作，如果没有计算机的支持，不仅工作量大，还会影响计划编制人员的工作积极性。

（2）支持对计划数据的快速、准确存取　为了实现计划管理职能，重要的是建立与计划有关的各种数据库，其中主要有：

① 各类定额数据库。如劳动定额数据库、设备利用定额数据库、物资消耗定额数据库、管理费用定额数据库和实验能力定额数据库等。

② 各类计划指标数据库。

③ 各种计划表格数据库等。

完善和充分利用上述各种数据库系统，可以实现对食品检验实验室计划数据的快速、准确存取，从而使食品检验实验室的管理运行得到大大的加强。

（3）支持计划的基础预测　预测是研究对未来状况做出估计的专门技术，而计划则是对未来做出安排和部署，以达到预期的目的，所以计划和预测虽是两个不同的概念，但计划必须在预测的基础上进行。预测支持决策者做出正确的决策，制定可靠的计划。

预测的范围很广，预测的方法也很多，诸如主观概率法、调查预测法、类推法、德尔菲法、因果关系分析法等。这些预测方法的计算量大，常常要用计算机来求解。

2. 信息系统对食品检验实验室组织职能和领导职能的支持

组织职能包括人的组织和工作的组织。具体包括：确定管理层次、建立各级组织机构、配备人员、规定职责和权限，并明确组织机构中各部门之间的相互关系、协调原则和方法。

信息技术是现阶段对食品检验实验室组织进行改革的有效技术基础。信息技术的发展促使食品检验实验室组织重新设计、实验人员工作的重新分工和实验人员职权的重新划分，从而进一步提高食品检验检测实验的管理水平。

随着信息技术的飞跃发展，传统的"金字塔"式纵向的多层次集中管理正在向扁平式结构的非集中管理转变，计算机的广泛应用使得食品检验实验室上下级之间、各部门之间及其与外界环境之间的信息交流变得十分便捷，从而有利于上下级和成员之间的沟通，可以随时根据环境的变化做出统一的、迅速的整体行动和应变策略。"扁平化"管理的实质是"信息技术进步大大降低了组织内部信息交流的成本"，"决策层与执行层之间距离的缩小和最终向合一回复"。

3. 信息系统对食品检验实验室控制职能的支持

控制职能是对管理业务进行计量和纠正，确保计划得以实现。计划是为了控制，是控制的开始。执行过程中需要不断检测、控制，通常是把实际的执行结果和计划的阶段目标相比较，发现实施过程中偏离计划的缺点和错误。为了实现管理的控制职能，就应随时掌握反映管理运行动态的系统监测信息和调控所必要的反馈信息。

人员素质控制，特别是关键岗位人员素质的控制；质量控制，特别是实验关键流程的质量控制以及实验结果和数据的质量控制；还有库存控制、工作进度控制、成本控制、财务预算控制及实验室成本和利润的综合控制、资金运用控制和收支平衡控制等。这些控制中大多数都由信息系统支持和辅助。

综上可见，信息系统对食品检验实验室管理具有重要的辅助和支持作用，现代管理要依靠信息系统来实现其管理职能、管理思想和管理方法。

项目二 实验室信息管理系统（LIMS）

随着社会经济的发展，大量的实验室数据信息及管理信息使传统的人工模式无法适应质量管理的要求，实验室信息管理系统（laboratory information management system，LIMS）应运而生且发展迅速。实验室信息管理系统是将以数据库为核心的信息化技术与实验室管理需求相结合的信息化管理工具，以 ISO/IEC 17025 实验室管理标准为基础，结合网络化技术，将实验室的业务流程和一切资源以及行政管理等以合理方式进行管理。通过 LIMS，配合分析数据的自动采集和分析，大大提高了实验室的检测效率，降低了实验室运行成本并且体现了快速溯源和痕迹，使传统实验室手工作业中存在的各种弊端得以顺利解决。

一、LIMS 在我国的发展

LIMS 是随着分析测试仪器自动化程度的提高、实验室规模与处理能力的提高逐步产生和发展的。LIMS 自 20 世纪 60 年代末出现发展至今，大致可分为四个阶段。最早出现于 20 世纪 60 年代末的初级产品，主要功能是仪器控制、数据采集、数据处理以及数据结果的打印输出，无法实现设备间的数据交换。

第二个阶段是 20 世纪 70 年代中期至 80 年代末期，软件开发商根据各实验室的具体需求，将实验室所需的功能尽可能多地设计到自己的 LIMS 产品中。此时的 LIMS 系统操作一般集中在中心计算机上完成，可以实现一般的数据管理与统计分析功能，数据处理能力比较低，手工处理的工作量仍然比较大，其他功能还没有实现。这个时代的计算机语言和网络技术还不够发达，计算机的价格比较贵。

第三个阶段是 20 世纪 90 年代以后的功能完善时期。此时，计算机性能大大提高而价格却开始下降，基于第三方的关系型数据库技术与网络技术已经成熟，系统一般采用 PC 作为数据终端，网络体系的建立比较容易。基于客户机/服务部（Client/Server，C/S）构架的数据管理模式成为主流，数据处理能力大大提高。采用 Internet、Intranet 和 Web 技术的 LIMS 普遍采用了统一的浏览器界面和以 Web 服务器为中心的分布式管理体系，使用极其方便。产品不仅具有良好的用户界面，易于操作，而且增加了系统管理、工作计划安排、数理统计分析、图形软件、状态跟踪、仪器管理等方面的功能。

20 世纪 80 年代中期以来，我国曾先后引进几套 LIMS，并在石油化工等行业得到了一些初步推广，但总的来说还远没有达到普及的程度。这当然也受到了各种条件的制约：体制、观念、经费以及计算机应用水平等，而市场、商品经济观念的落后也制约了 LIMS 的推广。2000 年以后，LIMS 技术逐渐开始为大众所了解，开发、推广应用的单位日益增加，特别是通过近几年的信息化建设，国内大部分实验室都配备了自己的局域网系统，LIMS在我国的发展也进入一个全新的时代。

近年来，食品安全问题已经成为人们关注的焦点，相关部门不断加大食品安全抽检力度，食品检验实验室每天都会接收大量的检测任务，包括政府抽检和企业委托任务，其样品种类繁多且需求各不相同，检测项目及方法更是繁复多样。然而，用于检测和管理过程中的所有信息和数据仅靠手工记录存档，信息的复核、查询费时费力，存在出现纰漏和差错的可能。为了提高工作效率、改善实验室管理水平，食品检验实验室逐渐认识到信息化在管理中的作用，纷纷引入LIMS。

二、LIMS的主要技术标准

为了规范LIMS技术，推动其广泛应用，美国材料与试验协会（American Society for Testing and Materials，ASTM）已发布了许多关于LIMS的标准，其中两个重要的标准是《实验室信息管理系统指南》（ASTM E1578—93）和《实验室信息管理系统确认指南》（ASTM E2066—00）。

1. 实验室信息管理系统指南

1994年在ASTM年刊上公布的《实验室信息管理系统指南》，每隔五年修订一次。该指南对LIMS原理、技术平台、应用实施等各个环节进行了高度概括和总结，通过对LIMS技术术语的标准化与主要功能的确定，为LIMS技术的规范、应用实施、性能评估、项目管理、人员培训等提供具体指导。其主要核心思想包括以下几个方面：①为LIMS定义一个讨论平台，对LIMS的专业术语进行了定义和描述；②界定了LIMS的基本功能，包括数据/信息输入、数据分析、报告输出、实验室管理、系统管理等；③针对LIMS技术自身和应用特点的一些特殊考虑与建议，特殊概念和问题有LIMS数据库技术和结构、计算机硬件平台、LIMS的生命周期、LIMS的费用与获益、相关标准与法规；④提出了实施LIMS的工作流程建议，为LIMS的潜在用户提出了建议，主要包括LIMS的工作流程、LIMS项目实施指南和LIMS的功能测评等。

2. 实验室信息管理系统确认指南

2000年发布的《实验室信息管理系统确认指南》，是对LIMS进行验证的方法标准，为验证各方提供了标准的LIMS术语、验证和测试标准流程及最终的验证报告。指南详细地描述了其对不同阶段和不同方面的认证主要内容：①对LIMS开发商的评估，主要围绕其内部的管理和产品开发过程是否符合公认的质量控制规范进行；②对安装在用户环境下的LIMS的现场验证，是独立于开发商进行的验证；③制订验证计划，为验证过程提供全面指导；④测试协议设计，阐述如何对LIMS性能进行实测评定的文件，其内容设计得是否合理，对LIMS的认证影响很大；⑤运行期间的认证问题，保证系统的状态始终处于认证合格的状态；⑥资料，建立完备的认证资料文档是LIMS认证工作的一个重要环节。

三、LIMS 的功能简介

ASTM 于 2006 年修订的《实验室信息管理系统标准指南》（E1578-06）中指出 LIMS 的功能主要包括核心操作功能、核心支持功能和扩展功能。

核心操作功能包括样品登录（实验室服务要求，登录标签或批次，登录样品，打印样品标签）；样品管理（接收样品，分发样品，贮存样品，样品保管链）；核心实验室工作流程（安排测试，安排仪器，准备实验，操作实验，录入数据）；结果审核（数据确认、复核、审核、主管、质量评价、数据确认，确保数据）；样品批准（处置）；报告（核心实验室工作流程，实验室度量单位，专门报告，分析证书，管理报告）。

核心支持功能包括配置管理功能（收集源文件，方法变化控制，建立主要数据，测试或核实主要数据，转移主要数据到产品中，撤销主要数据）；系统管理功能（系统管理：硬件维护，软件维护，数据维护，灾难恢复）以及数据存档。

扩展功能包括人员管理（实验室组织结构，人员基本档案信息，分析者培训考核记录，资格状态等）；仪器设备管理（购买、审批、验收、保管等管理信息，校准管理，预防性维护，服务或维修管理）；标准和试剂管理（购买、审批、保存等管理信息，使用管理，报废管理）；标签管理（创建，复核，安排）；预约管理（环境，稳定性）；仪器数据采集（色谱数据系统，直接数据采集，文件或解析采集，原始数据文件储存元数据采集）；财产目录管理（受控物质，试剂，稳定性）；控制表趋势管理。

实验室信息管理系统包含的基本功能模块如图 8-1 所示。

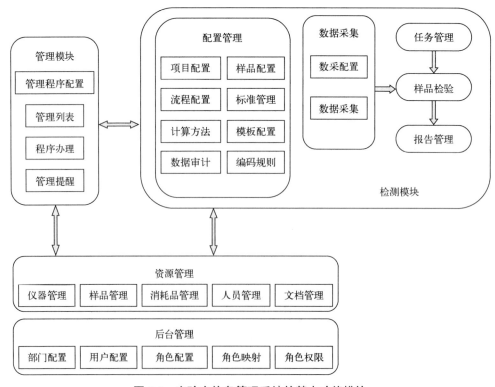

图 8-1 实验室信息管理系统的基本功能模块

四、食品检验实验室中 LIMS 的工作流程模型

LIMS 的工作流程模型（图 8-2）依据食品检验实验室的基本工作流程设定，其目的是阐明 LIMS 的功能与基本实验室工作工序（样本处理、分析和报告）二者之间的相互作用。但是在常规的使用过程中，不同的食品检验实验室的特定需求存在非常大的差异，特别是样品的定义、组成和采集因个体实验室而异。

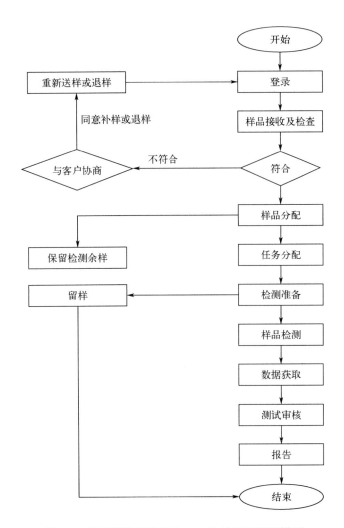

图 8-2　食品检验实验室中 LIMS 的工作流程模型

1. 食品检验样品登录

LIMS 应明确进行配置，包括相对固定的信息：人员、客户、测试、报告等。并将此类信息录入静态表。LIMS 配置完成后，开始进行样品登录。LIMS 为每个登录的食品检验样品分配一个唯一的编号，此编号可以是一个连续整数或自定义的序列。

发布确认报告，确保该系统用户接收了食品检验样品。LIMS 的状态是随着样本/订单进

行更新。当有命令发出时系统要记录，并且系统能够跟踪剩余步骤的时间间隔，以便食品检验实验室管理能确定周转时间、样本状态和各种预期条件。

2. 食品检验样品接收及检查

食品检验实验室实物样品的接收要记录在系统中。食品检验样品可依据客户或项目的取样要求进行检查。其他信息如收到的样本数量和时间有效性会被记录下来，并且按照收到的样本/订单记录更新样品的状态。

食品检验实验室有必要将食品检验样品细分为二次抽样子样品或是可以同时分析的等分样品部分。LIMS 依据实验测试要求进行食品检验样品等分，还应观察并记录样本的其他问题，如异常的颜色或物理状态。当然，有些样品可能需要一个初步的加工或者处理，例如添加防腐剂、掩蔽剂等。技术员应按照说明操作，确保实验能正常进行。

LIMS 应具有处理类似检查的充足灵活性，在样本登录过程中或之前，由技术员进行检查并记录。LIMS 还应该为每个收到的样品或等分试样指定唯一的样品标识，并给每个样品打印一份适当的标签。

3. 食品检验样品分配

食品检验样品分配过程包括 LIMS 重要功能的工作清单、样品的路线选择和保管链。保管链应提供控制权的文档证明、对样品容器的跟踪监护等内容。LIMS 应提供一个所有测试必须执行的操作清单，甚至应把测试每个等分试样所需的金额、材料以及样品送交到的地方这些信息提供给技术员。

食品检验样品分配过程中还应留样，食品检验实验室管理系统对留样的日期和留样时间都要做说明，并且每一份留样都要打印一份适当的标签。

4. 食品检验任务分配

LIMS 可通过配置样品组，实现样品组自动运行或加入等待序列，并为每个食品检验样品/订单安排工作（测试）。它也可以设定权限，授权用户手动执行这些功能。LIMS 可为工作流程添加标准品、质控样品，也可以通过配置让授权用户手动插入标准品和质控样品。

5. 食品检验检测准备

大多数样本在分析前应进行准备。此外，有些食品检验样品可能要求在等分试样的样品准备之前完成初步的处理。LIMS 可以向这些初始处理和样品准备步骤提供样品准备指南服务。经过初步加工或准备过程（或二者兼有之）的全部样品、标准品和质量管理样本，都需要制定唯一标识。技术员确定样品质量控制要求，在实验室将样品分组，或依据类函数或使用的仪器等标准，来配置信息管理系统，自动批量处理未知样品和质控样品。经过样品准备，分析员使用 LIMS 的某些功能，把标准品和质控样品放到他们需要加以衡量的特定顺序中。

6. 食品检验样品检测

应采集某些辅助性的原始数据作为测量过程的一部分。这包括仪器设置值、某些附加标准、样品质量控制、使用的半成品情况，以及观察到的违规、困难和异常行为。这些信息有助于实现对原始数据的溯源，并有助于解释异常结果。测试结果/结论是测量过程的主要输出。中间产品、最终测试结果、标准及与其相关的样品质量控制可以用硬件或电子格式给出报告，或两者兼而有之。

7. 数据获取

测试结果必须录入LIMS。应仔细评估那些转移到LIMS的辅助测试数据。由于客户需求报告更多的辅助测试数据，LIMS应当有能力获取、存储和报告更多辅助测试数据。这些数据可以通过电子接口输入或由技术员使用小型应用程序输入。当测试结果/结论录入后，样本/订单和测试结果的状态将更新。LIMS管理职能将记录捕获结果的事实和时间，使他们能够统计完成的工作量并跟踪每个测试命令的进展情况，并审计跟踪用来记录所有LIMS事务的运作信息。

8. 测试审核

（1）**测试结果审核**　食品检验实验室要求每个测试结果给出一级或多级以上的审核和说明文档。LIMS应被设计成至少具有记载两级审核的能力。原始样品的结果通常由初级技术员予以审核和说明，审核记录将存储在LIMS系统中。食品检验实验室可能需要第二级资格人员对结果进行二次审核（这是行业规定，依赖于监管要求），以确保正确输入和说明结果。为了有助于这一过程的实施，除了提供样本测试结果之外，LIMS还应提供相关的标准和空白表格。技术员可以判断方法是否受控制，LIMS也可以显示已完成的审核概要。如果结果出现异常或者溢出，应标记出来，并进行更深层次的审核。LIMS可以强制执行食品检验实验室的标准操作程序，要求审查员和测试员是不同的人员。在确认阶段，可以对LIMS进行修正和更改。因审计过程中需要变更实验室管理系统的行为，要给出变更理由，并在系统里面进行记录和储存。

（2）**重新测试循环**　重新测试循环可以在LIMS工作流程的多个点进行。重新测试是指对原始样本/订单的一个或多个辅助测试。如果认为给定的测试存在失败的可能，重新测试通常再次排序。失败原因可能包括错误的质量控制参数、仪器故障或技术判断失误，LIMS应当存储每个测试及其原因，以备审核。

9. 报告

一旦测试结果被验证，可以生成外部和内部报告。

测试结果以及质量控制的数据报告可以通过硬拷贝、电子数据交付、基于Web网络的系统等多种形式报告给客户。LIMS的报告生成程序要足够灵活，以适应各种客户需求的不同报告。LIMS最常见的预定格式是硬拷贝和电子报告格式。现在许多客户使用的电子报告格式（如XML），都支持实验室信息管理系统数据库数据查看和客户端数据库传输等功能。

报告可包括用于内部实验室管理的摘要。报告发布时要告知管理职能，因为这标志着周转时间结束。然后，LIMS的状态会被更新为样本/订单的结束。通过收集这个过程中各点的统计数据和时间标记，形成报告文件给食品检验实验室管理人员。每个工作点处理样品的报告数据会不断更新和改变，这需要几个小时或几天来完成。但是，这有助于确定食品检验实验室高峰需求，设置参数，以及解决其他问题，并且为确定新的仪器或人员需求提供了很好的参考。同时，仪器校准和维修记录也可以保存并报告给 LIMS 进行储存。

五、LIMS 对食品检验实验室的作用

LIMS 基于计算机局域网，专门针对一个食品检验实验室的整体环境而设计，由人、硬件、软件和数据资源组成，目的是及时、正确地收集、分析、存储、报告和管理实验室数据和信息，实现食品检验实验室中各项活动的管理、调节和控制。LIMS 的强约束性可以有效地实施质量保证和质量控制流程，贯彻食品检验实验室的管理体系，规范食品检验实验室的日常工作，对样品检验流程、分析数据及报告、实验室资源及客户信息等要素的综合管理，使不同岗位的人员按各自的权限分享不同级别的信息资源，完成约定的工作，提高管理人员的管理效率及操作人员的工作效率，达到科学的控制，改进食品检验实验室管理和质量的目的。其具体作用有以下几个方面：

1. 提高样品测试效率

测试人员可以随时在 LIMS 上查询自己所需的信息；分析结果输入 LIMS 后，自动汇总生成最终的分析报告。

2. 提高分析结果可靠性

分析人员可以及时了解与样品相关的全面信息；系统自检报错功能可以降低出错的概率。另外，提供的数据具有自动上传功能、特定的计算和自检功能，消除了人为因素，也可保证分析结果的可靠性。

3. 提高对复杂分析问题的处理能力

LIMS 将整个食品检验实验室的各类资源有机地整合在一起，工作人员可以方便地对食品检验实验室曾经做过的全部分析样品和结果进行查询。因此，通过对 LIMS 存储的历史数据的检索，有可能得到一些对实际问题处理有价值的信息。

4. 协调实验

管理人员可通过 LIMS 平台，实时了解食品检验实验室内每台设备和人员的工作状态、不同岗位待检样品数量等信息，能及时协调有关方面的力量化解分析流程出现"瓶颈"环节，缩短样品检测周期；调节食品检验实验室内不同部门的富余资源，最大限度地减少资源的浪费。

5. 实现量化管理

LIMS 可以提供对整个食品检验实验室各种信息的统计分析，得到诸如设备使用率、维修率、不同岗位工人工作量、出错率、委托样品测试项目分布特点、实验室全年各类任务的时间分布状态、试剂或经费的消耗规律等信息。管理层能定量地评估食品检验实验室各个环节的工作状态，很好地实现高效工作。

应用案例 8-1（某食品检验实验室使用 LIMS 系统的效果）

六、LIMS 在食品检验实验室的使用

1. 食品检验实验室使用 LIMS 的要求

① 用于收集、处理、记录、报告、存储或检索数据的 LIMS（包括非计算机化系统），在投入使用前应进行功能确认，包括 LIMS 中界面的适当运行。

② 食品检验实验室使用 LIMS 时，应确保该系统满足所有相关要求，包括审核路径、数据安全和完整性等。

③ 食品检验实验室应当制定措施确保数据信息的完整性、正确性和保密性，并对 LIMS 和相关资质认定要求、认可要求的符合性和适宜性进行完整的确认，保证其有效并保留确认记录；对 LIMS 的改进和维护应确保可以获得先前产生的记录。

2. LIMS 的管理和维护

实际运行的 LIMS 必须专设一位系统管理员来对系统进行维护。系统管理员的管理行为通过系统管理模块来实施。系统管理包括系统初始化、设定用户权限、系统设定、日志管理和数据维护。

① 系统初始化在系统启动时执行。

② 设定用户权限一般在系统安装后一次设定，不必经常变动（人员变动情况除外）。

③ 系统设定一般也是在安装结束后一次设定完毕，除非系统有较大的改动。

④ 日志管理主要是定期对系统日志进行备份，确保系统日志的正确记录。

⑤ 数据维护是系统维护工作量最大的部分。因为系统每天运行都要产生大量数据，这些数据的有效存储、备份都是很重要的。当出现争议时，历史数据就显得尤其重要，而进行科研有时也要查阅、统计历史数据。更重要的是，大量数据也必须及时备份以减轻系统负担，确保系统正常运行。

系统维护包括了系统用户、操作权限的设置维护、系统数据库维护、系统访问日志维护、标准数据维护及系统的初始化。提供严格又细致的用户权限设置功能，用户权限分为模块访问权限和数据访问权限两个部分，模块访问权限决定用数据范围，经由系统设置，可以构造一个完全等同于实际物理组织的网上虚拟实验室，系统管理员可先行登录，修正食品检验实验室相关信息。

活动探究

模块九
食品检验实验室的安全管理

 职业素养

树立"防为上"思想，抓好安全管理，预防事故发生

东汉思想家荀悦在《申鉴·杂言》讲："进忠有三术：一曰防，二曰救，三曰戒。先其未然谓之防，发而止之谓之救，行而责之谓之戒。"结论是"防为上，救次之，戒为下"。安全管理工作，也必须牢固树立"防为上"的思想，只有把安全防范工作做得扎实有效，才能减少或避免灾难。"安全第一、预防为主"是我国安全生产的基本方针，也是实验室安全生产的基础，更是我国以人民为中心，生命重于泰山的生动诠释。在实验室安全管理的这个系统中，预防的重点就是加强安全教育，真正抓好了安全教育培训，就能够从各个方面来保证实验室安全生产。

通过对1986~2019年期间发生的150起实验室（高校及科研院所）事故进行统计，事故共造成369人受到不同程度的伤害，其中死亡15人，伤害354人。随着年份的增加，事故发生的数量先增加后降低，2005~2015年期间事故较多，而2016~2019年期间事故总数有所降低。在150起事故中，化学实验室发生事故的比例最高，为70.27%，物理实验室、生物实验室、医学实验室和化学品储藏室的比例分别为13.51%、8.78%、6.08%和1.35%。

150起实验室安全事故主要包括火灾、爆炸、毒害、生物感染、腐蚀和其他事故。其中，火灾性事故、爆炸性事故和毒害性事故发生数量较多，分别为66起、45起和22起，占全部事故比例的44.00%、30.00%和14.67%；生物感染和腐蚀事故分别为7起，占比4.67%；其他事故还包括触电、坠楼和放射性伤害事故等共3起。生物感染事故虽然只有7起，但是造成的伤害比例最高，占到68.36%。其次为危险化学品事故伤害，比例为23.16%。

统计结果表明，操作不慎或使用不当、违规操作是引发事故最多的两个主要原因，分别为34起和32起，占事故总数的22.67%和21.33%；其次是设备老化、故障或缺陷12.67%；危险化学品存储不规范12.67%；线路老化或短路7.33%；废弃物处置不当4.67%；动物未检疫或未消毒4.67%；实验室管理意外2.66%和反应失控2.00%。

数据来源：《基于150起实验室事故的统计分析及安全管理对策研究》

项目一　食品检验实验室安全管理的相关知识

随着我国经济快速发展及国内食品质量与安全的要求日益提高，近年来，食品检验实验室如雨后春笋般出现，无论从数量上还是软硬件上都有很大的发展空间，但食品检验实验室的安全问题也随之而来。近年来，实验室危及人们健康和安全的事件时有发生，敲响了实验室安全问题的警钟，从业各方一直在探讨实验室安全管理方面的问题，国家也越来越重视这方面的管理。可见，实验室安全是食品检验实验室有序运行其他活动的基础，实验室工作质量是食品检验实验室生存发展的根基。因此，食品检验实验室管理中各类管理活动必须始终围绕实验室安全管理这个基本要点。

一、食品检验实验室安全管理的措施及风险评估

1. 实验室安全管理的定义

安全是指没有危险和不发生事故的一种状态。实验室安全是指实验室没有安全危险因素，无直接的安全威胁，实验前后无安全事故发生的一种安全状态。

实验室安全管理是实验室管理学科的一个重要分支，它是为实现实验室安全目标而进行的有决策、计划、组织和控制的活动。实验室安全管理主要运用现代安全管理的原理、方法和手段，分析和研究实验室各种不安全因素，从组织上、思想上和技术上采取有力的措施，解决和消除实验室中的各种不安全因素，防止各类实验室安全事故的发生。

安全管理制度不健全、实验室工作人员安全意识缺乏以及实验物品和实验室环境中存在不安全因素都可能造成设备损坏或被盗、工作人员急慢性中毒或生物感染、技术或信息被窃等安全事故，甚至造成实验室火灾或爆炸等重大安全事故。而实验室安全事故会直接影响食品检验实验室产品质量，还可能造成食品检验实验室及实验室周围生命和财产的损失，所以，实验室安全管理是食品检验实验室管理工作中的重要内容。

2. 食品检验实验室的安全管理措施

实验室安全管理是食品检验实验室工作正常进行的基本条件。统计分析表明，食品检验实验室发生设备事故和人身事故往往都是管理不善、措施不力、操作不当或认识不够所导致。分析实验室安全事故的规律，总结安全事故的经验，建立健全安全预防机制，贯彻"预防为主，安全第一"的方针，才能有效地防止食品检验实验室安全事故的发生。实验室安全管理是一项极为重要的工作，需要对体系文件与管理制度、环境和设施安全、人员管理、检查监督等全方位进行综合管理。

（1）建立完善的安全管理机构　建立完善的安全管理机构，对食品检验实验室安全情况进行分工、指导和监督工作，明确各自职责，是确保食品检验实验室安全管理的基础。

（2）健全安全管理规章制度　制度是做好食品检验实验室安全管理工作的保证，实现食

品检验安全管理科学化就是要使安全工作规范化。包括：实验室安全管理规则；实验室安全卫生守则；危险化学品管理办法；剧毒品管理办法；放射性同位素与射线装置使用管理规定；实验室安全用电管理规定；特种设备安全使用管理办法；压力气瓶安全使用管理规定；危险化学品废物处理规定等。

（3）安全检查制度的执行 实验室中的任何一个隐患，任何一个小小的疏忽，都有可能酿成大的事故，造成难以估量的损失。为随时了解食品检验实验室安全情况，相关负责人员应每天检查食品检验实验室的房屋、水、电、设备状况，危险品存放状态，灭火器、门窗状态等，并做好记录，记录的内容还应该包括存在的隐患和整改措施，以及后期改进工作的进度记录等。

（4）人员的安全教育 安全教育是防止事故发生的预防性工作。全面系统地掌握实验安全管理的相关知识，不仅有助于食品检验实验室技术人员及相关人员理解和执行国家的有关规定，也是食品检验实验室技术人员遵守操作技术规范、避免发生实验事故的基础。食品检验安全教育的任务就是要不断提高人员的安全素养。通过教育，提高各类人员的操作技能，懂得生产过程中不安全因素的所在及如何防止，一旦事故发生，能迅速冷静地去排除事故。

3. 食品检验实验室的安全风险评估

（1）食品检验实验室安全风险评估的必要性 引发实验室安全事故的客观因素和主观因素，均应作为实验室安全隐患重点排查。在食品检验实验室的日常运行之中，或多或少存在着安全隐患，往往较小的安全隐患是引发较大安全事故的导火索和直接诱因。通常因为食品检验实验室的建设规模比常规的工厂小，并且在试剂用量上也比较少，大部分事故发生后所造成的破坏性较小，因此会造成食品检验实验室管理者和工作人员对实验室安全隐患存在麻痹大意，最终酿成不可挽回的损失。

通过总结和分析，诱发食品检验实验室发生安全事故的风险，来源大致有以下几种。

① 实验室自身属性风险　实验室，尤其是从事技术开发的科研型实验室，科研人员在对未知科研领域的不断探索中，许多未知因素难以预见，只能在客观上对实验操作的安全性进行预判和控制。因此，蕴含各类可能导致研究主体和客体损毁的风险，包括对研究者和实验室其他非研究者的生命和健康损害、对研究设施造成破坏、对研究场所周边环境的损害等。

实验过程中可能会遇到新物质，而其危害性是被逐步发现和证实的；某些实验过程中会发生瞬间释放巨大能量、有毒有害物质的喷溅、物质燃烧等事件，具有不确定性，风险往往具有不可预知性。

② 基本安全保障设施的缺陷　目前，有相当数量老旧的实验室基本安全保障设施还比较欠缺，如消防设施（烟感报警系统、应急照明系统、逃生指示标识等）、通风系统、危险气体检测与报警系统、应急喷淋与洗眼装置等，存在较大的安全风险，需要加大投入，不断完善。对于近期建设的实验室大楼，虽然有的建设项目已经考虑到这些问题，但由于缺乏实验室设计规范和标准、投入资金不足、建设部门不够重视等，导致建成的新实验室仍存在一定的安全隐患，需要及时发现、补救，以减少安全风险。

③ 实验人员主观安全意识懈怠　许多实验人员主观上对实验室安全不重视，其主要原因是实验室未发生过安全事故、或已发生事故但损失不大、或事故没有牵涉自己，造成思想

上的麻痹。

上述三大主要因素极大地造成了食品检验实验室安全风险存在的可能性。因此，引入安全评估机制，可以有效规避和减少安全事故的发生，是食品检验实验室活动中非常重要和必要的环节。

（2）食品检验实验室安全风险评估的主要内容

① 鉴定所使用或制造的物质的危害性；

② 评估有关危害造成实际伤害的可能性及严重程度；

③ 决定采用什么控制措施，从而把风险减小到可以接受的程度，例如，把物质的使用量减少，使用较为稀释的溶液、危险性较低的化学品或较低的电压，以及使用通风橱、个人防护装备等；

④ 确定如何处置在进行实验后所产生的危险残余物。

二、食品检验实验室存在的安全风险

食品检验实验室在使用过程中存在各种各样的安全风险，一般分为以下四个方面：

1. 化学品带来的安全隐患

（1）易燃易爆化学品类事故　多发生于理化类实验室，这些实验室在实验过程中使用多种易燃、易爆物质，或者在实验过程中产生各种易燃、易爆的物质，而且这些实验室使用电源和火源频率较高，加上实验人员操作不当或违反操作规程，极易引起火灾和爆炸。

（2）人身安全类事故　多发生于实验人员在做实验时因不了解化学药品的性质、危害性、正确的操作方法而造成操作失误发生的事故。化学药品的配制、使用不当引起爆炸或者液体飞溅也可能使人体受到伤害。有些化学药品既有易燃易爆或腐蚀性，同时又有毒害性，一旦发生事故，轻者损伤皮肤，引起皮炎，重者会烧毁皮肤，损伤眼睛和呼吸道，严重会损伤内脏和神经，造成急性中毒、亚急性中毒或者慢性中毒。

（3）剧毒化学品类事故

① 摄入微量剧毒化学品即可使人致残或有生命危险。

② 剧毒化学品使用不当会造成环境的严重污染。

③ 剧毒化学品丢失或被盗会给社会造成不可估量的损失。

（4）化学品污染类事故　主要表现在以下两个方面：

① 实验过程中产生的废液、废气、废渣如果收集不完全，未收集的废弃物进入环境中，会导致环境空气、地下水及土壤等发生严重污染，甚至威胁人类的生命安全。

② 实验过程产生的废弃物没有通过有相关资质的第三方公司特殊处理，随意丢弃，也会对周围环境造成严重污染和破坏，有可能还会伤及无辜。

2. 仪器设备带来的安全隐患

（1）电气火灾类事故　多由于实验设备陈旧、日常维护不到位、配件质量较差、操作人员用电不规范等引起电击伤害、电气火灾等事故。引起电气火灾的主要原因：电线老化短路、接触电阻过大、电气设备发生火花或电弧、静电放电产生火花、过载等。

（2）仪器设备类事故　仪器设备类事故分为仪器设备伤人事故和设备损坏事故。前者多半是由于操作不当，违反操作规程，缺少防护措施，缺乏保护装置所致。后者是由于错误操作，设备老化，存在缺陷和故障或外来不可抗拒的突发故障（如停电等原因）造成。

3. 压力气瓶带来的安全隐患

（1）检查验收存在安全隐患　对气瓶的密封性、耐压性检查不仔细、不认真；在常规维护中没有定期检查；对气瓶的存放位置不区分；气瓶名称标识和颜色标识不清晰；没有做到专瓶专用等都有可能造成压力气瓶产生爆炸事故。

（2）日常维护存在安全隐患　涉及压力容器等特种设备的维护，从业人员应该经过专业培训，并持有特种设备作业人员证方可进行维护作业，以降低发生安全事故的概率。

（3）存放环境存在安全隐患　压力气瓶存放环境应该远离电源、火源，防止发生爆炸；附有固定带等装置，防止倾倒伤人；同时保证室内温度常温，防止高温爆炸；安装气体防泄漏报警装置，避免有害气体泄漏造成环境污染或者人体中毒，易燃气体在空气中泄漏达到一定浓度时遇明火会发生爆炸。

（4）运输过程存在安全隐患　压力气瓶在运输装卸中轻装轻卸，严禁抛、滑、滚、碰，避免发生强烈碰撞，引起爆炸事故。

4. 微生物带来的安全隐患

微生物检验实验室可能涉及多种具有传染性的病原微生物，在此类实验室中从事检验检测活动的工作人员和其他相关人员存在被病原微生物感染的风险，并且可能引起实验室内病原微生物的泄漏、扩散，造成相关传染疾病的发生与流行，从而危害人类健康与生活，严重情况下甚至引起社会动荡、经济停滞等后果。因此加强此类实验室的生物安全管理尤为重要。

三、食品检验实验室的安全风险防护

食品检验实验室存在各种各样的安全隐患，如何避免安全事故的发生，降低各种损失，维护安全环境，保障安全生产成为一个重要的问题。因此，食品检验实验室的安全风险防护至关重要。

1. 安全技术的原理和预防原则

（1）安全技术的原理

① "三E"措施（又称为"三E"原则）：所谓"三E"是指工程技术（Engineering）、教育培训（Education）和强制管理（Enforcement）三个方面。该措施指出，要确保安全工作和防止人为错误造成的事故，必须从这三个方面采取综合措施，缺一不可。其中，技术是指要有一个符合安全技术要求的设计，包括工作流程、操作条件、设备性能、选用材料等方面。教育是指要不断提高人员的安全素养。管理不仅是指组织协调，而且是包括法令、章程、标准、制度等在内的制定和执行。

② 海因列希法则：海因列希法则是指重伤死亡、轻伤及无伤事故的比例为1：29：

300，也称为330法则。根据海因列希法则，要消除重伤与死亡事故，就要减少轻伤事故，特别要重视那些平日无所谓的无伤事故，只有这样，才能克服那些麻痹大意，由小而引起的重大事故，才能减少事故的重现性。

③ "四M"原则："四M"指人（Men）、机械（Machine）、媒介或环境（Media）和管理（Management）四个方面。该原则指出，人（包括所有的有关人员）是安全生产的关键；机械、媒介或环境都是与安全有密切联系的重要因素；安全管理则是要使人有安全感和必须安全的欲望。

（2）预防生产事故的一般原则　危险因素根本消除原则、预防原则、减弱原则、加固或加强原则、隔离原则、时间防护原则、连锁原则、屏蔽原则、取代原则、警告牌示和信号装置。

2. 食品检验实验室安全管理的内容

为保证食品检验实验室人员、设备、技术以及实验室周边的生命财产安全，必须加强食品检验实验室的实验室安全制度建设、实验室人员安全教育、实验室易燃易爆物品管理、生物制品安全管理和实验室安全防控预案制定，杜绝实验室安全隐患或减轻安全事故造成的危害。

（1）食品检验实验室安全制度建设　为使食品检验实验室安全管理有章可循，且安全监管有法可依，应依据国际国内法律、技术标准和操作规范，制定适合食品检验实验室实际情况的《实验室安全管理规则》《实验室物品管理规定》《化学试剂安全使用管理办法》《生物安全工作细则》等一系列实验室安全管理制度。

（2）食品检验实验室人员安全教育　在建立健全安全管理制度基础上，应注重食品检验实验室工作人员的安全意识教育。通过组织安全法规制度学习、典型案例分析、安全知识培训、消防演练和定期安全知识考核，强化食品检验实验室工作人员的安全意识和安全事故应急处置能力。

（3）食品检验实验室环境安全　食品检验实验室环境安全包括实验室建筑设计、设施布局、安全防护设施水电气安全等要素。实验室建设选址、实验室建筑设计、实验室设施布局等应符合食品检验实验室安全管理要求。通过加强食品检验实验室安全防护设施建设和水电气安全设计，减少食品检验实验室环境安全隐患。

（4）食品检验实验室物品安全　实验室设备、化学试剂和电离辐射源等实验室物品使用、存放要符合食品检验实验室安全管理要求。如剧毒品、易爆品应严格执行双人管、双人发、双人运、双人用等规定；库房内危险品试剂应遵循分类存放原则，毒品、爆炸品应分格存放保险箱，易燃品及性质互相抵触或灭火方法不同的试剂要分库分类存放；高压气体钢瓶应符合气瓶安全管理规定，设计专用地点按种类分开安放，并定期进行安全检查；有电离辐射源的实验室应严格执行电离辐射防护安全管理要求，防止电离辐射源对实验室人员和周围居民的辐射危害。

（5）食品检验实验室生物安全　食品检验实验室应对实验过程中使用的各种生物因子进行科学管理，防止实验室人员生物感染和危险生物因子扩散。应依据《实验室生物安全通用要求》《病原微生物实验室生物安全管理条例》和《生物安全实验室建筑技术规范》

等法规，同时从人的不安全行为和物的不安全状态上加强生物安全管理，预防生物安全事故发生。

（6）食品检验实验室废弃物处理　食品检验实验室废弃物种类繁多，应按照国家废弃物管理要求分类处理。对于高危害物质以及对人体和环境可能造成严重损害或污染的废弃物，食品检验实验室应先对其进行无害化处理，然后用包装物密封包装，并贴上标签，注明废弃物的名称、剂量单位、数量等，再暂时存放于安全位置，最后适时移交具有相关处理资质的专业机构处置。

（7）食品检验实验室信息安全　食品检验实验室数据和信息资料需要长期保存，部分实验室信息资料还涉及保密安全，因此，食品检验实验室应充分重视实验室信息安全管理。另外，对于信息网络化的食品检验实验室，还应加强网络安全维护。

（8）食品检验实验室意外事故处置　食品检验实验室应制定意外事故应急预案，如发生火灾、爆炸、危险化学品泄漏和菌种毒种丢失等意外事故时，应按照应急预案采取相应处置措施，减少意外事故导致的人员伤亡和财产损失。食品检验实验室人员应熟知应急预案的内容，掌握应急处置常用方法。当有人员伤亡情况时，应根据伤亡程度立即采取救助措施，同时拨打"120"救助电话。当出现诸如火灾、化学品泄漏和环境污染等灾害时，应采取防止灾害蔓延的控制措施，同时拨打"119"火警救助电话。根据意外事故应急预案要求，食品检验实验室应做好安全事故应急救援人员培训，配备应急消防器材设施，保持食品检验实验室走廊、楼梯和出口畅通，保证一旦危险事故发生，各项救援设施齐全和应急通道畅通。

延伸阅读 9-1（食品理化实验室常见安全事故的应急处理）

3. 理化检验实验室的安全基本制度

在实验操作中，经常使用各种化学药品和仪器设备，以及水、电、煤气，还会经常遇到高温、低温、高压、真空、高电压、高频和带有辐射源的实验条件和仪器，若缺乏必要的安全防护知识，会造成生命和财产的巨大损失。因此理化检验实验室必须建立健全以实验室主要负责人为主的各级安全责任人的安全责任制和相关安全规章制度，用于加强理化检验实验室安全管理。

（1）个人防护规定

① 实验人员进入理化检验实验室，必须按规定穿戴必要的工作防护服，用于防护化学品喷溅或滴漏等危害。

② 实验过程中使用挥发性有机溶剂、特定化学物质或毒性化学物质等化学药品时，必须按要求穿戴防护用具后，方可进行实验。

③ 实验过程中，严禁戴隐形眼镜，主要防止化学药剂溅入眼睛而腐蚀眼睛。

④ 实验人员进行实验时，需将长发及松散衣服进行固定，特别是在药品处理过程中。

⑤ 进入实验室进行实验时，需穿覆盖全脚面的鞋子；尽量不要穿着裙子等将身体部位大面积暴露于空气中的衣服进行实验。

⑥ 操作高温实验时，必须佩戴防高温手套。

（2）饮食规定

① 避免在理化检验实验室或附近区域进行饮食，使用化学药品或结束实验后，需彻底洗净双手后方能进食。

② 食物严格禁止储藏于储有化学药品的冰箱或储藏柜内。

（3）药品领用、存储及操作相关规定

① 操作危险性化学药品务必遵守操作守则进行实验；切勿擅自更换实验流程。

② 领取药品时，需根据容器上标示中文名称进行确认。

③ 取到药品后，确认药品危害标识和图样，掌握该药品的危害性。

④ 使用挥发性有机溶剂、强酸强碱性、高腐蚀性、有毒性药品时，或者开展使用或产生危害性气体的实验时，严格在通风橱内进行操作，注意通风设备的正确使用，勿将有害气体泄漏至实验室内。

⑤ 有机溶剂，固体化学药品，酸、碱化合物均需分开存放，挥发性化学药品必须置于具抽气装置的药品柜中。

⑥ 高挥发性或易于氧化的化学药品必须存放于冰箱或冰柜之中。

⑦ 在进行具有潜在危险实验操作时，避免单独一人在理化检验实验室操作，至少保证两人在理化检验实验室后，方可进行实验。

⑧ 在进行无人监督实验时，需充分考虑实验装置对于防火、防爆、防水灾的要求和潜在危害，保证理化检验实验室内灯光常亮，并在显眼位置注明实验人员的联系信息和出现危险时联系人信息。

⑨ 开展高温高压等危险性系数较高实验时必须经实验室负责人批准，并且实验必须两人以上在场方可进行，节假日和夜间严禁开展该类实验。

⑩ 开展放射性、激光等对人体危害较为严重的实验，应制定严格安全措施，做好个人防护。

⑪ 实验产生的废弃药液或过期药液或废弃物必须依照分类进行明确标识，药品使用后的废（液）弃物严禁倒入水槽或水沟，应列入专用收集容器中回收。

（4）用电安全相关规定

① 理化检验实验室内的电气设备的安装和使用管理，必须符合安全用电管理规定。大功率实验设备用电必须使用专线，严禁与照明线共用，谨防因超负荷用电着火。

② 理化检验实验室用电容量的确定要兼顾事业发展的增容需要，留有一定余量。严禁实验室内私自乱拉乱接电线。

③ 理化检验实验室内的用电线路和配电盘、板、箱、柜等装置及线路系统中的各种开关、插座、插头等均应经常保持完好可用状态，熔断装置所用的熔丝必须与线路允许的容量相匹配，严禁用其他导线替代。室内照明器具都要经常保持稳固可用状态。

④ 针对存放易燃、易爆气体或粉体的实验室，内部所用电器线路和用电装置均应按相关规定使用防爆电气线路和装置。

⑤ 理化检验实验室内可能产生静电的部位、装置应进行明确标识和警示，对其可能造成的危害要有妥善的预防措施。

⑥ 理化检验实验室内所用的高压、高频设备要定期检修，要有可靠的防护措施。特别是自身要求安全接地设备，应定期检查线路，测量接地电阻。自行设计或对已有电气装置进行自动控制的设备，在使用前必须经实验室与专业人员组织进行验收合格后方可使用，其中的电气线路部分，也应在专业人员查验无误后再投入使用。

⑦ 理化检验实验室内不得使用明火取暖，严禁抽烟。必须使用明火实验的场所，须经批准后使用。

⑧ 切勿在双手沾水或潮湿时接触电器用品或电器设备；严禁使用水槽旁的电器插座（防止漏电或感电）。

⑨ 理化检验实验室内的专业人员必须掌握本室的仪器、设备的性能和操作方法，严格按操作规程操作。

⑩ 机械设备应装设防护设备或其它防护罩。

⑪ 电器插座使用时切勿连接太多电器，以免负荷超载，引起电器火灾。

⑫ 切勿使用无接地设施的电器设备，以免产生感电或触电。

（5）压力容器安全规定

① 气瓶应专瓶专用，严禁随意改装其它种类的气体。

② 气瓶应存放在阴凉、干燥、远离热源的地方，易燃气体气瓶与明火距离不小于 5m；氢气瓶应进行隔离存放。

③ 气瓶搬运要轻要稳，放置要牢靠。

④ 不得混用各种气压表。

⑤ 氧气瓶严禁油污，注意手、扳手或衣服上的油污污染气瓶。

⑥ 气瓶内气体不可用尽，以防倒灌。

⑦ 开启气门时应站在气压表的一侧，严禁将头或身体对准气瓶总阀，防止阀门或气压表因压力过大脱离气瓶冲出伤人。

⑧ 搬运应确知护盖锁紧后才进行。

⑨ 容器吊起搬运不得用电磁铁、吊链、绳子等直接吊运。

⑩ 气瓶远距离移动尽量使用手推车，务求安稳直立。

⑪ 以手移动容器，应直立移动，不可卧倒滚运。

⑫ 气瓶使用时应加固定，容器外表颜色应保持鲜明容易辨认。

⑬ 确认容器的用途无误时方可使用。

⑭ 定期检查管路是否漏气，压力表是否正常。

（6）环境卫生

① 各理化检验实验室应注重环境卫生，并须保持整洁。

② 为减少理化检验实验室内尘埃，打扫工作应于工作时间外进行。

③ 有盖垃圾桶应常清除消毒以保证环境清洁。

④ 垃圾清除及处理必须合乎卫生要求，应在指定处所倾倒，不得任意倾倒和堆积，影响环境卫生；实验垃圾应按照规定进行处理，切勿与生活垃圾混淆处理。

⑤ 凡有毒性或易燃的垃圾废物，均应特别处理，以防火灾或有害人体健康。
⑥ 窗面及照明器具透光部分均须保持清洁。
⑦ 保持所有走廊、楼梯通行无阻。
⑧ 油类或化学物溢出到地面或工作台时应立即擦拭、冲洗干净。

（7）防火规定
① 防止煤气管、煤气灯漏气，使用煤气后一定要确保把阀门完全关闭。
② 乙醚、乙醇、丙酮、二硫化碳、苯等有机溶剂易燃，实验室不宜过多存放，使用时或使用结束后，严禁倒入下水道，以免积聚引起火灾。
③ 金属钠、钾、铝粉、电石、黄磷以及金属氢化物要注意使用和存放，使用结束后严格按照相关处理规定进行后续处理，不可直接当作实验废弃物处理，特别注意不能与水直接接触。
④ 分析理化检验实验室可能的着火点，牢记实验室着火类型，可根据不同情况，选用水、沙、泡沫、二氧化碳或四氯化碳等灭火器灭火。

（8）防爆规定
① 氢气、乙烯、乙炔、苯、乙醇、乙醚、丙酮、乙酸乙酯、一氧化碳、水煤气和氨气等可燃性气体与空气混合至爆炸极限，在有热源引发情况下，极易发生支链爆炸，因此该类气体的存储应当进行隔离存储。进行实验使用时，应该在通风设备良好的通风橱内进行，并且做好相关的防护措施，确保实验装置的气密性。对于防止支链爆炸，主要是防止可燃性气体或蒸气散失在室内空气中，保持室内通风良好。当大量使用可燃性气体时，应严禁使用明火和可能产生电火花的电器。
② 过氧化物、高氯酸盐、叠氮铅、乙炔铜、三硝基甲苯等易燥物质，受震或受热可能发生热爆炸，使用时应轻拿轻放，注意周边环境对其存放和使用的影响。为预防热爆炸，强氧化剂和强还原剂必须分开存放，使用时轻拿轻放，远离热源。

（9）防灼伤规定 除了高温以外，液氮、强酸、强碱、强氧化剂、溴、磷、钠、钾、苯酚、醋酸等物质都会灼伤皮肤；实验时应穿实验服，佩戴防护眼镜、口罩、手套等相关防护设备，注意不要让皮肤与其接触。

（10）防辐射规定 化学实验室的辐射，主要是指 X 射线辐射，人体长期暴露于 X 射线照射，会导致疲倦、记忆力减退、头痛、白细胞减少等。避免身体各部位（尤其是头部）直接受到 X 射线照射，操作时需要屏蔽辐射时，采用铅、铅玻璃等屏蔽物进行屏蔽。

4. 微生物检验实验室的安全基本制度

（1）微生物检验实验室工作人员的资格和培训 微生物检验实验室的工作人员必须是受过专业教育的技术人员，并要每年接受最新的生物安全培训，以掌握暴露后的处理程序。在进入微生物检验实验室前，必须接受生物安全委员会与生物安全负责人安排的生物安全操作规范培训，以及实验室工作危险的告知与安全教育，自愿从事微生物检验实验室工作；并且在独自开始工作前，必须达到微生物检验实验室高级实验室技术人员上岗培训的合格标准；进入微生物检验实验室的工作人员必须遵守微生物检验实验室的所有制度、规定和操作规程。

（2）**微生物检验实验室准入与出入登记**　微生物检验实验室必须建立准入与出入登记制度。实验室工作人员、外来合作者、进修学习人员等在进入微生物检验实验室及其岗位之前，必须经过实验室主任的准入批准；非实验室有关人员和物品不得带入微生物检验实验室；有关人员进入微生物检验实验室时必须明确进入和离开实验室的程序，进行出入登记。

（3）**微生物检验实验室人员的生物安全防护**　不同等级的生物安全实验室在建立基本的生物安全操作规程基础上，必须建立针对不同微生物及其毒素的特殊生物安全操作规程，并在生物安全手册中列明，要求严格执行。微生物检验实验室必须为实验室工作人员配备必要的个体防护用品，如防护服、手套、口罩等。三级和四级生物安全实验室的工作人员在开始工作前必须建立档案，并保留本底血清进行有关检测以及定期复检；必要时，需要进行疫苗的免疫注射。

（4）**微生物检验实验室生物安全设备**　微生物检验实验室必须配置生物安全设备，制定生物安全操作规范，建立实验室工作人员与病原微生物等直接接触的一级屏障。生物安全柜（biological safety cabinet，BSC）是最重要的安全设备与防护屏障，应按要求配备Ⅰ、Ⅱ、Ⅲ级生物安全柜。

不得用超净工作台替代生物安全柜。所有可能使病原微生物及其毒素溅出或产生气溶胶的操作，除实际上不可实施外，都必须在生物安全柜内进行。微生物检验实验室所配备的离心机应在生物安全柜以及规定的其他安全设备中使用，或使用安全密封的专用离心杯。必要时微生物检验实验室应配备其他安全设备，如配置有排风净化装置的排气罩等，或采用其他不使致病微生物逸出确保安全的设备。

（5）**感染性物质的生物安全操作**　在进行感染性样本处理、感染性材料的组织培养，以及有可能产生感染性气溶胶的操作时，必须使用生物安全柜以及个体防护设备。当不能安全有效地将气溶胶限定在一定范围时，应使用保护装置。在微生物检验实验室中应穿戴工作服或罩衫等防护服和手套，离开微生物检验实验室必须脱下并留在微生物检验实验室内，不得穿戴外出，用过后应在微生物检验实验室中消毒后集中废弃。感染性物质的操作必须在生物安全柜或其他物理设备中进行，实验结束后，尤其是在感染性物质溢出和溅出后，应由专业人员进行消毒和清理。在废弃或重新使用前，所有废弃物或物品必须消毒，培养基、组织、体液及其他废弃物必须放在防漏的容器中储存及运输。禁止用手直接对污染的利器如用过的针头、刀片或破碎的玻璃器具进行操作，应将其放在不锈钢容器或厚壁容器中，必须进行高压灭菌后废弃。

（6）**感染性样本的安全采集**　进行感染性样本的采集必须具有：
① 所需要的与生物安全防护水平相适应的设备；
② 掌握相关专业知识和操作技能的工作人员；
③ 有效防止病原微生物扩散和感染的措施；
④ 保证病原微生物样本质量的技术和手段等基本条件。

（7）**高致病性病原微生物菌（毒）种或样本的安全运输**　运输高致病性病原微生物菌（毒）种或样本，应当经过省级及以上卫生主管部门或兽医主管部门批准。按照国家规定要求，选择合适的运输途径与方式，用符合防水、防破损、防外泄、耐高（低）温、耐高压要求的密封包装容器，并在容器或包装材料表面标记生物危害标志、警告用语和提示用语。应当由不少于 2 人专人护送，并采取相应的防护措施，严防发生被盗、被抢、丢失、泄漏等事件。

（8）微生物检验实验室突发事故处理　为避免和处理源于不安全操作引起的突发事故，必须建立微生物检验实验室事故和暴露的应急处理预案与事故报告制度，并进行有效的事前培训和模拟训练，包括紧急救助或专业性保健治疗的措施。如工作人员在操作过程中发生了针刺和切伤、感染性标本污染体表皮肤和口鼻眼内、衣物或试验台面等情况，应严格执行操作规范立即进行紧急处理，详细记录事故经过和损伤的具体部位和程度等，并向微生物检验实验室负责人和上级管理部门汇报。同时按规定填写正式的事故登记表，报告给国家相应级别的卫生主管部门。

项目二　食品检验实验室废弃物的管理

食品检验实验室检测的样品复杂多样，所以实验过程中产生的废弃物中不乏剧毒物质、致癌物质、含致病性微生物的物品以及放射性物质等。如实验过程中可能产生有害气体，将直接影响实验人员的身体健康，也会对大气造成污染；实验室排出的废液和固体废弃物，若不经处理而直接排放到下水道或垃圾箱中，将会污染环境，还会直接或间接地危害周围人群健康，而这些情况常常被人们所忽视，所以，妥善处理废弃物不仅是食品检验实验室重要的工作内容，也是保护环境、保证工作人员健康和安全的重要任务。

健康、安全、环境的一体化管理简称为 HSE 管理体系，即健康（Health）、安全（Safety）和环境（Environment）三位一体的管理体系。为保障实验室工作人员的健康和安全，减少对环境的污染，食品检验实验室必须建立 HSE 管理体系。食品检验实验室应尽可能减少废弃物量、减少污染，使废弃物排放符合国家有关环境排放标准，努力构建健康、安全的食品检验实验室。

一、食品检验实验室的废弃物

1. 实验室废弃物的分类

（1）含义　实验室废弃物的含义包括广义和狭义两种。广义的实验室废弃物是指实验室废弃不用的物质的总称，包括气体、液体、固体药品、生物制品、放射性物品以及垃圾、橱柜、电器等。狭义的实验室废弃物则是指实验过程所产生的有毒有害的气体、废液、废渣、实验材料、耗材等。

（2）分类　制定统一、恰当的分类标准是实验室废弃物管理中最为关键的环节，直接关系到废弃物的收集和处理能否顺利进行。根据实验室 HSE 管理体系要求，应遵循安全性、方便性和经济性的原则，关注废弃物的危险特性及其相容性，禁止将不相容或会发生反应的废弃物存放在一起。分类要为实际操作和后续处理提供方便，尽可能考虑收集和处理的经济性。

实验室废弃物的成分和污染程度不同，分类形式也不同。根据其污染程度、主要成分和基本性质，分类如下：

① 化学废弃物

废气：主要是实验过程中经化学反应产生的气体，如硫化物、氰化物、碳化物。此外，还有液体药品的挥发物，如浓盐酸、冰醋酸的挥发物。

废液：实验中产生的液体状或流体状的废弃物，包括洗涤废水、实验分析残液、生物反应液以及仪器设备使用的制冷剂或润滑剂残液等，该溶液中含有机物、无机物或有害微生物等。

废渣：固体废弃物，包括多余样品、反应产物、残留或失效的化学试剂等。

② 生物废弃物　主要是动植物的组织、器官、尸体，微生物（细菌、真菌和病毒等）及其培养基等。

③ 放射性废弃物　指含有放射性核素或者被放射性核素污染的物品，其浓度或者活度大于国家的清洁解控水平，预期不再使用的废弃物。

④ 实验器械废弃物　指废弃的实验仪器，包括电脑、电冰箱等；消耗或破损的实验用品，如玻璃器皿、纱布、试纸、刀片、吸嘴、离心管等。

2. 实验室废弃物的危害

（1）对环境的危害　实验室排放的废弃物中包括剧毒的致突变、致畸形、致癌污染物，酸、碱化合物，以及大量危害环境的有机溶剂；含有害微生物的培养液和培养基，大都未经处理直接排入地下管网或混入生活垃圾。这些废弃物中部分被土壤和植物吸收，或滋生细菌流入大海和河流中，无论是哪一种结果对环境的危害都是巨大的。

（2）对人的危害　实验室中，很多未经处理的微生物废弃物被直接丢弃，容易造成病原体侵害人体事故发生。微生物在实验室的特殊条件下可能造成基因突变，形成新生物种。若新生物种对人体的危害严重，而针对这种实验的废弃物处理不当，将会带来不可估量的后果。

（3）其他危害　实验室中一些酸液、碱液的随意排放，会腐蚀下水管道系统，造成下水管道破裂，影响正常市政工程系统，同时还容易使得土壤酸化或者碱化，从而破坏土壤结构，造成寸草不生的恶果。尤其现在很多实验室的下水道与民用下水道相通，污染物通过下水道形成交叉污染，最后流入河中或者渗入地下，污染水资源和生态环境，最终危害人类的健康。

二、化学废弃物的处理

化学废弃物是对含有或者被化学有机试剂或无机试剂污染的实验室废弃物的统称，包括含有或者被化学有机试剂或无机试剂污染的液体、固体和气体等。

化学废弃物具有易燃性、腐蚀性或毒性的特征。具有易燃性特征的化学试剂包括燃烧点低于60℃的液体、在常温下易自燃的固体、易氧化的物质、易燃压缩气体，如乙醇、硝酸钠、二甲苯和丙酮等。pH≥12.5或pH≤2的溶液具有强腐蚀性；重金属能引起人体中毒；

溴乙锭（EB）、焦碳酸二乙酯（DEPC）和巯基乙醇具有很强的诱变致癌性；丙烯酰胺是神经毒剂，可引起神经中毒。

根据食品检验实验室化学废弃物的特点，对化学废弃物的处理一般遵循专人负责、分类收集、定点存放、统一处理的原则。处理方法应简单易操作，处理效率高且投资较少。同时，还应制定食品检验实验室废弃物处理与处置管理办法，加强食品检验实验室工作人员的环境意识教育，提高自身素质。

1. 化学废弃物处理的原则

（1）**减少产生**　有效控制废弃物的生成是处理废弃物的重要环节。因此，食品检验实验室工作要尽可能采用生成废弃物少的途径；实验药品、试剂要购买适合工作需求的包装量；多余的实验药品、试剂要实现实验室间的共用，减少废弃物的生成。

（2）**及时收集**　食品检验实验室产生的废弃物必须及时收集，形成"即生即收"的观念和制度，减少其扩散、污染的时间。尤其有毒性的废弃物更应该及时处理。

（3）**集中收集**　在食品检验实验室内应该设立指定的废弃物收集区，放置专用的容器，并贴有醒目标注，以便减少废弃物污染的范围。

（4）**分类处理**　由于食品检验实验室化学废弃物复杂多样，要依据废弃物的性质、形态特征进行分类，以便于对不同性质和形态的废弃物采用不同的方法进行定期安全处理。同时，不同废弃物间可能会发生化学反应或交叉污染，应分别处理，避免造成二次污染。

（5）**处理合规**　为了保证实验人员的健康及防止环境污染，食品检验实验室三废的排放也应遵守《中华人民共和国环境保护法》《中华人民共和国大气污染防治法》和《中华人民共和国水污染防治法》等法规的有关规定。

（6）**防护到位**　根据实验室HSE管理体系要求，化学废弃物处理时应做好个人防护，确保食品检验实验室工作人员的安全和健康。工作人员应定期进行体检，发现疾病要及时治疗。

2. 气体废弃物的处理

相对于液体和固体废弃物，食品检验实验室中气体废弃物较少，但常含有刺激气味或具有麻醉作用，易引起眼睛或呼吸道疾病，或者麻醉人的中枢神经，甚至可使人失去意识或死亡。

对于食品检验实验室产生的气体废弃物有回收价值的气体应回收处理，如回收三氧化硫用于制硫酸。少量气体废弃物可通过通风橱的通风管道与空气充分交换混合，稀释后直接排向室外，但通风橱的通风管道应加设过滤器。实验过程中产出的大量有毒气体必须通过合理的措施，如经过酸性或碱性溶液吸收处理，或有氧燃烧处理，降低或消除其毒性后排放。对于碱性气体（如NH_3）用回收的废酸进行吸收，对于酸性气体（如SO_2、NO_2、H_2S等）用回收的废碱进行吸收处理。有毒气源及挥发性溶剂应妥善保管，加强安全生产教育，杜绝事故性排放。

总之，产生有毒有害气体的实验应在通风橱中进行。若排放量较大，建议参考工业上废气处理办法。在排放前进行预处理，采用吸附、吸收、氧化（与氧充分燃烧）、分解等方法通过特定管道经空气稀释后排出，减少无组织排放。

3. 液体废弃物的处理

从食品检验实验室排出的废液，虽与工业废液相比数量少，但由于其种类多且成分复杂多变，最好不要集中处理，而应由食品检验实验室根据废弃物的性质和成分，分类分别加以处理。

（1）酸碱废液的处理　可直接或稀释后排放到下水道，或者储存起来循环利用，以达到节约和环保的双重收益。还可根据酸碱中和反应的原理进行处理。食品检验实验室设置废酸、废碱的废液缸，将废液中和至pH为6~9，用水稀释后即可排放至下水道。

（2）有机污染废液的处理　含甲醇、乙醇、醋酸类的可溶性溶剂可以用大量的水稀释后排放，因为这些溶剂能被细菌分解。三氯甲烷和四氯化碳等废液可以用水浴蒸馏，收集馏出液，密闭保存，回收再利用，达到无害化处理以及节约的双重目的。烃类及其含氧衍生物最简单的处理方法就是用活性炭吸附，具体方法为：先将废液分为有机、无机两相，向有机相中加入活性炭，然后经活性炭吸附去除有机物。目前，有机污染物最广泛最有效的处理方法是生物降解法和活性污泥法等。

（3）重金属污染废液的处理　重金属废液处理方法可分成化学沉淀法、离子交换法、吸收法、膜过滤法、凝胶和絮凝法、体系浮选法和电化学处理法等。这些方法在实际处理重金属废液中都得到广泛应用，其中低成本的吸附剂或生物吸附剂的吸附法，被认为是一种可以替代活性炭而对处理低浓度重金属废液有效且经济的方法。膜过滤技术具有很高的去除重金属效率，但成本较高。选择哪种方法处理含重金属的废液，要依据实际情况（金属的初始浓度、废液中金属的主要组成部分、实验室运营成本、操作的灵活性和可靠性，以及对环境的影响）来决定。而一般采用化学沉淀之后，含NO_3^-、PO_4^{3-}、NO_2^-等阴离子的溶液可经水稀释之后喷洒在土壤中供绿色植物吸收。

（4）含氰废液的处理　主要的方法有氯碱法、电解氧化法、普鲁士蓝法（是以生成铁氰化合物而使之沉淀的方法）、臭氧氧化法以及铁屑内电解法等。

废液的回收及处理是食品检验实验室中每一个工作人员的重要任务。同时，食品检验实验工作人员还必须加深对防止公害的认识，自觉采取措施，防止污染环境，以免危害自身或者危及他人。

4. 固体废弃物的处理

食品检验实验室固体废弃物复杂多样，相对数量较多，包括多余的实验材料、实验产物、残留或过期失效的试剂药品、一次性实验耗材（如滤纸、离心管、PE手套、移液器等）、凝固的琼脂糖凝胶及培养皿等。固体废弃物常常被化学试剂或生物危害剂污染，含有大量危害公众环境的有机溶剂、有害微生物等，如果按照生活垃圾处理，势必会引起严重的环境污染，危害人类的健康。

食品检验实验室固体废弃物应尽量回收利用，或送到政府指定的专门处理实验药品的报废处处理，或采用如提纯、降解、送化工厂作原料等措施。对于一般固体废弃物，食品检验实验室应用塑料袋、纸箱等物包装，并贴上标签，注明废弃物的名称、单位、数量等，暂时存放于安全位置。对于实验后产生的有毒有害以及对人体和环境可能造成严重损害或污染的固体废弃物，食品检验实验室首先应对其进行化学处理，然后按一般固体废弃物进行处理。待接到处理固体废弃物的通知之后，各实验室可将需处理的实验废弃物归拢，列好清单，在清单上注明废弃物的名称、单位、数量，统一收集进行处理。

三、放射性废弃物的处理

采用一般的物理方法、化学方法及生物方法处理放射性废弃物，无法将放射性物质去除或破坏，只有依靠其自身的衰变使其放射性衰减到一定的水平，如碘-131、磷-32 等半衰期短的放射性废弃物，通常在放置十个半衰期后进行排放或焚烧处理。而对于许多半衰期十分长的放射性废弃物，如铁-59、钴-60 等，以及一些放射性废弃物衰变成新的放射物，需经过专门的处理后，装入特定容器集中埋于放射性废弃物坑内。

放射性废气通常会先进行预过滤，再通过高效过滤后排出。

放射性废液的放射性水平如果符合国家放射性污染排放标准，可以将其排入下水道，但必须注意排水系统，不能使其造成放射性物质积累而使放射性水平超标。放射性水平比允许排放水平高的液体废弃物应贮存起来，让其逐渐衰变至安全水平，或者采取某种特殊方法处理。放射性废液的处理方法主要有稀释排放法、放置衰变法、混凝沉降法、离子交换法、蒸发法、沥青固化法、水泥固化法、塑料固化法、玻璃固化法等。

放射性固体废弃物主要是指被放射性物质污染而不能再用的各种物体，此类固体废物必须贮存起来等待处理或让其放射性衰变。处理方法主要有焚烧、压缩、去污、包装等。

四、生物废弃物的处理

食品检验实验室废弃物中的生物活性实验材料，特别是细胞和微生物，必须及时进行灭活和消毒处理。微生物培养过的琼脂平板应采用压力灭菌 30min，趁热将琼脂倒弃处理，未经有效处理的固体废弃培养基不能作为日常生活垃圾处置；液体废弃物如菌液等，需用 15% 次氯酸钠消毒 30min，稀释后排放，最大限度地减轻对周围环境的影响。尿液、唾液、血液等样本加漂白粉搅拌作用 2~4h 后，倒入化粪池或厕所，或进行焚烧处理。

同时，无论在动物房或实验室，凡废弃的实验动物尸体或器官必须及时按要求进行消毒，并用专用塑料袋密封后冷冻储存，统一送有关部门集中焚烧处理，禁止随意丢弃动物尸体与器官；严禁随意堆放动物排泄物，与动物有关的垃圾必须存放在指定的塑料垃圾袋内，并及时用过氧乙酸消毒处理后方可运离食品检验实验室。

高级别生物安全实验室的污染物和废弃物排放的首要原则是必须在实验室内对所有的废弃物进行净化、高压灭菌或焚烧，确保感染性生物因子"零排放"。

生物实验过程中产生的一次性使用制品如手套、帽子、工作服、口罩、吸头、吸管、离心管、注射器、包装等使用后放入污物袋内集中烧毁；可重复利用的玻璃器材如玻片、吸管、玻璃瓶等可以用 1~3g/L 有效氯溶液浸泡 2~6h，然后清洗重新使用，或者废弃；盛标本的玻璃、塑料、搪瓷容器煮沸 15min 或者用 1g/L 有效氯漂白粉澄清液浸泡 2~6h，消毒后可清洗重新使用；无法回收利用的器材，尤其是废弃的锐器（如污染的一次性针头、碎玻璃等），因容易致人损伤，通过耐扎容器分类收集后应送焚烧站焚烧毁形后掩埋处理。

活动探究

模块十
食品检验实验室的内部审核和管理评审

 职业素养

矩不正,不可为方;规不正,不可为圆

内审工作是食品检测部门对于自身工作的一种检验和审核,能够判断管理体系运行效果的有效与否。食品安全是民生,民生与安全联系在一起就是最大的政治。要把食品安全作为一项重大的政治任务来抓,坚持党政同责,用最严谨的标准,最严格的监管,最严厉的处罚,最严肃的问责,确保食品安全。有效的内审可以明确各部门、岗位的责任权利,量化管理细则,使全体员工更加重视管理,形成相互激励、相互制约的工作机制,使实验室的活动处于良性运作的状态,管理工作更加方便、严谨、有效。

> GB/T 27025—2019/ISO/IEC 17025:2017《检测和校准实验室能力的通用要求》
> "8.8 内部审核""8.9 管理审核"
> 要点：
> 实验室应按照策划的时间间隔进行内部审核，目的在于证明实验室管理体系的符合性和有效性。
> 实验室管理层应按照策划的时间间隔对实验室的管理体系进行评审，目的在于确保管理体系持续的适宜性、充分性和有效性。

项目一 食品检验实验室质量管理体系的建立和运行

为了保障食品检验实验室出具的检验检测结果的合法性、有效性、真实性，稳定地提供满足顾客需求、适用法律法规和自身要求的检测能力，不断适应社会的需要，持续提供优质高效的服务，食品检验实验室需要建立一套科学、严谨、全面、精准的质量管理体系，并且能够在实际运行中落实好质量管理体系中的相关要求和规定。体系的建立使质量管理体系标准转换为指导食品检验实验室各个过程可操作性的管理文件，并通过管理文件的实施，规范食品检验实验室的各项工作，提高食品检验实验室整体质量管理水平和规避风险的能力。因此，食品检验实验室建立和运行有效的质量管理体系至关重要。

一、食品检验实验室质量管理体系的建立

建立和实施质量管理体系的方法包括以下八个步骤：①确定顾客和其他相关方的需求和期望；②建立实验室的质量方针和质量目标；③确定实现质量目标必需的过程和职责；④确定和提供实现质量目标必需的资源；⑤规定测量每个过程的有效性和效率的方法；⑥应用这些测量方法确定每个过程的有效性和效率；⑦确定防止不合格并消除产生原因的措施；⑧持续改进质量管理体系。上述方法也适用于保持和改进现有的质量管理体系。但上述八个步骤和方法不能简单地理解为是一个工作程序，而是体现了质量管理的原则，即"过程方法"和"管理的系统方法"的应用。

1. 质量方针和质量目标的制定

质量方针是由实验室最高领导者正式发布的总的质量宗旨和质量方向，尽管不同的食品检验实验室其业务领域不同、规模各异，但质量方针都应体现检测工作科学求真的精神和以顾客为关注焦点的服务宗旨。

在制订方针前，食品检验实验室要明确谁是自己的顾客（包括法定管理机构），要调查顾客的需求，研究如何满足顾客的需求。方针应包括对满足要求的承诺，其中尤为重要的是

公正性、独立性和诚信度的承诺，还应包括对持续改进质量体系有效性的承诺。方针的表述应力求简明扼要，具有强烈的号召力。

质量目标是"在质量方面所追求的目的"，是根据质量方针的总要求在一定时间内质量方面所要达到的预期效果，因此应与方针保持一致。食品检验实验室应根据质量现状对相关职能和层次分别规定可操作的质量目标。质量目标既要先进，又要可行，便于检查。目标的实现程度应是可度量的，但可度量并不意味着目标必须定量，有时某些要求也可定性表示。

质量方针和目标的制订在体系建立中属决策环节，也是体系有效性的评价依据，要使食品检验实验室的各项质量活动都能围绕这个方针和目标来进行，让全体员工都来关注它的实施与实现。质量方针指出了食品检验实验室满足顾客要求的意图和策略，而目标则是实现这些意图和策略的具体要求。质量方针为质量目标的建立和评审提供了框架，质量目标则在此框架内确立、展开和细化，以落实质量方针。最高管理层应结合食品检验实验室的工作内容、性质、要求，主持制订符合自身实际的质量方针、质量目标，确保方针和目标在实验室内得到沟通和理解，并使相关人员认识到所从事工作的重要性及如何为实现本岗位的具体目标作出贡献。

应用案例 10-1（质量手册中的质量方针和目标）

2. 确定过程和要素

方针、目标确定之后，要根据食品检验实验室自身的特点，确定实现质量目标必需的过程和职责，系统识别并确定为实现质量目标所需的过程，包括一个过程应包含哪些子过程和活动。在此基础上，明确每一过程输入和输出的要求。用网络图、流程图或文字，科学而合理地描述这些过程或子过程的逻辑顺序、接口和相互关系。明确这些过程的责任部门和责任人，并规定其职责，明确本实验室的检测/校准流程（质量环），识别报告/证书质量形成的全过程，尤其是关键过程，这是质量体系设计构思及运行的基本依据。

根据过程的不同，一个过程可能包含多个纵向（直接）过程，还可能涉及多个横向（间接、支持）过程，当逐个或同时完成这些过程后，才能完成一个全过程。以检测的实现过程为例，其纵向过程包括：检测前过程（合同评审、抽样及样品处置）、检测过程（程序和方法、量值溯源、结果质量保证等）、检测后过程（结果报告、结果的更改和纠正等多个子过程）；而横向过程包括：管理过程（组织结构、文件控制、宣传、审核、管理评审等）和支持过程（资源配置、分包、外购、培训等）。

3. 资源配置

资源是实验室建立质量体系的必要条件，食品检验实验室应根据自身的特点和规模，确定和提供实现质量目标必需的资源。

（1）**人力资源**　人力资源是资源提供中首要考虑的。食品检验实验室管理层应根据质量体系各工作岗位、质量活动及规定的职责要求，选择能够胜任的人员从事该项工作，以确保他们有能力完成过程要求。

（2）**基础设施**　食品检验实验室应规定过程实施所必需的基础设施。基础设施包括工作场所、过程、设备（硬件和软件）以及通信、运输等支持性服务。为确保提供的报告/证书能满足标准/规范的要求，应确定为实现检测/校准所需要的基础设施、仪器设备，同时还要对它们给予维护和保养。

（3）**工作环境**　管理者应关注工作环境对人员能动性和提高组织业绩的影响，营造一个适宜而良好的工作环境，既要考虑物的因素，也要考虑人的因素，或两种因素的组合。

（4）**信息**　信息是食品检验实验室的重要资源。信息可用来分析问题、传授知识、实现沟通、统一认识、促进实验室持续发展。信息对于实现以事实为基础的决策以及组织的质量方针和质量目标都是必不可少的资源。

此外，资源还包括财务资源、自然资源和供方及合作者提供的资源等。

4. 管理体系的文件化

食品检验实验室需要建立文件化的质量体系，而不只是编制质量体系文件。建立质量管理体系文件的作用是沟通意图、统一行动，有利于质量管理体系的实施、保持和改进。因此，食品检验实验室质量管理体系文件的建立必须结合食品检验实验室的规模、检测/校准的难易程度和员工的素质等方面综合考虑。质量管理体系文件是食品检验实验室工作的依据，是食品检验实验室内部的法规性文件。

在策划质量管理体系时，应按标准的要求结合食品检验实验室的实际需要，策划质量管理体系文件的结构（层次和数量）、形式（媒体）、表达方式（文字和图表）与详略程度。一个小型实验室的质量管理体系文件，可以仅在手册中对过程或要素做出必要的描述，并不一定再需要其他文件指导操作；但对于一个大型实验室，检测/校准类型复杂、领域宽、管理层次多，则体系文件必须层次分明，还需要增加一些指导操作的文件。食品检验实验室不论是初次建立质量管理体系文件，还是因标准更新需对体系文件进行转换，都应以原有的各类文件为基础，以实施质量管理体系和符合认可准则要求为依据进行调整、补充和删减，纳入质量管理体系的受控范围，按标准要求进行控制。

食品检验实验室应建立和保持控制其质量管理体系的内部和外部文件的程序，明确文件的标识、批准、发布、变更和废止，防止使用无效、作废的文件。

质量管理体系文件的特点是具有法规性、唯一性、适用性、见证性。

（1）**法规性**　质量管理体系文件一旦批准实施，就必须认真执行；文件如需修改，须按规定的程序进行；文件也是评价质量管理体系实际运作的依据。

（2）**唯一性**　一个食品检验实验室只能有唯一的质量管理体系文件系统，一般一项活动只能规定唯一的程序；一项规定只能有唯一的理解，不能使用文件的无效版本。

（3）**适用性**　质量体系文件的设计和编写没有统一的标准化格式，要注意其适用性和可操作性。

（4）**见证性**　为社会提供公正数据的机构，其数据必须有法律辩护依据。同时，质量管理体系的建立、运行和效果依赖于有效的监督机制。因此，各项质量活动应具有可溯性和见证性，以便通过各项记录及时发现偏离的未受控环节以及质量管理体系的缺陷和漏洞，对质量管理体系进行自我监督、自我完善、自我提高。

5. 纠正、纠正措施和预防措施

（1）纠正措施和预防措施　　实验室质量管理体系的主要功能之一是有效防止不合格的发生。"防止不合格"包括防止已发现的不合格和潜在的不合格。为消除已发现的不合格或其他不期望情况的原因所采取的措施为纠正措施，为消除潜在的不合格或其他潜在不期望情况的原因所采取的措施为预防措施。前者的目的在于防止不合格再发生；后者是一种防范性措施，目的在于防止不合格发生。

（2）纠正和纠正措施　　纠正和纠正措施有着本质的不同。简单地讲，纠正是针对不合格进行的处置，例如在审核报告/证书时发现填写遗漏，通过改正错误，避免错误报告/证书流入客户手中。而纠正措施针对的是产生不合格或其他不期望情况的原因，目的是防止已出现的不合格、缺陷或其他不希望的情况再次发生，例如通过建立报告模板来固化检测项目，防止今后出现项目遗漏的错误。纠正措施能导致文件、体系等方面的更改，切实有效的纠正措施由于从根本上消除了问题产生的根源，可以防止同类事件的再次发生。

食品检验实验室应当在识别出不合格、在管理体系发生不合格或在技术运作中出现对政策和程序偏离等情况时，立即实施纠正。同时，评审和分析不合格，确定不合格发生的根本原因以及是否存在或可能发生类似的不合格，来评价是否需要采取纠正措施。纠正措施实施后，应对纠正措施的结果进行跟踪验证，确保其有效性。

6. 持续改进质量管理体系

一个完善建立的质量管理体系不仅能有效运行还应得到持续改进，使食品检验实验室满足质量要求的能力得到加强。实验室质量管理体系应根据有关准则要求、顾客需求变化、实验室自身条件的改变等而发生变化，做到持续改进。持续改进质量管理体系的目的在于增加顾客和其他相关方满意的机会，而这种改进是一种持续和永无止境的活动。持续改进是质量管理体系过程，如 PDCA 循环（PDCA 是英语单词 Plan 计划、Do 执行、Check 检查和 Action 处理的第一个字母）活动的终点，也是一个新的质量管理体系过程、PDCA 循环活动的起点。以过程为基础的质量管理体系模式就是建立在以"顾客为关注焦点"和"质量管理体系持续改进"基础上的，如图 10-1 所示。

食品检验实验室建立质量管理体系时，要注意：

① 质量管理体系文件要完整、系统、协调，能够服从或服务于食品检验实验室的政策和目标；组织结构描述清晰，内部职责分配合理；各种质量活动处于受控状态；质量管理体系能有效运行并进行自我完善；过程的质量监控基本完善，支持性服务要素基本有效。

② 质量管理体系要将认可准则及相关要求转化为适用于本食品检验实验室的规定，具有可操作性，各层次文件之间要求一致。

③ 当食品检验实验室为多场所，或开展检测/校准/鉴定活动的地点涉及非固定场所时，质量管理体系文件需要覆盖申请认可的所有场所和活动。多场所实验室各场所与总部的隶属

关系及工作接口描述清晰，沟通渠道顺畅，各分场所实验室内部的组织机构（需要时）及人员职责明确。

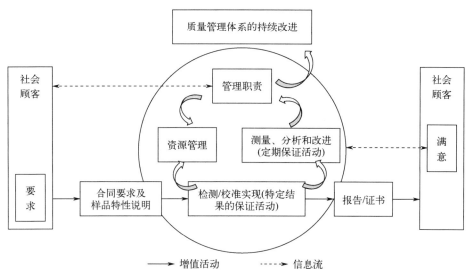

图 10-1　持续改进实验室质量管理体系的过程

延伸阅读 10-1（建立质量体系的步骤）

二、质量管理体系文件的编制

食品检验实验室编制质量管理体系文件的依据主要是《检测和校准实验室能力认可准则》和《检测和校准实验室能力的通用要求》(GB/T 27025—2019)、《检验检测机构资质认定评审准则》（2023 版）等规范性文件。对于涉及材料及产品的理化分析和相关检测的食品检验实验室来说，质量管理体系文件的内容还要满足 CNAL 对某些特殊检测领域的要求，具体可见 CNAS-CL01-A001:2022《检测和校准实验室能力认可准则在微生物检测领域的应用说明》、CNAS-CL01-A002:2020《检测和校准实验室能力认可准则在化学检测领域的应用说明》等，在编制质量管理体系文件和进行内审时应引起足够的重视。

准备申请实验室认可的食品检验实验室应在《质量手册》中声明遵守 CNAL-CL01:2018《检测和校准实验室能力认可准则》及相关应用说明的要求。由于一般还要申请实验室资质认定，因此也要声明符合《检验检测机构资质认定评审准则》（2023 版）以及《食品检验机构资质认定条件》（食药监科〔2016〕106 号　附件）的要求。如果实验室认可和资质认定同时进行现场评审（俗称二合一评审），对食品检验实验室的要求是在 CNAS-CL01 要求的基础上增加实验室资质认定的特殊要求。在建立质量管理体系时，要注意同时满足这些特殊要求。

1. 对质量体系文件的基本要求

编制实验室质量管理体系文件应注意具有符合性、适用性和可操作性。

（1）符合性 用于衡量质量管理体系文件与《检测和校准实验室能力认可准则》及其在特殊领域的应用说明所提要求的符合程度，与食品检验实验室业务范围的符合程度，以及与其他有关法律规章的符合程度。在起草质量管理体系文件应注意不要有疏漏。

（2）适用性 用于衡量质量管理体系文件是否能够有效指导质量管理体系各环节和检测业务的正常运作，是否能在运作过程中留下足够的证据。原则上应做到凡是需要文件支持的质量活动和检测工作均应形成文件。

（3）可操作性 用于衡量质量管理体系文件在实施过程中被使用者正确理解、乐于接受并真正执行的程度。质量管理体系文件应在保证符合性和适用性的基础上努力做到章节条款和记录表格设计合理，文字表述准确明白，行文简洁流畅，同时应尽量避免不必要的重复。

2. 质量管理体系文件的组成

质量管理体系文件一般由质量手册、程序文件、作业书、产品质量标准、检测技术规范与标准方法、质量计划、质量记录、检测报告等构成。质量体系文件一般划分为四个层次，质量手册是第一层次的文件，是一个将认可准则转化为食品检验实验室具体要求的纲领性文件，主要是管理层指挥和控制实验室用的。第二层次为程序文件，是为实施质量管理的文件，主要为职能部门使用。第三层次是规范和作业指导书，它是指导开展检测/校准的更详细的文件，是供第一线业务人员使用的。而各类质量记录等则是质量体系有效运行的证实性文件（图10-2）。

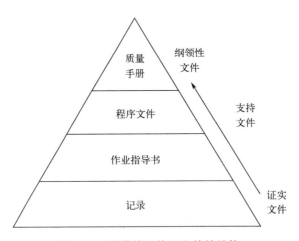

图 10-2　质量管理体系文件的结构

（1）质量手册 质量手册用于表述食品检验实验室的质量方针，描述食品检验实验室的组织机构和质量体系，阐述食品检验实验室在管理工作和技术工作方面的基本政策，是食品检验实验室质量管理和质量保证活动应长期遵循的纲领性文件。质量手册对内用于实施、检查、审核、评审质量体系，并确保其运行正常；对外供用户和认可机构了解、检查、评价本实验室的质量管理体系和工作能力，并使其确信本实验室具有可信赖的工作质量。

质量手册有三方面作用：

① 在食品检验实验室内部，它是由实验室最高领导人批准发布的、有权威的、实施各项质量管理活动的基本法规和行动准则。

② 对外部实行质量保证时，它是证明食品检验实验室质量体系的存在，并具有质量保证能力的文字表征和书面证据，是取得用户和第三方信任的手段。

③ 质量手册不仅为协调质量体系有效运行提供了有效手段，也为质量体系的评价和审核提供了依据。

由于质量手册的内容涵盖的是基本要求，各食品检验实验室的质量手册虽然格式不同，繁简有别，但内容基本上是一致的。

延伸阅读 10-2（质量手册的编写）

（2）支持性程序文件 程序文件是质量手册的支持性文件，是手册中原则性要求的展开和落实。因此，编写程序文件时，必须以手册为依据，符合手册的规定和要求。程序文件应具有承上启下的功能，上承质量手册，下接作业指导书，应能控制作业指导书并能把手册纲领性的规定具体落实到作业指导书中去，从而为实现报告质量的有效控制创造条件。程序文件应简明易懂，其结构和内容包括：

① 目的（Why）：为什么要开展这项活动。

② 范围（What）：开展此项活动所涉及的方面。

③ 职责（Who）：由哪个部门实施此项程序，明确其职责和权限。

④ 工作时间（when），工作流程：列出活动顺序和细节，明确各环节的"输入—转换—输出"。

⑤ 场所（Where）：某项检测工作的具体场所。

⑥ 方式（How）：选择合适的检测方式。

有人形象地称程序文件的内容和结构为"5W1H"。在质量管理体系文件中，程序文件是最重要的组成部分，是全体员工的行为规范和工作准则。

（3）作业指导书 作业指导书是质量管理体系文件的主要组成部分，它不但是质量手册、程序文件的支持性文件，更是对质量手册和程序文件的进一步细化与补充。作业指导书主要用于阐明实验过程或实验活动的具体要求和方法，可以说作业指导书是一种程序，不过，它比程序文件规定的程序更详细、更具体、更单一，而且更便于操作。作业指导书实质上就是用来指导员工为某一具体过程或某项具体活动如何进行作业的文件，包括检测细则、操作规程、自校规程、期间核查规程等四种。而是否编制检测细则就要根据外来技术文件是否能够满足食品检验实验室检测工作的需要而定，如方法标准中规定得详细，一般不再需要编制检测细则。

作业指导书作为质量管理体系文件的组成部分，应符合（满足）标准对文件控制的要求。

① 文件发布前得到批准，确保文件是充分适宜的；

② 必要时对文件进行评审和更新，并再次批准；

③ 确保文件的更改和现行修订状态得到识别。

关于作业指导书的受控建议按检测细则、操作规程、自校规程、期间核查规程的类别单独装订成册，由专人负责按受控文件管理，发至技术负责人及相关检测室。

（4）记录　记录是文件的一种，它更多用于提供检测/校准是否符合要求和体系有效运行的证据。记录与文件不同，记录可以提供产品、过程和质量管理体系符合要求及有效性运作的证据，具有可追溯性，因此凡是有程序要求的都要有记录。食品检验实验室全体员工应养成凡是执行过的工作必须有记录的良好习惯。

① 质量记录：包括计划阶段和执行阶段的各类表格，如人员培训记录、服务与供应的采购记录、纠正和预防措施记录、内部审核与管理评审记录、质量控制和质量监督记录等。正确使用质量记录表格是质量管理体系正常运行的有力证据，同时确保了检测数据的真实性、准确性和全面性。因此，在表格的设计上，应力求信息全面且使用方便。

② 技术记录：包括环境控制记录，使用参考标准的控制记录，设备使用维护记录，样品的抽取、接收、制备、传递、留样记录，原始观测记录，检测/校准的报告/证书、结果验证活动记录，客户反馈意见等。技术记录格式的设计和正确使用表明了食品检验实验室的技术水平和管理水平，是证明检测结果准确、可靠的第一手证据。技术记录格式应纳入受控文件管理。

③ 证书包括产品的检测/检验报告，测量仪器的校准/检定证书，标准物质证书等。

④ 标识包括检验部门认证、认可标识，设备的唯一性标识，物品的唯一性标识，检测/校准状态标识，标准物质（溶液、试剂、药品等）标签，测量仪器校准状态标识，实验区域划分标识等。

食品检验实验室所有文件和记录应受控管理。文件的借阅需要登记，注明文件名称、借阅日期、借阅人、预定归述日期和归还日期等信息。所有记录应按需发放、按时收回，专人保管。保存期限没有统一的要求，根据各食品检验实验室的性质决定，在程序文件中予以界定就行，一般为便于追溯至少要保存6年。

3. 编制质量管理体系文件的步骤

不同层次文件的作用是各不相同的。要求上下层次间相互衔接，不能有矛盾。下层次应比上层次文件更具体、更可操作，要求上层次文件应附有下层次支持文件的目录。因此，编写质量管理体系文件的人员必须经过系统的培训，对标准/准则有充分的认识，并且对本食品检验实验室的业务范围、质量方针和质量目标、组织结构、人员、环境、设备等进行认真的分析。

在质量方针、质量目标和组织结构确定后，着手起草质量手册、程序文件及质量记录表格。以确定的业务范围为基础，安排技术人员起草检测细则，编制技术记录表格，并开展不确定度评定。当环境条件、设备数量或精度不满足检测要求的，要着手配备，并进行校准。起草的质量管理体系文件应与实验室的业务范围和硬件条件相呼应，各部分内容之间应衔接。质量管理体系文件的初稿完成后应组织骨干人员讨论，修改后经最高管理者批准发布。

三、食品检验实验室质量管理体系的运行

食品检验实验室的质量管理体系文件编制完成后,管理体系即进入运行与监控阶段,包括培训和宣贯、试运行、内部审核和管理评审、正式运行及运行有效性的识别等。食品检验实验室质量管理体系的运行实际上是执行管理体系文件、贯彻质量方针、实现质量目标、保持管理体系持续有效和不断完善的过程。一个行之有效的质量管理体系应该是实验室的服务对象、实验室自身和实验室供应方三方满意的三赢局面。

1. 培训和宣贯

质量体系文件应传达至有关人员,并被其理解、贯彻和执行。因此,食品检验实验室的管理层必须组织质量管理体系文件的培训和宣贯。一般来讲,这种培训和宣贯可根据实验室的具体情况,分层次进行。培训和宣贯主要包括:实验室质量管理体系文件介绍、运行时应注意的问题、运行记录、表格准备以及质量手册、程序文件、作业文件要点等。

质量手册的培训和宣贯应针对全体人员。对于手册的主要精神、构成的基本要素,尤其是质量方针和目标,每个人都应清楚,以便贯彻执行。

程序文件的培训和宣贯,可根据质量管理体系要素的职能分配,针对有关部门和人员分别进行,因为程序文件是为进行某项活动或过程所规定的途径,只要涉及的部门和人员明确即可。

2. 试运行

尽管食品检验实验室质量管理体系建立过程中已充分吸纳了过去的实践经验,但毕竟是一个新的管理模式,能否满足实际需要、是否能达到预期的效果,必须通过实践的考核、验证,这就是所谓的质量管理体系的试运行。根据实验室认可的实际情况,食品检验实验室质量管理体系试运行的期限为半年。通过试运行,考验质量管理体系文件的有效性和协调性,并对暴露出的问题,采取改进和纠正措施,以达到进一步完善质量管理体系文件的目的。在经过一系列修改后,发布第二版质量手册、程序文件进行正式运行。

食品检验实验室质量管理体系试运行时,首先应编制试运行计划,所有文件均要按文件控制程序的要求进行审批发放,并按上述要求进行培训。试运行期间,至少进行一次内部审核和管理评审,对质量管理体系的符合性、适应性和有效性作出客观的自我评价。

审核与评审的主要内容一般包括:规定的质量方针和质量目标是否可行;体系文件是否覆盖了所有主要质量活动,各文件之间的接口是否清楚;组织结构能否满足质量体系运行的需要,各部门、各岗位的质量职责是否明确;质量管理体系要素的选择是否合理;规定的质量记录是否能起到见证作用;所有员工是否养成了按体系文件操作或工作的习惯,执行情况如何。注意保存内部审核和管理评审活动记录,以便认证检查。

3. 正式运行

经过上述各阶段之后,食品检验实验室的质量管理体系便可正式运行。如欲通过实验室认可或实验室资质认定,此时便可向相关管理部门正式提交申报材料,并在3个月内接受现场评审。

质量管理体系的正式运行,是食品检验实验室质量管理和技术运作的新起点,进而在实

践中持续改进和完善，以满足客户的需求以及法定管理机构、认可准则和认可机构的要求，实现食品检验实验室的质量目标。

项目二　食品检验实验室的内部审核

内部审核是食品检验实验室自行组织的质量管理体系审核，是按照质量管理体系文件的规定，对质量管理体系中的各个环节组织开展有计划的、系统的、独立的检查评价活动。食品检验实验室应当编制内部审核控制程序，对内部审核工作的计划、筹备、实施、结果报告、不符合工作的纠正、纠正措施及验证等环节进行合理规范。

一、食品检验实验室内部审核的工作要点

食品检验实验室对其活动进行内部审核，以验证其运行持续符合质量管理体系的要求，来获得审核证据并对其进行客观的评价，以确定满足审核准则的程度所进行的系统的、独立的并形成文件的过程。开展食品检验实验室内部审核可以有效保证质量管理体系的自我完善和持续改进。

1. 食品检验实验室内部审核的目的

① 对食品检验实验室的活动进行内部审核，以验证其运行持续符合质量管理体系的要求。

② 检查质量管理体系是否满足 ISO/IEC17025 或 ISO/IEC17020 或其他相关准则文件的要求，即符合性检查。

③ 检查质量手册及相关文件中的各项要求是否在工作中得到全面的贯彻。

④ 内部审核中发现的不符合项可以为组织质量管理体系的改进提供有价值的信息，并作为管理评审的输入。

2. 食品检验实验室内部审核的要点

① 内部审核通常每年至少一次，由质量负责人策划内审并制定审核方案。

② 审核方案应包括频次、方法、职责、策划要求和报告。

③ 内审员应当经过培训，能够正确理解《检验检测机构资质认定评审准则》（2023版）、《检测和校准实验室能力的通用要求》（GB/T 27025—2019）、CNAS-CL01：2018《检测和校准实验室能力认可准则》和相关领域的补充要求，熟悉内部审核的工作程序，掌握内审的技巧方法，并具备编制内部审核检查表、出具不符合项报告的能力。

④ 在人力资源允许的情况下，应当保证内审员与其审核的部门或工作无关，确保内部审核工作的客观性、独立性。检验员兼任内审员的，这样的内审员可以审核其他检测室、技术负责人或检测中心负责人，以证明其独立性和公正性。如果内审员不能独立于被审核的活动时，要检查内部审核的有效性。

⑤ 对于内部审核发现的问题应采取纠正、纠正措施以及应对风险和机遇的措施。

⑥ 内部审核过程及其采取的纠正、纠正措施以及应对风险和机遇的措施均应予以记录。
⑦ 记录应清晰、完整、客观、准确。

二、食品检验实验室内部审核的组织和策划

内部审核是一项有计划的活动，食品检验实验室质量负责人通常在年初做出本年度的内部审核的时间表和计划，并按照内部审核程序组织实施。由质量负责人按照日程表的要求和管理层的需要策划和组织内部审核。内部审核的周期通常为一年，可集中在一段时间内进行，也可滚动进行，但全年应覆盖管理体系的所有要素、所有部门和所有检测活动，也可重点审核对检验结果的质量保证有影响的活动。内部审核的周期和覆盖范围应当基于风险分析。

根据 CNAS-GL011《实验室和检验机构内部审核指南》中的相关规定，内部审核的关键步骤包括：策划、调查、分析、报告、后续的纠正措施及关闭。具体步骤见图10-3。

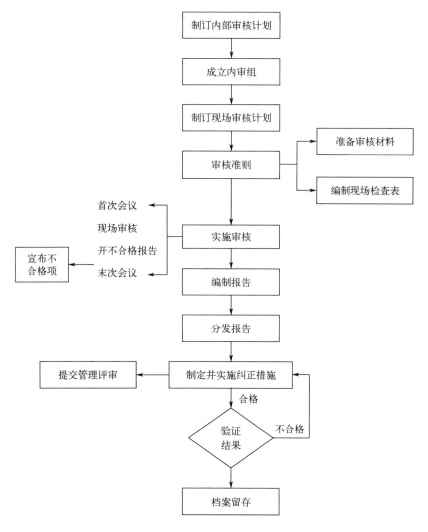

图 10-3 内部评审的流程

1. 内部审核的计划

通过内审计划，做到三落实：

（1）计划落实 包括内审计划得到批准，内审计划被内审组和受审核部门充分了解。

（2）职能分配和责任落实 包括建立内审组并明确分工，质量负责人通常作为审核方案的管理者，并可能担任审核组长，各受审核部门负责人届时在场并有准备。

（3）工作文件落实 包括各类工作文件（核查表、不符合项报告、审核依据文件等）齐备，所有文件、记录都能得到理解并能有效应用。

2. 内部审核的类型

（1）体系文件审核 审查质量管理体系，确认质量管理体系文件是否满足质量管理体系标准，是否有效。

（2）符合性审核 检查质量手册中的质量方针和程序及相关文件（如方法、校准计划、作业指导书）是否按要求执行。一旦文件体系审核完全符合标准的要求，内部审核重点应转移到符合性审核上。也可针对质量管理体系运行过程中发生的不符合工作或重大投诉等严重问题，如客户投诉、发生不合格测试、工作程序变化调整等，随时开展内部审核活动。具体见图10-4。

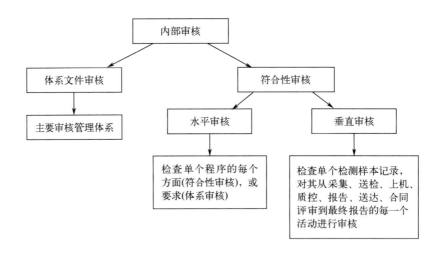

图10-4　内部审核的类型

3. 对内审组成员的要求

审核应由具备资格的人员来执行。审核员对其所审核的活动应具备充分的技术知识，并专门接受过审核技巧和审核过程方面的培训，了解质量管理的有关知识，有相关技术背景，符合CNAS内审员培训教程的要求，并尽可能独立于被审核活动之外，为人公正，并经过最高管理者授权。质量负责人也可将审核工作委派给其他人员，但需确保所委派的人员熟悉组织的质量管理体系和认可要求，并满足以上要求。审核员不宜审核自己所从事的活动或自己直接负责的工作，除非别无选择，并且能证明所实施的审核是有效的，所以，管理者应指定另外的人员审核质量负责人的工作，以确保审核活动的质量符合要求。

三、食品检验实验室内部审核的实施

1. 首次会议

食品检验实验室为了顺利实施内部审核，需要召开首次会议。内审组长主持并召开首次会议并向受审方介绍内部审核的具体内容，内审组全体成员和受审方领导及相关人员一起参加会议并签到。首次会议应当介绍审核组成员，确认审核准则，明确审核范围，说明审核程序，解释相关细节，确定时间安排，包括具体时间或日期，以及明确末次会议参会人员。

2. 现场审核

现场审核是整个内部审核的重点，占到内部审核时间的一半以上，在审核中发现不符合情况要现场开具不符合项，最终的内部审核报告、不符合报告都是根据现场审核的结果编制完成的。因此，做好现场审核显得尤为重要。现场审核要注意的事项有：

① 收集客观证据的调查过程涉及提问、观察活动、检查设施和记录。审核员检查实际的活动与管理体系的符合性。

② 审核员将质量管理体系文件（包括质量手册、体系程序、测试方法、作业指导书等）作为参考，将实际的活动与这些质量管理体系文件的规定进行比较。

③ 整个审核过程中，审核员始终要搜集实际活动是否满足管理体系要求的客观证据。收集的证据应当尽可能高效率并且客观有效，不存在偏见，不困扰受审核方。

④ 审核员应当注明不符合项，并对其进行深入的调查以发现潜在的问题。

⑤ 所有审核发现都应当予以记录。

⑥ 审核完所有的活动后，审核组应当认真评价和分析所有审核发现，确定哪些应报告为不符合项，哪些只作为改进建议。

⑦ 审核组应依据客观的审核证据编写清晰简明的不符合项和改进建议的报告。

⑧ 应当以审核所依据的组织质量手册和相关文件的特定要求来确定不符合项。

3. 末次会议

审核组应当与组织的高层管理者和被审核的职能部门的负责人召开末次会议。会议的主要目的是报告审核发现，报告方式需确保最高管理层清楚地了解审核结果。审核组长应当报告观察记录，并考虑其重要性，食品检验实验室运作中好坏两方面的内容均应报告。审核组长应当就质量管理体系与审核准则的符合性，以及实际运作与管理体系的符合性报告审核组的结论。应当记录审核中确定的不符合项，适宜的纠正措施，以及与受审核方商定的纠正措施完成时间。

四、食品检验实验室内部审核的整改与完善

1. 后续纠正措施及关闭

① 受审核方负责完成商定的纠正措施。

② 当不符合项可能危及校准、检测或检验结果时,应当停止相关的活动,直至采取适当的纠正措施,并能证实所采取的纠正措施取得了满意的结果。另外,对不符合项可能已经影响到的结果,应进行调查。如果对相应的校准、检测或检验的证书/报告的有效性产生怀疑时,应当通知客户。

③ 纠正措施的制定应基于问题产生的根本原因,继而实施有效纠正措施和预防措施。

④ 商定的纠正措施期限到期后,审核员应当尽早检查纠正措施的有效性。质量负责人应当最终负责确保受审核方消除不符合项并予关闭。

2. 内部审核记录和报告

在内部审核过程关于记录和报告需要注意以下几点:

① 即使没有发现不符合项,也应当保留完整的审核记录。

② 应当记录已确定的每一个不符合项,详细记录其性质、可能产生的原因、需采取的纠正措施和适当的不符合项关闭时间。

③ 审核结束后,应当编制最终报告。报告应当总结审核结果,并包括以下信息:

a. 审核组成员的名单、审核日期、审核区域;

b. 被检查的所有区域的详细情况;

c. 食品检验实验室运作中值得肯定的或好的方面;

d. 确定的不符合项及其对应的相关文件条款;

e. 改进建议;

f. 商定的纠正措施及其完成时间,以及负责实施纠正措施的人员;

g. 采取的纠正措施;

h. 确认完成纠正措施的日期;

i. 质量负责人确认完成纠正措施的签名。

④ 所有审核记录应按规定的时间保存。

⑤ 质量负责人应当确保将审核报告,适当时包括不符合项,提交组织的最高管理层。

⑥ 质量负责人应当对内部审核的结果和采取的纠正措施的趋势进行分析,并形成报告,在下次管理评审会议时提交最高管理层。

⑦ 报告提交管理评审的目的是确保审核和纠正措施能在总体上有助于质量管理体系运行的持续有效性。

项目三 食品检验实验室的管理评审

食品检验实验室应建立和保持管理评审的程序，通常在内部审核之后，每 12 个月一次，由管理层负责，管理层应确保管理评审后，得出相应变更或改进措施并予以实施，确保管理体系的适宜性、充分性、有效性。

一、食品检验实验室管理评审的工作要点

1. 管理评审的内容

管理评审解决质量方针、目标在食品检验实验室内部和外部环境发生变化情况下是否仍然适宜；管理体系的运行是否协调，组织机构职责分配是否合理；程序文件是否充分、适宜、有效；过程是否受控；资源配置，包括人力资源、物质资源和信息资源是否满足要求等问题。

管理评审涉及的议题可能很大，也可能十分具体。对什么样的问题做出决策，不同的管理者会有所不同。但细节的问题、不涉及全局的问题、可以在平时解决的问题，不一定留到管理评审时才提出和解决。全局性的、涉及资源调配的、具有普遍意义的、需要有关各方深入研讨获得最佳解决方案的问题，是管理评审的重点议题。对内部审核采取的纠正或预防措施验证效果不满意的，也可提交管理评审。因此，管理评审的组织者需要收集大量的相关信息经过初步分析、判断，在此基础上形成书面材料提交管理评审。

表 10-1 列出了内部审核与管理评审的不同之处。

表10-1 内部审核与管理评审的不同点

种类	内部审核	管理评审
目的	确定质量活动及其结果的有效性	确定质量方针、目标和质量体系的适宜性和有效性
依据	准则、体系文件和技术标准	顾客的期望和内部审核的结果
层次	战术上	战略上
结果	发现和纠正不符合项	改进质量体系，修订质量手册和程序文件
执行者	与被审核领域无直接责任的人员	最高管理者
地点	现场	会议室

2. 管理评审的流程

管理评审是由最高管理者就质量方针和目标、对质量体系的现状进行的正式评价，食品

检验实验室开展管理评审有助于保持食品检验实验室的适宜性、有效性，提高食品检验实验室应对风险的能力。管理评审的流程及主要内容见图 10-5。

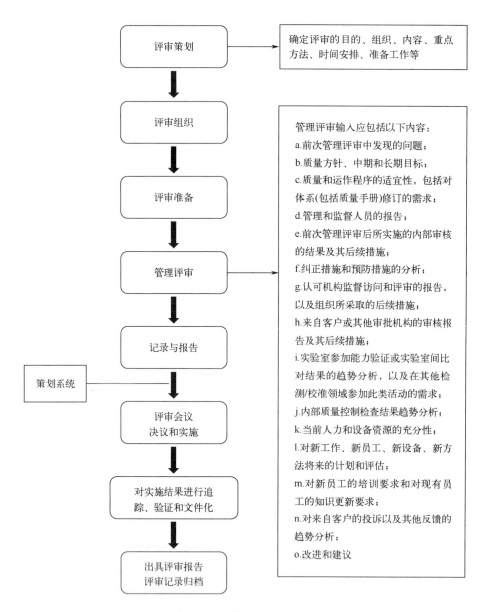

图 10-5 管理评审流程图

3. 管理评审的要点

食品检验实验室在进行管理评审时注意以下几方面：

① 应根据评审计划成立评审组，由最高管理者或者指定管理层的成员为组长。

② 食品检验实验室的管理层应当对组织的质量管理体系和检测/校准活动定期进行评审，以确保其持续适宜和有效，并进行必要的变更或改进。

③ 管理评审应当进行策划，以进行必要的改进，确保组织的质量安排持续满足组织的

需要。

④ 管理评审应当注意到食品检验实验室的组织、设施、设备、程序和活动中已经发生的变化和需求发生的变化。

⑤ 内部或外部的质量审核结果、实验室间比对或能力验证的结果、认可机构的监督访问或评审结果、或客户的投诉都可能对体系提出改进需求。

⑥ 管理评审的结果应当输入组织的策划系统，并应包括：

a. 质量方针和质量目标（包括中期和长期目标）的修订。

b. 预防措施计划，包括制订下一年度的质量目标。

c. 正式的措施计划，包括完成拟定的对管理体系和/或组织目标运作的改进时间安排。

⑦ 管理者应当负责确保评审所产生的措施按照要求在适当和约定的日程内得以实施。在定期的管理会议中应当监控这些措施及其有效性。

二、食品检验实验室的风险识别和控制

食品检验实验室持续开展管理评审的目的在于能够在检验检测工作中持续进行风险和机遇识别、风险和机遇的评价与控制，以利于确保质量管理体系能够实现其预期结果；把握实现质量目标的机遇；预防或减少检验检测活动中的不利影响和潜在的失败。

1. 食品检验实验室的风险种类

食品检验实验室各岗位人员有责任和义务发现和识别整个体系运行过程中可能存在的风险，及其风险预防和控制措施的实施，并告知部门负责人。

根据质量管理的要求，可按照检验检测前、检验检测中、检验检测后和其他方面分别进行风险识别。食品检验实验室常见的风险种类列于表10-2。实验室的风险贯穿于检测工作的各个环节，食品检验实验室应充分认识到风险的来源和类别。

表 10-2 食品检验实验室的风险种类

识别过程	检验检测前	检验检测中	检验检测后	其他方面
风险种类	合同评审的风险	人员风险	样品存储和处理的风险	质量管理风险
	样品风险	每个检测人员要具备资质和上岗的检测能力	数据结果风险	程序文件和记录风险
	抽样风险	仪器设备风险	报告风险	档案管理风险
	生物安全风险	试剂、耗材风险	信息安全和保密风险	环境卫生安全风险
	—	检测方法风险	—	法律风险
	—	生物安全风险	—	—

2. 食品检验实验室的风险识别

风险识别是对尚未发生的各种潜在风险进行系统归类和实施全面的识别。风险识别阐明了"什么可能出错"以及可能的后果，是风险管理的基础。食品检验实验室在进行风险识别

时，可采用危险源辨识方法、风险评估方法。

（1）危险源辨识方法　各部门进行危险源辨识时，可采用询问与交流、现场观察、日常监督、查阅有关记录（如设备检定记录、安全检查记录）等方法进行。

（2）风险评估方法　在风险事件发生之前或之后（但还没有结束），对该事件给各个方面造成的影响和损失的可能性进行量化评估。食品检验实验室中识别的风险种类较多，应从风险发生的可能性、发生的严重性和发现的可能性着手分析，计算风险综合指数，对已识别风险进行分级评估，为制订控制程序奠定基础。

3. 食品检验实验室的风险应对

对风险综合指数超过一定数值的风险，需要研究确定控制实施的可接受标准，并根据评估标准来判定食品检验实验室采取措施降低还是接受风险。如果判定风险需要采取措施降低的则需制订风险控制程序，如果选择接受风险则需按期跟踪检查。无法解决的固有风险，需要制订应急措施。

延伸阅读 10-3（食品检验实验室易发生的主要质量风险）

活动探究

模块十一
食品检验实验室的资质管理

 职业素养

用高标准助力高质量

标准决定质量,有什么样的标准就有什么样的质量,只有高标准才有高质量。食品检验检测行业的高质量发展需要相应的高标准作为支撑。"井无压力不出油,人无压力轻飘飘。"不管是解决实际问题,还是提高执行能力,都要求主旨不变、标准不降,在对标立规中查找差距,在上下互动中解决问题,在攻坚克难中提振信心,在思考辨析中把握规律。只有严格确立高标准,绝不满足于一事之成、一时之效,不达标准不交账,不出成效不过关,才能确保善始善终、善作善成。古人云,取法乎上,仅得其中;取法乎中,仅得其下。只有放宽视野,定高目标,才能取得令自己满意的成果。

检测报告（或校准证书）是食品检验实验室最终成果的体现，能否向社会出具高质量、准确、可靠、及时的报告或证书，并得到社会各界的依赖和认可，已成为食品检验实验室能否适应市场经济需要的核心问题，而第三方认证认可能够在人们对检测数据的信任上提供信心。前面各模块从食品检验实验室开展检验服务等技术活动角度，阐述了食品检验实验室检验质量保证的管理方法和内容，它们是食品检验实验室为出具具有质量保证的检验数据所实施过程控制的基本要求，是食品检验实验室操作人员和管理人员在工作过程中必须遵守的职业操守，也是食品检验实验室自我质量评价的重要依据，更是食品检验实验室资质管理的核心内容。

1978年，国际标准化组织（International Standard Orgnization，ISO）颁布的《实验室技术能力评审指南》，成为第一个国际社会形成共识的实验室技术能力评价指南性标准。该标准进入中国后，发展成实验室资质认定制度和实验室认可体系，构成了我国实验室第三方评价制度。实验室资质认定制度和实验室认可体系二者共存，目的和用途互补。

项目一　食品检验实验室的资质认定

一、检验检测机构资质认定的发展历程

1. 资质认定概念的出现

检验检测机构资质认定制度（简称"资质认定制度"）起源于20世纪80年代，依据《中华人民共和国行政许可法》规定的程序组织实施，是我国检验检测市场的基本准入制度，也是强化质量基础设施建设、夯实质量强国基础的重要手段。

在资质认定制度产生之前，依据《中华人民共和国计量法》（简称《计量法》）、《中华人民共和国标准化法》（简称《标准化法》）和《中华人民共和国产品质量法》先后建立了"计量认证"制度和"审查认可"制度。除了"计量认证"和"审查认可（验收）"制度外，很多行业部门还依据不同的法律、法规对检验检测机构进行技术评审，并颁发相关资质、资格证书。整合、精简针对检验检测机构的各类评价，减轻检验检测机构重复评审、重复监管的负担，一直是国家相关管理部门改革努力的方向。

2001年8月29日，国家认证认可监督管理委员会（简称"国家认监委"）成立，产品质量检验机构计量认证、审查认可（验收）以及出入境检验检疫技术机构注册等职能划转到国家认监委实验室与检测监管部，在组织机制上为统一的资质认定制度奠定了基础。

2003年9月3日，中华人民共和国国务院公布了《中华人民共和国认证认可条例》（简称《认证认可条例》）（中华人民共和国国务院令第390号），自2003年11月1日起实施。2016年修订，其中，第十六条规定："向社会出具具有证明作用的数据和结果的检查机构、实验室，应当具备有关法律、行政法规规定的基本条件和能力，并依法经认定后，方可从事相应活动，认定结果由国务院认证认可监督管理部门公布。"根据此条规定，明确了向社会出具具有证明作用的数据和结果的实验室和检查机构应当经过认定的要求，回避了"计量认

证"和"审查认可"等可能导致误会和仍然存在重复的概念,引入了"认定"这一中性的用词来表征相关的管理过程,为后续"资质认定"的提出奠定了基础。

2. 资质认定管理办法和准则的发布

2006年2月21日,为适应国内和国际形势发展和政府职能转变,国家质量监督检验检疫总局发布《实验室和检查机构资质认定管理办法》(国家质量监督检验检疫总局令第86号,简称"86号令"),"资质认定"开始进入检验检测行业,并逐渐成为行业上下以及社会公众接受的一个专有概念。

2006年7月27日,为贯彻落实"86号令",国家认监委印发了《实验室资质认定评审准则》(国认实函〔2006〕141号),自2007年1月1日起开始实施,代替了原国家质量技术监督局发布的《产品质量检验机构计量认证/审查认可(验收)评审准则(试行)》。实验室的评审准则也进入了"资质认定"时代。

《实验室资质认定评审准则》吸纳了国际标准《检测和校准实验室能力的通用要求》(ISO/IEC 17025)的精髓,兼顾我国政府对检验检测市场强制管理的要求,将产品质量检验机构计量认证和审查认可的评审要求统一为资质认定的准则,推进了产品质量检验机构计量认证和审查认可的技术评审活动与国际接轨。

3. 资质认定制度的发展

2015年4月9日,国家质量监督检验检疫总局发布《检验检测机构资质认定管理办法》(国家质量监督检验检疫总局令 第163号),管理办法名称由"实验室"改为"检验检测机构"。2016年5月31日,国家认监委印发《检验检测机构资质认定评审准则》及释义。2018年5月7日,国家认监委发布了《国家认监委关于检验检测机构资质认定工作采用相关认证认可行业标准的通知》(国认实〔2018〕28号),通知中明确,使用《检验检测机构资质认定能力评价 检验检测机构通用要求》(RB/T 214—2017)等五项认证认可行业标准作为相关领域检验检测机构的资质认定评审依据,于2019年1月1日全面实施。

2019年,市场监管总局发布《市场监管总局关于进一步推进检验检测机构资质认定改革工作的意见》(国市监检测〔2019〕206号),推动实施依法界定检验检测机构资质认定范围,试点告知承诺制度,优化准入服务,便利机构取证,整合检验检测机构资质认定证书等改革措施。2020年,持续推进许可事项改革,并根据疫情防控形势,推行远程评审等应急措施。2021年将在全国范围内推行检验检测机构资质认定告知承诺制,全面推行检验检测机构资质认定网上审批。随着一系列检验检测机构资质认定改革措施的推出和实施,检验检测机构资质认定的审批效率显著提升,机构准入更加便捷,市场主体大幅增加,市场环境持续优化。为了落实国务院"放管服"改革的最新部署要求,进一步深化和推进检验检测机构资质认定改革,充分激发检验检测市场活力,使已有的检验检测机构资质认定改革措施和成果制度化、法治化,并为在更大范围内复制和推广相关改革举措提供法规层面的依据,2021年市场监管总局对《检验检测机构资质认定管理办法》的部分条款进行了修改。

2023年5月30日,市场监管总局发布公告(2023年21号),公告称,为落实《质量强国建设纲要》关于深化检验检测机构资质审批制度改革、全面实施告知承诺和优化审批服务的要求，市场监管总局修订了《检验检测机构资质认定评审准则》，2023版《准则》于2023年12月1日起施行。2024年7月24日，国家认监委发布通知，废止《国家认监委关于检验检测机构资质认定工作采用相关认证认可行业标准的通知》（国认实〔2018〕28号），RB/T 214—2017等五项认证认可行业标准不再作为资质认定的评审依据。

二、食品检验实验室资质认定的发展概况

2009年，《食品安全法》第一次在我国法律层面提出了"食品检验机构资质认定制度"，其第五章第五十七条规定，食品检验机构按照国家有关认证认可的规定取得资质认定后，方可从事食品检验活动。2010年，卫生部依法发布了《食品检验机构资质认定条件》和《食品检验工作规范》，开启了食品检验机构资质认定的进程。随后，国家质检总局和国家认监委相继发布了《食品检验机构资质认定管理办法》（质检总局令第131号）和《食品检验机构资质认定评审准则》。评审采取在实验室资质认定评审准则基础上补充食品检验机构资质认定评审准则的模式（即A+B模式）。这种A+B的模式后来被推广用于检验检测机构资质认定通用和特殊领域评审中。

2013年开始，国务院政府部门开始大规模"简政放权"，在"放管服"成为行政主管部门总基调的大背景下，国家认监委于2015年9月29日发布《国家认监委关于实施食品检验机构资质认定工作的通知》（国认实〔2015〕63号），将食品检验机构资质认定评价体系并入了检验检测机构资质认定。食品检验机构通过资质认定评审后获得"检验检测机构资质认定证书"。资质认定证书编号中"00"为食品专业领域类别编码，并在证书中以"检验检测能力（含食品）及授权签字人见证书附表"的形式加以备注，食品检验机构资质认定标志统一使用"CMA形成的图案和资质认定证书编号"。对于具备食品检验能力的综合性检验检测机构，应在其证书附表中，将食品检验能力和食品领域的授权签字人单独列明。证书编号划段，表明食品检验机构资质认定包含在检验检测机构资质认定范围内。

为加强食品检验机构管理，规范食品检验机构资质认定工作，根据《中华人民共和国食品安全法》第八十四条的有关规定，国家食品药品监督管理总局和国家认证认可监督管理委员会共同发布了《食品检验机构资质认定条件》（食药监科〔2016〕106号 附件）。资质认定部门在实施食品检验机构资质认定评审时，应当将《食品检验机构资质认定条件》作为食品检验机构资质认定评审的补充要求，与市场监管总局修订的《检验检测机构资质认定评审准则》（2023版）结合使用。

三、检验检测机构资质认定的程序

1. 申请条件

申请资质认定的检验检测机构（以下简称申请人），应具备以下条件：
① 依法成立并能够承担相应法律责任的法人或者其他组织。
② 具有与其从事检验检测活动相适应的检验检测技术人员和管理人员。

③ 具有固定的工作场所，工作环境满足检验检测要求。
④ 具备从事检验检测活动所必需的检验检测设备设施。
⑤ 具有并有效运行保证其检验检测活动独立、公正、科学、诚信的管理体系。
⑥ 符合有关法律法规或者标准、技术规范规定的特殊要求。

2. 资质认定的基本程序

《检验检测机构资质认定管理办法》第十一条对检验检测机构资质认定程序作出了明确规定：

① 申请人应当向市场监管总局或者省级市场监督管理部门（以下统称资质认定部门）提交书面申请和相关材料，并对其真实性负责。

② 资质认定部门应当对申请人提交的申请和相关材料进行初审，自收到申请之日起 5 个工作日内作出受理或者不予受理的决定，并书面告知申请人。

③ 资质认定部门应当自受理申请之日起，应当在 30 个工作日内，依据检验检测机构资质认定基本规范、评审准则的要求，完成对申请人的技术评审。技术评审包括书面审查和现场评审（或者远程评审）。技术评审时间不计算在资质认定期限内，资质认定部门应当将技术评审时间书面告知申请人。由于申请人整改或者其他自身原因导致无法在规定时间内完成的情况除外。

④ 资质认定部门自收到技术评审结论之日起，应当在 10 个工作日内，作出是否准予许可的决定。准予许可的，自作出决定之日起 7 个工作日内，向申请人颁发资质认定证书（图 11-1）。不予许可的，应当书面通知申请人，并说明理由。

图 11-1　检验检测机构资质认定证书

上述流程如图 11-2 所示。

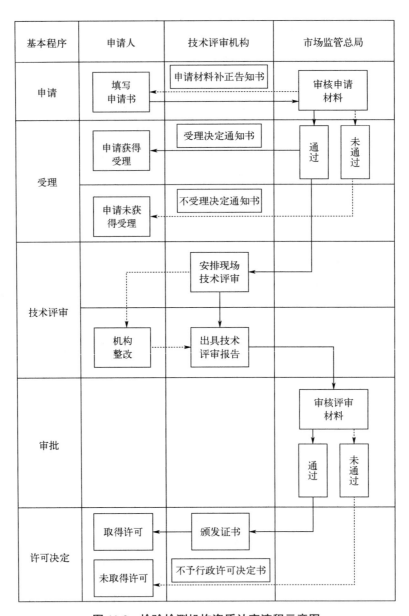

图 11-2　检验检测机构资质认定流程示意图

延伸阅读 11-1（《检验检测机构资质认定申请书（空表）》）

3. 资质认定评审的类型

检验检测机构资质认定评审是指依照《检验检测机构资质认定管理办法》的相关规定，由市场监管总局或者省级市场监督管理部门（以下统称资质认定部门）自行或者委托专业技术评价机构组织相关专业评审人员，对检验检测机构申请的资质认定事项是否符合资质认定条件以及相关要求所进行的技术性审查。针对不同行业或者领域的特殊性，市场监管总局、国务院有关主管部门，依照有关法律法规的规定，制定和发布相关技术评审补充要求一并作为技术评审依据，食品检验检测领域的补充要求为《食品检验机构资质认定条件》（食药监科〔2016〕106号 附件）。

检验检测机构资质认定一般程序的技术评审方式包括：现场评审、书面审查和远程评审。根据机构申请的具体情况，采取不同技术评审方式对机构申请的资质认定事项进行审查。

现场评审适用于首次评审、扩项评审、复查换证（有实际能力变化时）评审、发生变更事项影响其符合资质认定条件和要求的变更评审。现场评审应当对检验检测机构申请相关资质认定事项的技术能力进行逐项确认，根据申请范围安排现场试验。安排现场试验时应当覆盖所有申请类别的主要或关键项目/参数、仪器设备、检测方法、试验人员、试验材料等，并覆盖所有检验检测场所。现场评审结论分为"符合""基本符合""不符合"三种情形。

书面审查方式适用于已获资质认定技术能力内的少量参数扩项或变更（不影响其符合资质认定条件和要求）和上一许可周期内无违法违规行为、未列入失信名单且申请事项无实质性变化的检验检测机构的复查换证评审。书面审查结论分为"符合""不符合"两种情形。

远程评审是指使用信息和通信技术对检验检测机构实施的技术评审。采用方式可以为（但不限于）：利用远程电信会议设施等对远程场所（包括潜在危险场所）实施评审，包括音频、视频和数据共享以及其他技术手段；通过远程接入方式对文件和记录审核，同步的（即实时的）或者是异步的（在适用时）通过静止影像、视频或者音频录制的手段记录信息和证据。下列情形可选择远程评审：由于不可抗力（疫情、安全、旅途限制等）无法前往现场评审；检验检测机构从事完全相同的检测活动有多个地点，各地点均运行相同的管理体系，且可以在任何一个地点查阅所有其他地点的电子记录及数据的；已获资质认定技术能力内的少量参数变更及扩项；现场评审后仍需要进行复核，但复核无法在规定时间内完成。远程评审结论分为"符合""基本符合""不符合"三种情形。

项目二　食品检验实验室的实验室认可

一、实验室认可的发展历程

按照最新的定义，认可是正式表明合格评定机构具备实施特定合格评定工作能力的第三方证明；对于实验室认可，则是正式表明检测/校准实验室具备实施特定检测/校准能力的第三方证明。所谓的权威机构，是指具有法律或行政授权的职责和权力的政府或民间机构。

我国的实验室认可活动可以追溯到1980年。当时国家标准局和国家进出口商品检验局共同派员组团参加了国际实验室认可合作会议（ILAC），并分别研讨和逐步组建了实验室认可体系。1986年，经当时国家经济管理委员会授权，原国家标准局开展对检测实验室的评价工作，原国家计量局依据《计量法》开展对我国产品质检机构的计量认证工作。1989年，国家进出口商品检验局成立了"中国进出口商品检验实验室认证管理委员会"。1994年，国家技术监督局组建了中国实验室国家认可委员会（CNACL）。1996年，"中国进出口商品检验实验室认证管理委员会"改组成立了中国国家进出口商品检验实验室认可委员会（CCIBLAC），后更名为中国国家出入境检验检疫实验室认可委员会。CNACL和CCIBLAC分别于1999年和2001年通过了APLAC同行评审，分别签署了APLAC相互承认协议。

2002年，随着我国进出口贸易的快速增长，面临经济全球化和我国加入世界贸易组织（WTO）的新形势，CNACL与CCIBLAC合并成立了中国实验室国家认可委员会（CNAL），实现了我国统一的实验室认可体系。2006年，为适应我国认证认可事业发展的需要和国际标准的变化，国家认证认可监督管理委员会根据《中华人民共和国认证认可条例》的规定，决定整合中国认证机构国家认可委员会（CNAB）和中国实验室国家认可委员会（CNAL），成立中国合格评定国家认可委员会（China National Accreditation Service for Conformity Assessment，CNAS），统一负责实施对认证机构、实验室和检查机构等相关机构的认可工作。2012年，中国合格评定国家认可委员会（CNAS）签署ILAC检验机构认可相互承认协议（MRA）。

我国的实验室认可体系具有国际化和中国化有效融合的特点。所谓国际化，即认可准则采用相应国际标准，认可运行机制符合相关国际要求，积极加入国际互认体系；所谓中国化，即结合我国实际情况，探索实施中国化的认可工作措施，包括创新的认可评价机制、与行政监管紧密联系的认可工作机制、与最终用户紧密联系的认可反馈机制等，确保国际标准要求得到落实，确保认可结果权威可信，确保认可制度切实发挥作用。

二、实验室认可的程序

1. 认可条件

申请人应在遵守国家的法律法规，诚实守信的前提下，自愿地申请认可。CNAS将对申请人申请的认可范围，依据有关认可准则等要求，实施评审并做出认可决定。申请人必须满足下列条件方可获得认可：

① 具有明确的法律地位，具备承担法律责任的能力。
② 符合CNAS颁布的认可准则和相关要求。
③ 遵守CNAS认可规范文件的有关规定，履行相关义务。

2. 初次认可流程

（1）意向申请　申请人可以用任何方式向CNAS秘书处表示认可意向，如来访、电话、传真以及其他电子通信方式等。申请人需要时，CNAS秘书处应确保其能够得到最新版本的认可规范和其他有关文件。

（2）**正式申请和受理** 申请人在自我评估满足认可条件后，按 CNAS 秘书处的要求提供申请资料，并交纳申请费用。CNAS 秘书处审查申请人提交的申请资料，做出是否受理的决定并通知申请人。一般情况下，CNAS 秘书处在受理申请后，应在 3 个月内安排评审。

（3）**文件评审** 秘书处受理申请后，将安排评审组长审查申请资料，只有当文件评审结果基本符合要求时，才可安排现场评审。

（4）**组建评审组** CNAS 秘书处以公正性为原则，根据申请人的申请范围组建具备相应技术能力的评审组，并征得申请人同意。除非有证据表明某评审员有影响公正性的可能，否则申请人不得拒绝指定的评审员。

（5）**现场评审** 评审组依据 CNAS 的认可准则、规则和要求及有关技术标准对申请人申请范围内的技术能力和质量管理活动进行现场评审。现场评审应覆盖申请范围所涉及的所有活动及相关场所。现场评审时间和人员数量根据申请范围内检测/校准/鉴定场所、项目/参数、方法、标准/规范等的数量确定。

一般情况下，现场评审的过程：①首次会议；②现场参观（需要时）；③现场取证；④评审组与申请人沟通评审情况；⑤末次会议。评审组长在现场评审末次会议上，将现场评审结果提交给被评审实验室；对于评审中发现的不符合，被评审实验室应及时实施纠正，需要时采取纠正措施，纠正/纠正措施通常应在 2 个月内完成。评审组应对纠正/纠正措施的有效性进行验证，纠正/纠正措施验证完毕后，评审组长将最终评审报告和推荐意见报 CNAS 秘书处。

（6）**认可评定** CNAS 秘书处将对评审报告、相关信息及评审组的推荐意见进行符合性审查，必要时要求实验室提供补充证据，向评定专门委员会提出是否推荐认可的建议。CNAS 秘书处负责将评审报告、相关信息及推荐意见提交给评定专门委员会，评定专门委员会对申请人与认可要求的符合性进行评价并做出评定结论。评定结论可以是以下四种情况之一：①予以认可；②部分认可；③不予认可；④补充证据或信息，再行评定。CNAS 秘书长或授权人根据评定结论做出认可决定。

（7）**发证与公布** 认可周期通常为 2 年，即每 2 年实施一次复评审，做出认可决定。CNAS 秘书处向获准认可实验室颁发认可证书，认可证书有效期一般为 6 年。

此外，获准认可实验室在认可有效期内可以向 CNAS 秘书处提出扩大或缩小认可范围的申请。获准认可时实验室均须接受 CNAS 的监督评审和复评审，认可流程图见图 11-3。

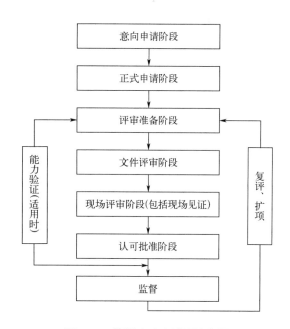

图 11-3 检测实验室认可流程图

延伸阅读 11-2（《实验室认可申请书（空表）》）

三、实验室资质认定与实验室认可的区别

目前，获得检验检测行业资格评定主要有实验室认可和检验检测机构资质认定两种方式。两者都源自 ISO/IEC 17025《检测和校准实验室能力的通用要求》，实施模式（程序）也大体相同，都是基于评审员去现场评审之后发证，本质上都是对实验室的检测能力和管理体系满不满足标准要求的一项资质评价制度，但两者在性质、审核依据、实施对象及作用上有所不同。

（1）**两者基本性质不同**　实验室认可为自愿申请；检验检测机构资质认定属于我国行政许可制度，具有强制性。

（2）**两者审核依据不同**　检验检测机构资质认定的审核依据是《检验检测机构资质认定评审准则》（2023 版）；实验室认可的审核依据包括 CNAS-CL01：2018《检测和校准实验室能力认可准则》（等同采用 ISO/IEC 17025：2017）及相关领域的应用说明。

（3）**两者实施对象范围不同**　检验检测机构资质认定的对象是第三方检测实验室，且不包括校准实验室；实验室认可包括第一、二、三方实验室，即所有实验室。

（4）**两者的地位和作用不同**　获得实验室资质认定，可使用 CMA 标志，在国内确保了检测和校准数据的法律效力。通过实验室认可，列入《国家认可实验室名录》，提高实验室的市场竞争力、信誉度和知名度，获得 CNAS 签署互认协议的国家与地区的承认，在认可业务范围内使用"中国实验室国家认可（CNAS）"标志。

活动探究

参考文献

[1] 和彦苓. 实验室安全与管理（第二版）. 北京：人民卫生出版社，2020.

[2] 刘崇华，董夫银. 化学检测实验室质量控制技术. 北京：化学工业出版社，2013.

[3] 雷质文，唐丹舟，姜英辉，等. 食品实验室人员管理——认证认可机制下食品实验室人员管理指南. 北京：中国质检出版社，中国标准出版社，2015.

[4] 王世平. 食品实验室管理方法概论. 北京：中国林业出版社，2010.

[5] 王曼霞，包海英，雷质文. 食品检测实验室仪器设备管理指南. 北京：化学工业出版社，2021.

[6] 杨爱萍，蒋彩云. 实验室组织与管理. 北京：中国轻工业出版社，2020.

[7] 雷志文. 食品微生物实验室质量管理手册（第二版）. 北京：中国标准出版社，2018.

[8] 赵若江，单叙生，李亦农. 测试实验室计量认证及规范化管理. 北京：中国计量出版社，1992.

[9] 杨剑. 检测实验室管理（第二版）. 北京：中国轻工业出版社，2019.

[10] 胡征. 现代实验室建设与管理指南. 天津：天津科技翻译出版有限公司，2014.

[11] 陈卫华. 实验室安全风险控制与管理. 北京：化学工业出版社，2016.

[12] 国家认证认可监督管理委员会. 检验检测机构资质认定评审员教程. 北京：中国质检出版社，中国标准出版社，2018.

[13] 全国认证认可标准化技术委员会编著. GB 27025—2019《检测和校准实验室能力的通用要求》理解与实施. 北京：中国标准出版社，2021.

[14] GB/T 27025—2019. 检测和校准实验室能力的通用要求.

[15] ISO/IEC 17025:2017. 检测和校准实验室能力的通用要求（英文版）.

[16] 检验检测机构资质认定评审准则. 2023 版.

[17] 食品检验机构资质认定条件. 食药监科〔2016〕106 号 附件.

[18] CNAS-CL01：2018. 检测和校准实验室能力认可准则.

[19] CNAS-CL01-A001:2022．检测和校准实验室能力认可准则在微生物检测领域的应用说明.

[20] CNAS-CL01-A002:2020．检测和校准实验室能力认可准则在化学检测领域的应用说明.

[21] CNAS-CL01-A016:2018. 检测和校准实验室能力认可准则在感官检验领域的应用说明.

[22] CNAS-CL01-G001:2024. 检测和校准实验室能力认可准则的应用要求.

[23] CNAS-GL001：2018. 实验室认可指南.

[24] CNAS-GL011：2018. 实验室和检验机构内部审核指南.

[25] CNAS-GL012：2018. 实验室和检验机构管理评审指南.

[26] CNAS-GL06：2019. 化学分析中不确定度的评估指南.

[27] CNAS-GL027—2023. 化学分析实验室内部质量控制指南 控制图的应用.

[28] GB 4789.28—2013. 食品安全国家标准 食品微生物学检验 培养基和试剂的质量要求.

[29] SN/T 2775—2023. 商品化食品检测试剂盒评价方法.

[30] GB/T 27404—2008. 实验室质量控制规范 食品理化检测.

[31] GB/T 24777—2009. 化学品理化及其危险性检测实验室安全要求.

[32] WS 589—2018. 病原微生物实验室生物安全标识.

[33] GB 4789.1—2016. 食品安全国家标准 食品微生物学检验 总则.

[34] GB 19489—2008. 实验室 生物安全通用要求.

[35] GB/T 27405—2008. 实验室质量控制规范 食品微生物检测.

[36] 中华人民共和国国务院. 病原微生物实验室生物安全管理条例（国务院令第424号）. 北京，中华人民共和国国务院，2018-3-19 第二次修订.

[37] GB/T 16292—2010. 医药工业洁净室（区）悬浮粒子的测试方法.

[38] GB/T 16294—2010. 医药工业洁净室（区）沉降菌的测试方法.

[39] GB/T 27417—2017. 合格评定 化学分析方法确认和验证指南.

[40] GB/T 32465—2015. 化学分析方法验证确认和内部质量控制要求.

[41] JJF 1001—2011. 通用计量术语及定义.

[42] GB/T 27404—2008. 实验室质量控制规范 食品理化检测.

[43] GB/T 27405—2008. 实验室质量控制规范 食品微生物检测.

[44] GB/T 32464—2015. 化学分析实验室内部质量控制 利用控制图核查分析系统.

[45] 李朝静，丁晖，尹建军. 食品检验实验室信息管理系统的实施及应用探讨. 食品安全导刊，2019，2：64-68.

[46] 陈旻，阮桂平. 食品药品检测实验室的风险管理探讨. 中国药房，2014，25（33）：3090-3092.

[47] 王娟，冯雪莹. 食品检验与分析的重要性及方法研究. 中国高新区，2019，6：188.

[48] 丰海芳. 食品检验在食品安全保障中的重要性分析. 商品与质量，2020，9：232-233.

[49] 韩利杰. 食品检验在保障食品安全中的重要性及其局限性. 检验检疫学刊，2019，5：131-132.

[50] 王静. 新形势下食品检验检测机构现状与发展前景. 市场周刊，2019，11.

[51] 于芳. 美日欧发达国家食品检测机构的特点及其对我国的启示. 中国科技博览，2017，15.

[52] 周晓萍，毕鹏昊，王尉，等. 浅谈实验室化学试剂分类、采购及出入库管理. 现代科学仪器，2015：158-162.

[53] 胡彪. 浅析实验室化学试剂的流程管理. 化工管理，2019：20-21.

[54] 刘清贤. 标准物质的管理与量值溯源. 现代科学仪器，2002（1）：30-31.

[55] 帕孜来提·依明. 浅谈微生物培养基的制备与管理. 新疆畜牧业，2014（12）：45-46.

[56] 冯秀梅，陈君. 化学分析方法验证和确认的应用研究. 中国无机分析化学，2018，10：61-66.

[57] 杨先麟，戴克中. 测量不确定度与《测量不确定度表示指南》. 武汉化工学院学报，2002，2：74-78.

[58] 刘璐，黄亚娟. 食品检验中样品管理的流程. 现代食品，2019，23：38-39.

[59] 辛欣. 浅谈质检机构样品管理的重要性. 品牌与标准化，2016，3：56-57.

[60] 明双喜，吴裕健，于艳艳，等. 食品检验中样品管理的注意事项. 食品安全质量检测学报，2019，10：5239-5244.

[61] 刘向峰. 检测实验室样品管理工作综述. 实验室科学，2016，19：184-186.

[62] 温丽云，赵盼，盖丽娜. 食品检测实验室样品的有效控制. 现代测量与实验室管理，2010，2：54-56.

[63] 蒋雪萍. 留样再测与检测结果控制限评价的方法. 上海计量测试，2014，6：54-55.

[64] 周宇. 食品检验报告常见问题及改进建议. 食品质量安全与检测，2008，5：62-63.

[65] 叶元兴，马静，赵玉泽，等. 基于150起实验室事故的统计分析及安全管理对策研究. 实验室技术与管理，2020，37（12）：317-322.

[66] 许海林. 如何加强食品检测实验室的安全管理. 现代测量与实验室管理，2014（4）：56-57.